흥미있고 진지한 과학이야기

강건일 지음

참 · 과학

저자 서문

과학자와 문학, 예술, 종교 등 전통 학문을 하는 인문학자가 만나면 대화가 어렵다. 우뇌, 좌뇌의 특이한 정신 기능의 발견으로 1981년 노벨 의학상을 수상한 미국의 로저 스페리는 그 이유를 주제와 언어의 차이보다는 근본적으로 서로 상반된 세계관에 있다고 했는데, 인간의 주관적 가치에 대한 시각의 차이에 기인한다는 것이다. 주관적 가치를 높게 사는 사람은 과학의 객관성, 인과론과 예측성, 합리성 보다는 전통적인 신앙적, 자아 중심적, 도덕적 가치를 중요하게 여길 것이다.

자연 현상을 실험, 관찰하여 자료를 얻고 그 자료를 일반화하여 법칙을 발견하는 과학 연구에서는 정치, 경제, 사회, 문화의 모든 과학자 개인의 주관적 가치의 배제를 생명으로 삼는다. 그 자료가 사실인지 추리가 올바른지 만이 중요하다. 그러나 실험실을 떠나면 과학자는 누구나 마찬가지로 개인적 사회적 이상, 사랑하는 마음과 아름다움을 느끼는 감정, 그리고 선한 마음과 동정심을 품고 살고 있다. 또한 각자 행동에 양심과 도덕 감각을 좇는다.

사람은 모두 과학과 이성 그리고 신앙과 믿음의 두 가지 가치를 따라 살아간다. 사람마다 그리고 어떤 사회인지에 따라 이성과 신앙이 차지하는 비중은 다르다. 전통 세계에서는 주관적 가치가 절대적이었다. 과학이 나옴으로써 과학은 그 기술을 통해 인간의 생활 조건을 향상시켰을 뿐만 아니라 과학적 사고를 통해 세계관에도 영향을 끼쳤다. 과학과 이성의 가치를 증가시킨 것이다. 그러나 진정으로 오늘날이 과학과 이성의 시대인지는 다른 문제이다.

과학 문화 활동은 다름 아니라 국민 모두가 과학을 이해하고 과학의 가치를 알도록 하려는 노력이다. 과학의 이해는 기술의 도구적 사용법보다는 발전적으로 과학기술이 나온 과정과 좀 더 유용한 기술 개발이 어떻게 이뤄질 수 있는지를 이해시키는 것이다. 그리고 과학의 가치

이해란 과학이 무엇인지, 과학적 방법과 과학적 사고의 이해를 포함한다. 이때 중요한 것은 과학과 과학의 가치를 이해하도록 전달하는 '과학 커뮤니케이션' 이다. 여기에는 과학과 전통 문화의 장벽을 허물어 과학을 인간 문화의 가치 있는 구성 요소로 인식시키는 방법도 포함된다.

그런데 우리가 주위에서 발견하는 과학 문화는 이와는 사뭇 다른 것들이 있다. 과학은 내용상 정확하고 논리적 판단이 가능하도록 충분해야 한다. 특정 과학기술의 성과나 과학자의 광고를 통해 과학 문화를 달성할 수 있다는 생각은 위험하다. 과학은 본래 여러 가능성 가운데 최선의 해석을 찾는 방법이지 일방 통로의 광고가 아니다. 성과나 업적을 말할 경우도 세계 과학계의 진보를 포함하여 비판적 판단의 문을 열어 놓아야 과학문화라고 할 수 있다.

더욱이 과학기술에 의해 직접 영향을 받는 환경과 생명이 복합된 사회적 문제는 특정 정책을 과학 문화로 광고할 수 없다. 이 주제는 과학만으로 결정을 내릴 수 없는 과학과 이념 내지 윤리가 복합된 문제이기 때문이다. 이때 과학 문화의 역할은 그 주제에 대해 연구된 과학적 자료를 객관적으로 제시하여 토의와 의사 결정에 도움을 주는 것이어야 할 것이다.

무엇보다 놀라운 것은, 전통 세계의 판타지를 과학으로 꾸며 과학 문화로 전파한다는 사실이다. 이것을 과학 문화와 전통 문화의 화합이라고 생각하는 것 같으나 전통 문화는 과학과 나란히 존재하는 것이지 융합체가 될 수 없다. 두 문화를 외형상 그럴듯하게 거짓 혼성체로 전파한다면 과학의 이해와 과학적 사고의 배양을 파괴한다. 과학의 가치는 이 세계에 대한 과학적인 시각을 갖게 하는 것인데 판타지와 실세계를 혼동시킴으로써 전통 시대의 사고로 돌아가게 하는 과학 문화에 역행하는 행위가 된다.

이 책은 1장에서 과학이 무엇인지, 과학자가 무엇을 하는지를 다루었고 2장에서는 과학과 인문 그리고 종교와의 차이 그리고 경계 영역의 판단 방법을 소개하였다. 그리고 3장에서는 역사적인 과학자의 이야기를 통해 과학자의 연구자로서의 삶과 일반인으로서의 삶 모두가 여느 인간과 다름없이 행복과 영광만이 아니라 갈등과 고통을 겪는 양상을 보여주었다. 그리고 4, 5장에서는 과학기술 시대의 환경과 생명 문제를 객관적인 시각으로 분석하였다.

책의 세부 주제의 일부는 이전에 〈과학의 상보성 원리〉에서 다루었던 것을 최근의 내용을 보완하여 새로 작성하였다. 그리고 그 이후 새로운 칼럼으로 작성한 주제를 포함하여 책을 구성했다. 전체적으로 학생이 배우는 과학의 과학이 무엇인지의 설명에 해당될 것이다. 또한 책 내용은 학생이든 일반인이든 과학과 과학기술의 사회적 문제에 대한 이해와 판단에 도움이 될 것으로 생각한다. 책의 제목을 〈흥미 있고 진지한 과학 이야기〉로 정하여 '진시한' 을 포함시킨 이유는 이 책이 단순한 흥미에 보탬이 되게 할 목적이 아니라 지적인 만족과 사고능력의 향상을 염두에 두었기 때문이다. 이 책이 과학 문화와 방향에도 기여했으면 한다.

2006년 2월
峴松齋에서
저자 강건일

목차

3장 과학자의 과학과 삶

4장 과학기술과 환경 그리고 정치

5장 과학기술과 생명 그리고 건강

1장

정직하고 객관적인 과학

1 자연 세계의 참 모습

프리즘 실험을 보여주는 뉴턴(Isaac Newton)의 실험 노트 그림. 창문의 구멍을 통해 들어온 광이 프리즘을 통과하여 방의 중간에 세워놓은 스크린에 스펙트럼이 나타난다. 스크린의 작은 구멍을 통해 적색 부분만을 취하여 그 왼쪽의 제 2의 프리즘을 통과시킬 때 단지 적색 광만이 나오는 것을 관찰하였다.

아이작 뉴턴(1642~1727)은 전염병이 창궐하여 케임브리지 대학이 문을 닫자 고향으로 돌아와 지내던 1665~1666년 색깔 이론과 중력 법칙 등 이후 연구의 토대를 완성하였다. 그는 이때 광을 프리즘에 통과시켜 무지개 색으로 나눌 수 있었다. 그 후 좀 더 연구하여 1672년 색깔 이론을 발표하였고 1687년에는 〈프린키피아〉에 운동 법칙과 중력 법칙을 기술하였다.

뉴턴 이전의 학자들은 광을 프리즘에 통과시켜 프리즘 가까이 설치된 스크린에서 하나의 복합적인 색깔을 관찰했다. 이와는 달리 뉴턴은 66m 떨어진 스크린에 프리즘을 통과한 광을 받아 광이 다양한 색깔의 스펙트럼으로 나뉘는 것을 발견했다. 또한 이렇게 분리된 한 색깔의 광을 두 번째의 프리즘에 통과시켰으나 색깔은 변하지 않았다. 프리즘이 색깔을 변화시키지 않는 것을 확인한 것이다. 이로써 뉴턴은 광이 단순히 여러 색깔이 혼합된 것이며 이 색깔이 프리즘에 의해 굴절되는 정도에 따라 나뉘는 것을 증명한 것이다.

또 다른 자연 세계에서 뉴턴의 운동 법칙과 중력 법칙으로 달의 운동을 설명할 수 있는지가 관심사였다. 그러나 이것은 지구와 달 사이만이

영국의 시인이며 화가인 블레이크(William Blake)의 뉴턴(Isaac Newton, 왼쪽)과 네브카드네자르(Nebuchadnezzar)를 묘사한 그림.

아니라 달과 태양간의 인력을 고려해야 하는 '3물체 문제'에 해당되기 때문에 방정식을 풀기가 어려웠다. 1749년 프랑스의 수학자 클레로(1713~65)는 해법을 찾아 뉴턴의 이론이 옳음을 입증했으며 또한 핼리 혜성이 1682년 다음에 1759년 나타날 것이라고 계산해 냈는데, 그 예측은 적중했다.

뉴턴 이전, 하늘은 행·불행의 조짐이 가득한 신비의 세계였다. 그 속에서 희망과 체념을 그리고 문학적 영감을 얻던 이들은 이를 물리 법칙으로 환원한 뉴턴을 비난했다. 영국의 낭만파 시인이며 화가인 윌리엄 블레이크(1757~1827)는 "예술은 생명의 나무요, 과학은 죽음의 나무다"라고 선언하였다.

그는 뉴턴을, 감각의 노예가 되어 동물과 같이 행동하는 정신병에 걸린 기원전 6세기 바빌로니아 황제 네브카드네자르와 나란히 물속 깊은 곳에서 주위의 환상적 장면을 보지 못한 채 무미건조한 기하학적 도형에만 시선을 향하거나 이 우주의 설계자인 신의 역할을 행하려는 점차 어둠 속에 빠져드는 잘못 인도된 영웅으로 묘사하였다. 블레이크에게 뉴턴은 정량화할 수 없는 감정적 영적 요소와 신을 배제한 이성의 노예에 다름 아니었다.

같은 때 윌리엄 워즈워스(1770~1850)는 "하늘의 무지개를 바라볼 때마다 내 가슴은 뛰노누나. 나 어릴 때 그러하였고, 어른 된 지금에도 그러하거늘, 나 늙어서도 그렇지 못하다면 이제라도 나의 목숨 거두어 가소서"라고 하며 목숨이 있는 날까지 어릴 적 순수한 마음으로 자연에 대한 경외심과 창조자가 부여한 질서를 느끼기를 희망하였다.

그래서 존 키츠(1795~1821)는 뉴턴이 무지개를 프리즘 색깔로 환원함으로써 모든 무지개 시를 파괴했다는 데에 동의했다. 그는 〈라미아〉에 다음과 같이 시로 적었다. "한때 하늘에는 놀라운 무지개가 걸려 있었다; 우리는 그것의 재료, 그것의 색감을 알고 있다; 우리는 무지개를 흥취 없는 흔한 물건들 카탈로그 안에 넣는다. 철학이 천사의 날개를 자르고, 모든 미스터리를 자와 선으로 정복한다."

뉴턴은 태양의 백색광을 프리즘에 통과시켰을 때 '빨 · 주 · 노 · 초 · 파 · 남 · 보'의 아름다운 무지개 색이 나타나는 것을 발견했다. 리처드 도킨스의 말과 같이 이렇게 무지개의 실을 풀어냄으로써 과학자들은 분광법을 발견했고 이 방법은 별의 화학적 성분을 검출하여 별의 구성을 알게 됐다. 그리고 우주의 훨씬 더 멀리 떨어진 부분의 적색 편이를 관찰함에 의해 우주가 팽창하는 것을 알게 됐다. 이것은 우주가 언제 시작됐는지 그리고 얼마나 큰지를 알려준다. 이렇게 파악된 우주는 상상력에 의해 환상된 것이 아니라 있는 그대로의 참된 우주이다.

바로 지금도 우주 과학자들은 우주 속 미스터리의 탐구에 일생을 걸며 그 안에서 좌절의 고통과 성취의 환희를 맛본다. 그 결과 드러난 우주의 장엄한 질서에 경건한 마음을 갖는다. 뉴턴의 어깨 위에 서서 과학자들은 달에 여행하고 화성에 탐사선을 보내고 그리고 2001년 지구에서 3억 km 떨어진 34km 길이의 감자모양 소행성 에로스에 자동차 크기의 탐사선 니어-슈메이커를 올려놓았다. 이 조그만 것이 에로스 주위를 돌며 전송한 사진도 그렇고, 안착 직후 전 세계인은 환성을 올렸다. 이는 성취의 감격이다.

그리고 2005년 7월 지구에서 1억 2800만 km 떨어진 혜성 템펠 1에 도달한 '딥 임팩트'는 시간당 3만 8000km 속도로 370kg의 포사체를

소행성 에로스(433 Eros)에 안착한 니어-슈메이커(NEAR-Shoemaker, 왼쪽)와 딥 임팩트(Deep Impact)에서 발사된 포사체가 혜성 템펠 1(Comet Tempel 1)과 충돌하는 모습 (NASA Artist Concept).

날렸고 사전에 이 포사체의 충격에 의해 20m 깊이의 축구 경기장 크기의 구멍을 만들어 낼 것이며 이 정도의 충격으로 혜성이 부서지거나 경로를 바꾸지는 않을 것이라는 예측이 있었다. 이번 임무의 직접 목적은 혜성의 내부를 관찰하기 위한 것인데, 현재 자료를 분석하고 있으나 혜성이 '더러운 얼음 덩어리' 라기 보다는 '얼음과 같은 먼지 덩어리' 라는 보도가 나왔다.

니어-슈메이커나 딥 임팩트나 태양계의 생성을 규명하여 우주에 대한 이해를 넓힐 목적이 우선이다. 그리고 장기적으로 지구인접물체(NEO)의 지구 충돌에 대비한 정보를 얻을 목적도 있다. 과거 지구에 충돌할 가능성이 있는 NEO를 핵폭탄을 사용하여 파괴할 것을 말하는 학자들이 있었으나 이보다는 가급적 먼 거리에서 충돌 가능성이 감지된 우주 물체에 탐사선을 착륙시켜 또는 포사체를 발사하여 약간의 힘을 가해 궤도를 수정해 주는 것이 효과적일 것이다.

NEO의 지구 충돌 위험성은 가상적인 상황만은 아니다. 2004년 4월까지 2808개의 NEO가 발견되었는데 49개는 지구에 가까운 혜성이고 나머지는 소행성이다. 이들 중에 708개는 직경이 1km이상의 것이다. 1908년 시베리아 퉁구스카 상공에서 직경 600m의 소행성 또는 혜성이 히로시마 원자탄의 600배에 해당하는 에너지를 갖고 폭발하였다.

추정하건대 이런 일은 100~300년에 한번 일어 난다.

그리고 지구 궤도를 가로지르는 직경 1km 정도의 소행성이, 가능성은 지극히 작지만 만일 이런 것 하나가 지구에 떨어지면 지구는 엄청난 재앙을 맞을 것이다. 6500만 년 전, 직경 10km 정도의 소행성이 지구에 떨어졌다. 충돌 장소는 멕시코 유카탄 반도의 석회암에 묻혀 있는 일부 해저의 폭 200km의 칙후룹 크레이터로 추정하고 있다. 그리고 일부 학자는 이 충돌이 그 시기에 공룡을 포함한 지구 생물체의 60% 이상이 멸종된 원인이라고 추정하고 있다.

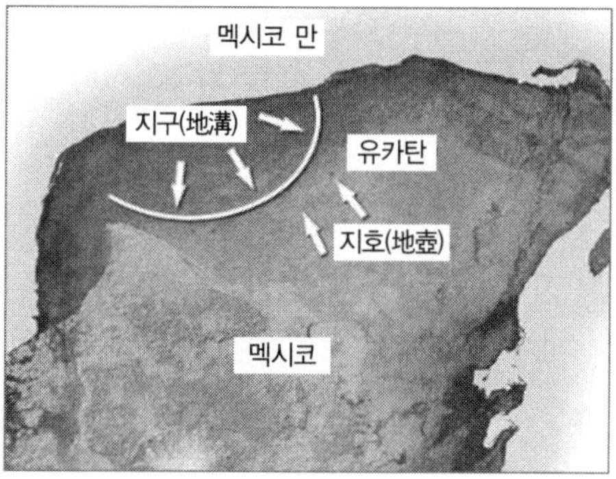

6500만 년 전 소행성의 충돌에 의해 형성된 멕시코 유카탄 반도의 칙후룹 크레이터(Chicxulub Crater).

이들은 하늘에서 소행성이 떨어진 다음에 어떤 일이 발생하여 그 많은 생물이 멸종에 이르게 되는지 시나리오를 제시하고 있다. 바다에 대한 충격은 엄청난 쓰나미를 발생시켰을 것이나 이 영향은 국지적이다. 지각에 대한 충격은 엄청난 열과 바람을, 광범위한 지역에서 화재를, 그리고 지각의 파편과 먼지를 발생시킨다. 그래서 대기는 온통 불덩이와 파편으로 뒤덮히고 먼지가 태양을 가려 어두워지고 거의 10년간 추운 날씨를 맞이했을 것이다. 이어 대기로 솟아오른 이산화탄소에 의한 온실 효과에 의해 1000~2000년간 더운 날씨가 찾아왔을 것이다.

소행성 충돌에 의한 공룡 멸종 설 그림.
(http://www.ucmp.berkeley.edu)

이러한 시나리오는 화석 근거와 부합돼야 할 것이다. 태양이 가려져 광합성이 일어날 수 없는 이러한 환경에서는 생물과 공룡이 살기 어렵다는 것은 사실이다. 공룡은 먹이를 구할 수 없고, 더욱이 육상에 사는 냉혈 동물인 공룡은 추위를 견디지 못하고 먼지에 묻혀 숨을 쉬기 어려운 상태에서 죽어갈 것이다. 그러나 같은 냉혈 동물인 개구리나 도롱뇽은 악어와 함께 살아남았는데 반수생동물이기 때문일 것이라고 추정이 가능하나 완전 수생인 암모나이트가 어룡과 함께 멸종한 이유는 분명치 않다.

이러한 시나리오에 반한, 칙후룹 크레이터 상황이 그렇게 광범위한 파괴로 이어지지 않았을 가능성은 나방이 살아남은 것에서 추리할 수 있다. 공기 구멍으로 숨을 쉬는 나방은 먼지에 의해 구멍이 막혀 제대로 살 수 없었을 것이다. 더욱이 화분을 먹고 사는 나방은 한 철 꽃이 피지 않으면 전부 죽을 것인데, 나방이 살았다는 것은 제철에 꽃이 피는 식물이 살아남았다는 증거도 된다. 때문에 뒤에 설명할 것이나, 여기에 6000~6500만 년 전 인도 '데칸 트랩' 을 만든 것과 같은 화산 활동의 역할을 강조하는 화산-온실 이론도 나와 있다.

이 흥미로운 미스터리 탐구는 여러 분야의 학자에 의해 계속되고 있다. 그래서 이렇게 지구와 별의 역사를 탐구하여 인간이 이 세상에 없던 광대한 시간 스케일의 어느 때 천지를 뒤덮은 불덩어리와 죽어가는 공룡의 모습을 헤아리는 것이, 시인의 상상 속 생명과 별의 신비와 창조자의 섭리를 앗아갔다고 할 것인가?

참고 자료

- The K-T Boundary Extinction Event.
  http://www.bbc.co.uk/dna/h2g2/A706862
- The Life & Work of Newton.
  http://www.physics.ubc.ca/~berciu/PHILIP/TEACHING/PHYS350/EXTRA/FILES/Newton-Life.pdf

2 과학은 방법론적인 것

빅뱅 우주론의 이론적 지주의 하나인 일반 상대성 이론의 아인슈타인. 이 이론은 과학적 방법의 산물이다.

우주론을 과학으로 탐구할 수 있을까? 작고한 코넬 대학의 천문 우주학 교수 칼 세이건은 1979년 〈브로카의 뇌〉의 '우주는 알 수 있는가' 에서 한 알의 소금에 대한 생각으로 우주론 연구가 가능함을 설명하였다. 한 알의 소금은 대략 10^{16}개의 원자로 구성돼 있다. 이를 알기 위한 뇌의 신경세포의 수는 10^{11}이다. 그리고 각 신경세포는 10^{3}개의 수상돌기를 갖고 있다. 뇌의 하나하나의 정보가 이 수상돌기 하나와 연결돼 있다면 우리는 한 알의 소금 안 원자의 1% 만을 알 수 있는 셈이 된다. 한 알의 소금도 알 수 없는 인간의 능력으로 우주를 알 수 있다고는 감히 말할 수 없다.

그러나 한 알의 소금을 조금 깊게 생각해 보자. 이 소금은 그 안의 원자가 무작위로 배치되어 하나하나 원자와 공간적 위치를 알 필요가 있는 것이 아니라 질서 정연한 규칙적인 배열을 하고 있다. 우리는 이것을, 소금의 배열 법칙을 파악함으로써 우리의 뇌로 소금을 아는 것이다. 마찬가지로 우주가 규칙적 행동을 지배하는 자연의 법칙을 갖고 있다면 우리는 우주를 알 수 있다. 많은 그러한 법칙이, 비록 상당한 복잡성을 갖고 있더라도 인간은 이들 모두를 파악할 능력을 가질 수 있을 것이다.

세이건이 말한 방향대로 우주를 지배하는 법칙을 찾기 위한 연구는 시작되었다. 그런데 아직 우주의 기원과 미래는 종교의 영역이라고 이해하는 사람이 많다. 신을 상정하지 않고는 해답이 없다는 것이다. 이

독특한 상황은 미항공우주국(NASA) 웹사이트의 우주론 서문에 나타나 있다. 이들은 우주론이 다른 과학 분야와 마찬가지로 우주에 관한 이론 또는 가설의 형성에 관계된 것이며, 이 이론이 특이한 현상에 대해 예측할 수 있고 이 예측이 올바른지는 관찰하여 시험할 수 있다고 했다. 또한 이 이론은 고정된 것이 아니라 관찰 결과를 수용하기 위해 수정되거나, 확대된다. 그리고 관찰 결과를 도저히 수용할 수 없으면 포기 된다. 새삼 과학적 방법을 해설해 놓았음을 알 수 있다.

과학이 전통 문화 가운데 형성되어 과학 문화를 이루고 형이상학적인 철학적 종교적 영역에 도전하는 양상은 흥미롭다. 이들과 과학이 다른 점은 단 한 가지 과학적 방법이다. 이는 자연의 물음에 대한 답, 즉 자연의 진리를 찾는 철학자들이 인간의 감정, 직감, 종교적 편견, 관습, 철학 등에 의해 신뢰성이 있는 진리에 도달하기 어렵다는 것을 인식하기 시작하여 인간의 주관성을 배제한 객관적인 방법을 찾고자 하는 가운데 나온 것이다.

원칙적으로 객관적이 되기 위해서는 관찰하여 자료를 모으는 과정이 객관적이어야 하며 이는 물질적 경험적이어야 한다. 물질적 감각을 등록하는 것만이 가치중립적이며 재현성을 보장할 것이기 때문이다. 다음에 이렇게 얻은 자료를 일반화하여 가설 또는 이론을 구성하거나 이를 평가하고, 시험하고, 받아들이는 모든 과정은 합리적이어야 한다. 주관, 편견, 맹신, 왜곡, 부정직이 개입되지 않도록 논리적, 수학적, 합리적이어야 한다는 의미이다.

17세기 프랜시스 베이컨(1561~1626)은 흥미 있는 자연 현상을 조심스럽게 관찰하여 자료를 얻어 이 자료를 일반화하여 가설을 내며 이 가설은 좀 더 많은 현상을 포함하여 부정되지 않을 때 이론이라고 한다는 귀납적 방법을 내었다. 지금도 실험 과학자의 탐구 방법으로 활용되는 이 방법의 근원을 베이컨의 열의 본질 결정으로 살펴보자.

베이컨은 모든 사람이 감각적으로 경험하는 열의 정도와 관련된 사

과학적 방법의 귀납법을 창시한 영국의 베이컨(Francis Bacon). (http://www.sirbacon.org)

과학적 방법의 수학적 연역법을 창시한 프랑스의 데카르트(Rene' Descartes). (http://www.lucidcage.com)

례 일람표를 만들었다. 그 중에는 햇볕, 격렬하게 문지른 물체, 끓은 물, 술이 인체에 미치는 효과 등 뜨거운 것과 달 빛, 얼음이나 끓이기 전의 물, 마시는 물 등 찬 것도 있다. 그는 이 자료를 합리적으로 일반화하여 열이란 물체의 작은 입자에 작용하는 운동이라고 결정하였는데, 어떤 물체든지 격렬하게 문질렀을 때에 뜨거워지지 않는 경우가 없다. 그리고 이 운동은 팽창을 초래하기 때문에 물체 내에 팽창적 운동을 일으키면 열을 발생할 것이라고 하였다.

경험론자인 베이컨은 경험적인 것과 합리적인 추리를 혼화하였으나 그 추리는 3단 논법 식이었고 수학적 논리가 결핍된 것이었다. 그는 수학의 중요성에 대해서는 전혀 알지 못했다. 과학적 방법에 수학적 연역적 추리를 도입한 사람은 이성론자 르네 데카르트(1596~1650)이다. 그렇다고 데카르트가 관찰을 완전히 반대한 것은 아니었다. 사실상 갈릴레오 갈릴레이(1564~1642)나 아이작 뉴턴(1642~1727)은 두 방법을 함께사용하여과학적탐구를하였다.

갈릴레오는 오늘날 과학자들이 실험이라고 부르는 작업 가설에 기초한 실험을 행하였다. 그래서 그는 "수평 판에서 움직이는 물체는 반대

케임브리지 트리니티 칼리지의 1755년 뉴턴(Isaac Newton) 동상.
(http://www.cambridge2000.com)

되는 힘이 없이는 영원히 움직인다, 진공 중에서 모든 물체는 무게나 조성과는 관련 없이 같은 속도로 떨어진다, 자유 낙하하는 물체나 경사면에서 굴러 내리는 물체는 균일 가속도를 나타낸다"는 운동 법칙을 만들었다. 뉴턴은 갈릴레오의 운동 법칙과 데카르트의 "고립계에 있는 물체의 총 운동량(무게 × 속력)은 일정하다"는 운동량 보존 법칙을 수학적, 논리적으로 연역하여 운동법칙을 만들었다.

그는 갈릴레오의 임피터스 개념을 정지 상태까지 확대하여 "정지 상태나 균일 운동 상태의 물체는 힘이 가해지지 않는 한 그 상태를 계속한다"는 제1법칙을 만들었다. 다음에 운동량(p)을 "고립계에서 개개 물체의 질량(m)에 속도(v)를 곱한 값(p=mv)의 합은 일정하다"고 새롭게 정의했는데, 물체의 무게는 매질 내에서 변하기 때문에 무게 대신에 변하지 않는 질량으로 하였으며 속력을 벡터(방향)를 포함한 속도로 나타낸 것이다. 그리고 힘(F)을 "물체의 운동량에 변화를 초래하는 것이다"라고 정의하여"가해 준 힘은 그 물체의 운동량의 변화와 일치한다(F=dp/dt; F=ma a=가속도)"는 제2법칙을 내었다. 그리고 운동량 보존에서 2개 물체의 운동량이 보존되려면 한 개의 힘은 다른 힘과 비교하여 크기는 동일하나 방향은 반대여야 할 것이므로 "한 물체가 다른 물체에 힘을 가하면 힘을 받은 물체는 가해 준 물체의 힘과 동일한 그러나 반대 방향의 힘을 받는다"는 제3법칙이 나왔다.

뉴턴의 운동 법칙은 기존의 법칙을 수학적, 논리적으로 연역한 결과이므로 베이컨의 감각적 경험에 의존하는 귀납법과는 다르다. 그러나 운동 법칙(가설)의 정확성은 이 법칙으로부터 연역적으로 예측되는 바를 실험적으로 시험함으로써 검증이 가능하다. 특히 이 운동 법칙을 기초로 한 만유인력의 법칙은 많은 예측성을 제공하였다. 앞서 언급한 클레로의 달의 운동과 핼리 혜성의 궤도 증명은 뉴턴의 운동 법칙, 만유인력의 법칙이 실험적 검증을 통과했음을 의미한다.

1805년 존 돌턴(1766~1844)은 “이 세상 모든 물질이 원자로 구성되었으며 개개 원소의 원자량은 이들이 서로 화합하는 비이다”라고 하는 화학 원자 가설을 내었다. 이 가설도 경험적으로 관찰할 수 없는 원자라는 이론적 존재를 설정하여 구성되었기 때문에 베이컨의 귀납법과는 다르다. 이 가설은 경험적으로 화학 반응에 잘 적용되어 화학자들은 이를 과학의 법칙으로 활용하였지만 과학적 방법론으로 보아 경험적 자료로부터 원자의 존재를 도출할 논리적 방법이 없다면 정당한 과학의 일부분으로 간주할 수 없다는 비판이 따른 것은 당연하다.

19세기 말이래 벌어진 에른스트 마흐(1838~1916) 등 이 세계를 논리적으로 그리고 경험적 감각적인 것으로 이해하는 논리 실증주의자와 원자론자 사이의 갈등은 이와 관련된 것이다. 20세기로 들어오며 전자 등 원자의 구성 입자가 발견되어 화학 원자 가설은 이론으로 인정되었으나 이 가운데 연구 방법상 인식에도 변화를 맞게 되었다. 과학의 이론이 순수 논리에 의해 경험적 자료로부터만 나오는 것이 아닌 이상 과학의 객관성 특징을 훼손하지 않으면서 보이지 않는 존재와 과정을 다룰 수 있는 최선의 방법을 인정하게 된 것이다. 이는 과학자의 창조성을 극대화할 수 있다는 점에서도 중요하다.

이렇게 정리된 과학적 방법, 즉 가설-연역법은 뉴턴의 운동 법칙이나 돌턴의 원자 가설과 같이 기존의 법칙, 직관, 관찰을 가미한 직관 등을 출발로 하여 논리적, 수학적, 일부 실험적 절차를 거쳐 가설을 구성한다는 점에서 가설적이다. 다음에 가설로 예측되는 바, 즉 가설적 예측성을 연역하여 도출하여 이를 실험적으로 시험하여 이론으로 확정한다는 점에서 연역적이다. 이렇게 해서도 과학적 방법의 정당성을 확보하는데, 가설적 예측성을 실험적으로 시험하여 판단한다는 점에서 경험적이다. 예측성은 논리적 또는 수학적으로 나오며 경험적 자료가 이들과 논리적으로 일치하지 못할 때 거절된다는 점에서 합리적이다. 또한 가설적 예측의 경험적 자료와 일치 여부 판단은 객관적인 과정이다.

아인슈타인은 가설-연역법으로, 즉 사고 실험과 논리적, 수학적 처리를 거쳐 많은 예측을 제공하는 상대성 이론을 제시하였다. 예를 들어 일반 상대성 이론에 의하면 중력은 중력의 '장' 으로 기술되는 것이 아니라 그 자체 시공간의 뒤틀림이다. 상대성 이론의 정확성은 뉴턴의 중력 이론으로 설명할 수 없는 수성 궤도의 특이성과 태양 근처에서 빛이 굽는 현상을 해석하여 입증되었다.

우주론의 핵심인 빅뱅 이론은 120억년 또는 140억 년 전 우주가 직경 2~3mm의 뜨겁고 밀도가 큰 상태에서 급작스럽게 팽창하여 현재의 광대한 그리고 냉각된 우주가 되었다는 이론이다. 시간에 따른 우주의 기하학적 구조는 우주의 물질이 균등하게 분포돼 있다는 우주론적 원칙을 일반 상대성이론에 대입하여 도출된다. 그리고 빅뱅 이론은 은하가 멀어져 가고 있다는 1929년 어드윈 허블의 관찰, 빅뱅 처음 수분 내에 형성되었을 가벼운 원소의 증명, 1963년 아르노 펜지아스와 로버트 윌슨에 의한 잔존 배경 복사의 증명 등 실험적 지지를 받는다.

우주론적 연구는 이제 시작이다. 빅뱅 이론은 출발이 있는 진행 중인 질서를 말한다는 점에서 정적 질서와는 다르다. 정적 질서를 기대했던 아인슈타인은 우주가 팽창한다는 사실을 못마땅하게 생각했다고 하나, 우주 배경 복사를 발견한 펜지아스는 이러한 우주야말로 "목적적 창조와 가장 부합되는 것이다"라고 말한다. 창조자의 존재를 증거한다는 말이다. 과학 연구는 종교를 넘보고 있는 듯 보이지만 우주론에서 과학이 종교를 보강하고 있음을 발견한다. 우주론이야말로 과학과 종교가 함께 할 수 있는 분야라는 말도 있다.

참고 자료

- Cosmology: The Study of the Universe.
  http://map.gsfc.nasa.gov/m_uni.html
- Medawar, P.B., *Advice to a Young Scientist*, Basic Books, 1979.
- Sagan, Carl, Can We Know the Universe?
  http://www.iidb.org/vbb/archive/index.php/t-37329.html

3 과학은 오류 가운데 발전한다

어떤 과학 이론도 최종적인 것은 없다. 더 나은 해석력을 가진 이론으로 대체된다. 이 과학 이론의 잠정성은 인간이 오류를 범할 수 있다는 진리에서 비롯된다. 이것은 과학자에게는 누구나 크고 작은 도전할 연구 문제와 성취의 만족이 기다리고 있음을 의미한다. 과학이 주관과 감정을 배제한 객관적 탐구라고 하지만 이 감정적 요소가 없다면 과학 연구는 정지할 것이다.

1839년 독일의 마티아스 슐라이덴(1804~81)과 테오도르 슈반(1810~82)은 동식물 모든 생명체는 스스로 생명 기능을 수행할 수 있는 단위 세포로 구성돼 있다는 세포설을 내었다. 그러나 1900년대로 들어올 때까지 신경계에도 세포설이 적용되는지 학자들 사이에 논란이 있었다. 1906년 노벨 의학상 수상 강연에서 이탈리아의 골지와 스페인의 카할이 서로 상반된 이론을 제시하기까지 하였다.

골지체로 친숙한 카밀로 골지(1843~1926)는 병원의 조그만 부엌을 개조한 실험실에서 신경 조직을 염색하는 방법을 연구하여 1873년 골지 염색법을 찾아내었다. 이 염색법은 중크롬산칼륨을 가하여 굳어진 신경조직에 묽은 질산은 용액이 스며들게 하여 크롬산은으로 검게 염

77세의 나이에도 연구에 몰두 중인 이탈리아의 골지(Camillo Golgi). (http://nobelprize.org)

색된 신경세포를 선명하게 볼 수 있는 방법이다. 골지는 이 방법으로 뇌 조직을 관찰하여 신경계가 세포질이 연속된 거대한 망이라고 발표하였다. 골지의 망상체설은 독립된 세포 단위의 집합이 아니라는 점에서 세포설과는 차이가 있다.

1880년대 실험실에서 연구 중인 스페인의 카할(Santiago Ramón y Cajal). (http://nobelprize.org)

산티아고 라몬 이 카할(1852~1934)은 1887년 골지 염색법으로 염색한 뇌의 절편을 보고 경탄하여 열병에 걸린 사람처럼 망막, 척수, 소뇌 등 모든 것을 염색하였다. 그리고 신경계가 골지가 주장하는 것처럼 연속적 요소의 망상체가 아니라 수많은 별개의 세포로, 즉 뉴런으로 구성되었음을 발견하였다. 골지의 신경계 세포의 연속설과 카할의 인접설은 세포설과 맞물린 커다란 논쟁이었으며 이 가운데 골지도 카할도 사망할 때까지 자신의 이론을 주장하며 투쟁하였다.

골지와 카할의 차이는 당시 현미경법의 한계에서 비롯되었으며 1950년대 전자 현미경으로 카할의 관찰이 정확함이 입증되었다. 그럼에도 두 사람이 공동으로 노벨상을 수상한 것은 이 경쟁 과정에서 이뤄 놓은 신경계의 구조에 대한 업적 때문이다. 카할은 자신과 골지가 등이 붙은 샴쌍둥이라고 표현하였다. 두 사람은 한 몸이 되어 학문에 기여하였으며 골지의 선구적인 연구가 없었다면 자신이 없었을 것이라는 의미이다. 노벨상 위원회는 두 학자의 이론상 차이에는 큰 비중을 두지 않았다.

카할은 뉴런과 뉴런 사이의 간격을 주장하였으며 1897년 이 간격 부위를 시냅스라고 명명한 사람이 뉴런의 기능에 대한 연구로 1932년 노벨 의학상을 수상한 영국의 찰스 셰링턴(1857~1952)이다. 시냅스는 한개 뉴런이 다른 뉴런 또는 근 세포나 샘 세포와 같은 효과기 세포와 교통하는 부위이다. 셰링턴은 1885년 의학 공부를 하던 때 스페인에서 카할을 만나고 후에 카할을 영국으로 초청하여 강연을 주선하는 등 카할의 지지자였다.

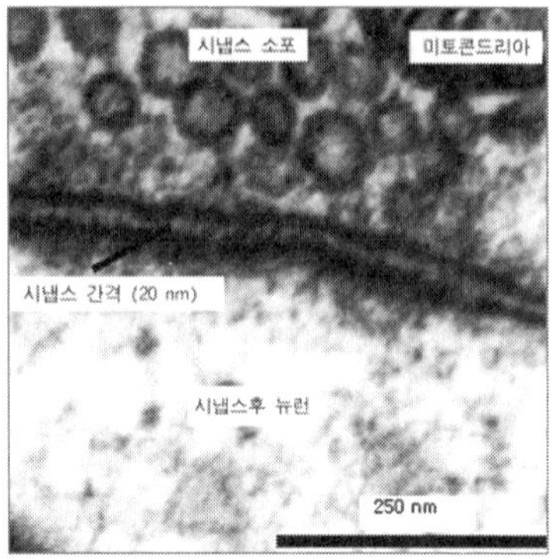

전자 현미경으로 관찰된 시냅스
(사진 http://synapses.mcg.edu)

시냅스를 통한 신경 흥분의 전달에 중요한 단서는 1921년 오스트리아의 오토 뢰비(1873~1961)에 의해 나왔다. 그는 개구리에서 두개의 심장을 잘라내어 혈관에 생리식염수를 통하여 계속 박동하도록 하였다. 한 심장의 미주신경(부교감신경)을 전기적으로 자극하는 동안 흘러나오는 액을 두 번째 심장에 통해주면 그 심장은 마치 신경이 자극되었을 때처럼 박동이 억제되었다. 뢰비는 신경의 자극에 의해 무엇인가 화학 물질이 방출되어 다른 심장에 영향을 끼친다고 결론지었다. 부교감 신경 자극이 시냅스에서 후에 아세틸콜린으로 확증된 화학적 물질을 통해 효과기에 반응을 유발한다는 증거이다.

뢰비는 또 다른 방법으로 신경 전달물질의 발견에 기여한 영국의 헨리 데일(1875~1968)과 공동으로 1936년 노벨 의학상을 받았으며 교감신경의 경우도 유사한 화학적 전달에 대한 증거가 나왔으나 아직 이

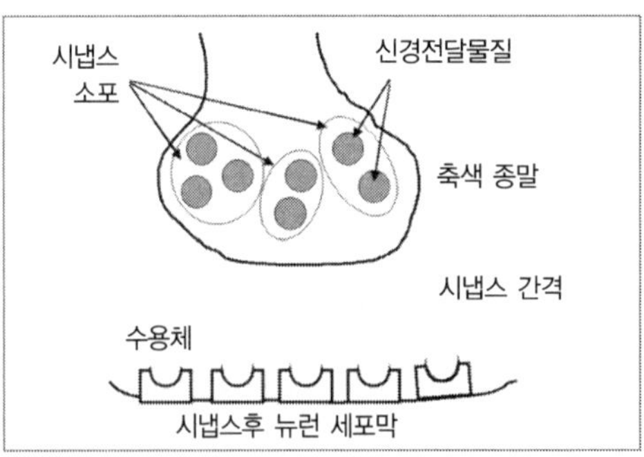

축색돌기의 종말에 도달한 신경 자극은 시냅스 소포로부터 신경 전달물질을 방출, 이 신경 전달물질이 시냅스 간격을 뛰어 넘어 시냅스후 뉴런 세포막의 수용체와 결합, 활동전위를 형성함으로써 신경 흥분은 계속된다.

는 일부 자율신경 효과기에 국한된 증명이지 모든 시냅스에 적용하기 어렵다고 의심하는 학자들도 많았다. 뉴런과 뉴런 그리고 뉴런과 골격근 사이의 시냅스인 경우 신경흥분 전달 속도 등 화학 물질에 의한 전달로는 설명하기 어려운 점이 있었기 때문이다. 이 가운데 전기 전달설을 제시한 학자가 셰링턴의 제자인 에클스이다.

1963년 오스트레일리아에서 연구 중인 에클스. (사진 http://www.unimelb.edu.au)

1930년대 이래 세밀한 시냅스 과정을 연구한 오스트레일리아의 존 에클스(1902~97)는 1945년 화학 전달설을 주장하는 데일에 반대되는 전기 전달설을 내었다. 에클스와 데일의 차이는 골지의 신경계 세포의 연속설과 카할의 인접설의 연장이다. 전기 전달이 가능하기 위해서는 원형질 다리와 같은 것이 시냅스 간격을 메워야 할 것이기 때문이다. 에클스가 상당한 반대 증거에도 불구하고 전기 전달설을 낸 것은 뉴질랜드에서 20세기 최대의 과학철학자로 불리는 포퍼를 만나 그의 조언을 들은 것이 계기가 되었다.

칼 포퍼(1902~94)는 과학적 일반화는 결론적 검증이 불가능하나 반대 사례에 의한 결론적 반증은 가능하기 때문에 추측과 논박에 의해 진리에 접근하는 것이 바람직하다는 입장을 가진 반증의 철학자이다. 포퍼에 의하면 가설의 반증은 지극히 과학적이기 때문에 반증되더라도 불명예가 아니다. 과학자들은 반증을 두려워 할 필요가 없다. 에클스는 만일 전기 전달설을 철저한 시험에 의해 반증이 가능하도록 제시하면 반증된다고 하더라도 자신도 다른 학자도 더 이상 전기 전달설을 증명하기 위해 애를 쓸 필요가 없게 된다는 사실을 깨닫게 되었다.

이와 같이 전기 전달설을 낸 에클스는 1951년 스스로 자신의 이론이 틀렸다는 것을 알아내었다. 오류가 발견되면 좌절에서 헤어 나오기 힘든 다른 과학자와는 달리 에클스는 이때 자신이 과학에 기여하였다는 느낌을 가졌다고 하였다. 그는 시냅스를 통한 화학 전달을 확실히 했을 뿐만 아니라 이제는 화학 전달로 방향을 바꾸어 그 동안의 연구 경험을 가지고 노력하여 세밀한 신경의 작용을 연구한 공로로 1963년 노벨 의학상을 수상하였다.

참고 자료

- 강건일, 생물학과 생물학자 이야기 1, 참 · 과학, 2004.
- Curtis, David R. and Andersen, Per, John Carew Eccles 1903–1997.
  http://www.science.org.au/academy/memoirs/eccles.htm
- Mazzarello, Paolo, A unifying concept: the history of cell theory. *Nature Cell Biology* 1, E13 – E15 (1999).
  http://www.tmd.ac.jp/artsci/biol/textintro/celltheory.pdf nobel prize. http://nobelprize.org
- Valenstein, E. S. (2002). The discovery of chemical neurotransmitters. *Brain & Cognition*, 49(1), 73–95.
  http://home.earthlink.net/~rkmck/vault/reprints/valenstein 02ab.html

4 과학 연구와 창조적 상상

새의 날개는 창조적 상상이다.
(http://www.palemale.com)

과학연구에서의 창조적 상상에 대해 아인슈타인은 "새로운 질문, 새로운 가능성을 제기하고 옛 문제를 새로운 각도에서 보기 위해 창조적 상상이 요구되며 이렇게 함으로써 진정한 과학의 발전을 기록한다"고 하였다. 과학을 새로 비유하면 날개는 창조적 상상이고 다리는 실험이다. 실험 역시 중요하다. 그러나 과학은 새가 높이 날아올라 자연을 한 눈에 내려다보듯이 창조적 상상에 의해 새 지평을 연다.

우리는 앉아서도 머리를 움직이는 등 계속 신체적 형태를 변화시킨다. 화학 분자도 온전한 결합을 유지한 상태에서 어느 정도 유연성을 갖고 끊임없이 형태가 변한다. 그림의 시클로헥산은 실온의 평형 상태에서 99% 가량이 가장 에너지가 낮은 가장 안정한 의자 형태로 나타난다. 하지만 내부적으로는 두 의자 형태 사이에 1초에 80,000 번이나 불안정한 보트 형태를 경유한 전환이 일어나고 있다.

화학자들이 분자의 형태에 관심을 갖고 있지 않던 때에 이러한 시클로헥산의 형태를 X선 회절 등의 방법으로 연구한 사람이 노르웨이의 오드 하셀(1897~1981)이다. 그는 1930년대 이래 논문을 발표하였으

1969년 노벨 화학상 수상자 바턴(Derek Barton). (http://poohbah.cem.msu.edu)

나 생소한 노르웨이 잡지였기 때문에 세계의 다른 학자들은 그의 연구를 알 기회가 없었다.

그러다가 1946년 처음으로 영국 잡지에 논문이 발표되었다. 이 논문을 읽은 영국의 데릭 바턴(1918~98)은 1950년 분자의 형태와 화학 반응성에 관한 4쪽짜리 논문을 발표했는데, 이 간단한 논문 한편이 그의 1969년 하셀과 공동으로 수상한 노벨 화학상의 중요 업적이 되었다.

노벨상 위원회는 이들이 "여러 다른 생각과 제안의 지적 종합에 의해 과학적 아이디어의 진보에 결정적인 공헌을 하였다"고 평가하였다. 그동안 화학에서 입체 구조에 관한 많은 연구가 있었으나 분자의 형태에 관한한 미미한 개념에 머물러 있었고 그것도 생각이 서로 달랐다. 이 가운데 이들이 어떤 화합물을 대상으로 어떻게 실험하면 형태 문제를 파악할 수 있을지 획기적인 아이디어로 형태 연구라는 화학의 새로운 장을 열었다는 것이다.

훌륭한 연구 문제와 그 문제를 해결할 좋은 아이디어가 우수한 연구의 비결이다. 이 아이디어는 과학자 고유의 창조적 상상에서 나온다. 이것은 과학자가 자신의 연구 분야에 국한하지 않고 다른 과학 분야를 포함하여 인문, 예술까지 폭넓게 경험할 필요성과 관련된 것이다. 그래서 과학적 의문을 품고 지내는 동안 경계가 없는 경험의 바다 가운데서 흔히 유추라고 하는 분명히 모르는 과정에 의해 점차 또는 갑자기 문제가 분명해 지고 해결의 실마리가 떠오르게 된다.

지금으로부터 200년 전 영국의 존 돌턴(1766~1844)은 대기 중에서 산소, 질소, 수증기 등 기체가 어째서 분리되지 않고 섞여 있는지 그리고 물에 흡수되는 기체의 양이 종류에 따라 다른 이유는 무엇인지 의문을 갖고 있었다. 그는 이들 기체를 구성하는 근원적 입자, 즉 원자가 존재할 것이라고 믿고 각 기체 원소의 원자의 성질을 파악함으로써 자신의 의문을 풀어보려고 생각했다.

화학 원자 가설의 돌턴(John Dalton). (http://poohbah.cem.msu.edu)

더 이상 나뉠 수 없는, 물질을 구성하는 근원적 입자인 원자는 기원전 5세기 그리스시대 이래 철학자의 상상물이었다. 그런데 돌턴에게 원자는 자연 현상을 해석해 줄 모양과 크기 그리고 무게를 가진 실체로 다가온 것이다. 돌턴은 마을에서 학생을 가르치던 1787년에 시작하여 사망할 때까지 200,000회의 기상 관찰 기록을 남긴 세심한 자연 관찰가이다. 또한 그는 1801년에 혼합 기체가 나타내는 압력은 개개 성분 기체의 부분 압력의 합과 같다는 부분 압력의 법칙을 발견한 우수한 실험가이다. 그의 이러한 과학적 자질이 창조적 상상을 통해 원자의 존재에 대한 확신을 가져다주었을 것이다.

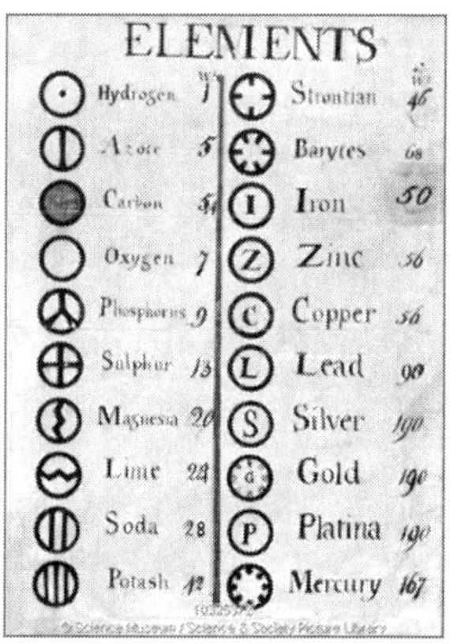

돌턴의 원소 표(1806~1807). 원소와 상대 원자 무게. (http://www.scienceandsociety.co.uk)

돌턴은 1803년 처음으로 원자의 상대 무게를 학회에서 발표하였고 1808년 완전한 형태의 논문에는 예를 들어 수소 원자 1에 대한 산소 7의 상대 무게가 나타나 있다. 당시는 분석법이 그리 정확하지 못했다. 또한 분자의 개념이 없었으므로 그는 수소 원소를 H, 산소 O, 물을 HO로 보았다. 따라서 실험에 의해 물(HO)에 함유된 수소(H)와 산소(O)의 무게 비율이

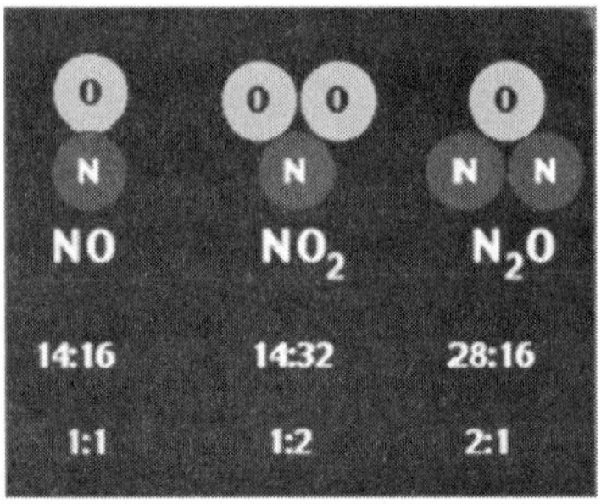

돌턴의 배수 비례 법칙이 나온 실험 결과.
현대적 원자량으로 나타내었다.

1:7 인 것을 알아내어 수소 원자 1에 대해 산소 7이라는 상대 무게를 결정했으나 물을 H_2O로 보면 산소 원자는 14, 즉 오늘날의 16에 가까운 값이 된다.

돌턴의 원자 가설은 물질이 원소에 따라 특이한 무게(원자량)를 가진 원자로 구성되었다는 것에 같은 때 발표된 원소 사이의 원자적 화합은 단순한 정수의 비율로 이뤄진다는 배수 비례의 법칙을 포함시켜 말한다. 이 법칙은 그가 실험적으로 예를 들어 질소(N)와 질소와 반응한 산소(O)의 무게 비율을 각각의 원자량으로 나누어 1:1(NO), 1:2(NO_2), 2:1(N_2O)인 것을 발견한 데서 유래한다. 돌턴의 원자 가설 아이디어가 이러한 화학적 실험에서 나왔다고 분석한 학자도 있으나 기체의 물리적 현상에 대한 의문에서 비롯됐다는 설이 인정받고 있다.

1799년 프랑스의 조셉 프루스트는 한 물질을 구성하는 원소와 원소의 비율, 즉 조성이 어디에서 이 물질을 얻든지, 어떻게 합성하든지 항상 일정한 것을 발견하여 일정 성분비의 법칙을 내었다. 그러나 실험 결과 조성이 일정하지 않은 것을 발견한 당대의 유명한 클로드 베르톨레는 원소 사이의 화합이 중력과 유사한 화학 친화력에 기인하기 때문에 어떤 비율로도 이뤄질 수 있다고 주장했다.

이러한 논쟁은 아직 분석법이 정확하지 않고 정제가 불충분하여 불순물이 섞여 있었기 때문에 나왔다. 프루스트는 9년간에 걸쳐 많은 물질을 순수하게 정제하여 자신의 법칙을 확인했고 그간에 베르톨레도 잘못을 시인했으나 프루스트는 계속 실험하여 분석 값을 갖고 자신을 변호하는 외에 다른 방법이 없었다. 그러나 돌턴의 원자 가설에는 한 물질의 조성이 일정한 최선의 해석이 포함돼 있다.

돌턴의 원자 가설은 그 후 아보가드로의 분자론, 케쿨레의 화학 구조론, 반트 호프의 입체 구조론으로 발전하며 화학자들의 연구에 나침반이 되었으나 아직 원자가 실체라는 눈에 보이는 증거는 없었다. 그것은 돌턴 100년 뒤 영국의 J.J. 톰슨에 의해 전자가 발견되어 분명히 되었으며 이때 비로소 화학 결합의 진정한 모습도 드러나기 시작했다.

참고 자료

- Coward, H.F., John Dalton(B. 1766, D. 1844), *J. Chem. Educ.*, 4, 22 (1927).
- Harrison, Allan G., John Dalton's atomic theory: Using the history and nature of science to teach particle concepts? http://www.aare.edu.au/02pap/har02049.htm
- Maher, Michael, Imagination. http://www.nd.edu/Departments/Maritain/etext/psych008.htm

5 실험 과학과 이론 과학의 갈등

독일의 합성 화학자 콜베(Adolf Wilhelm Hermann Kolbe).

200년 전만 해도 화학자들은 생체의 물질은 생기의 영향 아래에서 생성되었기 때문에 실험실에서 합성할 수 없다고 믿었다. 그런데 1828년 독일의 프리드리히 뵐러(1800~82)가 합성 연구 과정에서 요소를 얻었을 때 대단히 놀랐다. 요소는 동물의 오줌 성분이었기 때문이다. 그러나 아직 원료 물질에 생기력이 들어 있다고 주장하는 학자들도 있었다.

생기력 논쟁은 1845년에 가서야 독일의 헤르만 콜베(1818~84) 등에 의해 종식됐다. 뵐러의 제자인 콜베는 천연의 원소 물질 만을 사용하여 생체내의 아세트산을 합성할 수 있었다. 이로써 어떤 물질이든 실험실에서 합성할 수 있다는 토대가 마련됐다. 그러나 아직 합성에는 화합물의 구조에 대한 이해가 필요하였고 독일의 프리드리히 케쿨레(1829~96)가 결정적인 공헌을 했다. 그는 1850년대 탄소 4가에 기초한 화학구조론을 확립했으며 1860년대에는 벤젠과 페놀 등의 구조를 제시했다.

이러한 구조적 지식에 기초하여 1800년대 하반기 약, 염료 등 실생활에 유용한 물질이 합성되어 시장에 나오기 시작했다. 1875년 콜베는 콜타르의 성분인 페놀로부터 살리실산을 합성했다. 그는 그 이전에 살리실산의 구조를 정확히 해석해 내기도 했다. 그리고 이 콜베의 살리실산으로부터 아스피린이 합성되어 지금도 해열진통제로 이용되고 있다. 당시 콜베는 라이프치히 대학 교수로 있으며 실용화학 잡지의 편집을 맡았다.

콜베 등 실험 화학자의 기여가 두드러지던 때에 반트 호프는 분자 구조가 공간에 어떻게 배열돼 있는지를 다루는 입체 화학을 탄생시켰다. 이 발견은 파스퇴르의 실험적 관찰에서 시작된 것이다. 파스퇴르는 1848년 포도주 제조 시에 얻은 라세미산 염 결정의 두 형을 현미경상에서 손으로 분리하는데 성공했다. 그는 이 중에 하나가 편광면을 오른 쪽으로 선회시키는 우선성(+)인 타르타르산의 염과 동일하고 나머지 결정은 편광면을 동일한 정도 회전시키나 왼쪽으로 회전시키는 좌선성(−) 타르타르산이라고 발표했다. 그는 또한 두 분리한 결정을 동일한 양 혼합시켜 그 용액이 광학 활성이 없다는 것을 알았는데 이것이 라세미산 염이었다.

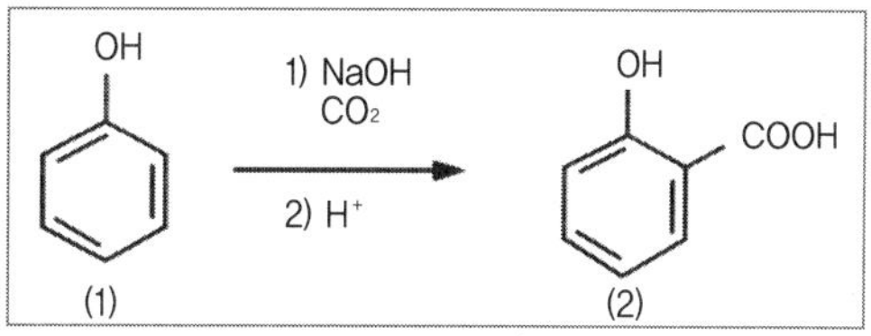

페놀(1)로부터 살리실산(2)의 합성.

파스퇴르는 1860년 강의에서 우선성, 좌선성 두 형의 타르타르산이 구조상 거울상 대칭이라고도 언급하였다. 이는 결정 형태를 보고 유추한 것이며 거울상 이성질 현상의 분자적 본질 파악은 1870년대 반트 호프와 르 벨에 의해 이뤄졌다. 네덜란드의 물리 화학자 반트 호프(1852~1911)를 입체화학의 창시자로 이름나게 한 것은 1874년 9월, 21세의 나이에 위트레흐트 대학에서 발표한 유기 화합물의 공간 구조와 광학 활성에 관한 연구이다.

이 논문에서 반트 호프는 탄소 4가에 기초한 케쿨레 법칙의 계속으로 4개의 원자가가 탄소를 중심에 둔 상태에서 정사면체의 꼭지점으로 향하는 가설을 추가한다고 적었다. 그는 탄소 원자에 4개의 서로 다른 그룹이 결합되었을 때에 두 개의 서로 다른 4면체를 얻을 수 있으며 이들은 서로 거울상 대칭일 것이라고 말하였다. 그는 이를 '공간에서 이성질인 두 개의 식' 이라고 표현했는데 거울상 이성질 현상이 입체 이

입체화학의 창시자 반트 호프(Jacobus Henricus van't Hoff). 그는 물리화학에 대한 업적으로 1901년 최초의 노벨 화학상 수상자이기도 하다. 오른쪽은 반트 호프의 4면체 모형.

성질 현상의 한 종류라는 사실을 분명히 한 것이다. 반트 호프가 아이디어를 얻었던 락트산의 두 거울상 이성질체는 다음 쪽에 그림으로 나타내었다.

반트 호프의 1874년 입체 구조에 관한 11페이지 팜플렛은 다음 해에 프랑스어로 확장되어 〈공간 화학〉이 나왔다. 이 논문은 네덜란드 밖의 여러 학자, 비슬리체누스 등에게 보내졌다. 요하네스 비슬리체누스(1835~1902)는 1873년 우선성, 좌선성 락트산은 구조상 동일하나 공간 중에 원자의 배열이 다르므로 다른 성질을 나타낸다고 말하였다. 이런 비슬리체누스는 학생을 시켜 반트 호프의 논문을 독일어로 번역하도록 하여 번역문에 자신이 서문을 썼다. 그리고 반트 호프는 자신이 아이디어를 비슬리체누스로부터 얻었음을 후에 다음과 같이 말했다.

"여러분 나는 발견을 하는 비결을 말할까 합니다. 방금 도서관에 대해 말한 것과 같이 그 도서관은 나의 마음에 엄청난 영향을 주었다는 것을 말할까 합니다. 위트레흐트의 도서관에서 락트산에 관한 비슬리체누스의 논문을 읽던 중 나는 중간에 산책하기 위해 밖으로 나왔습니다. 그리고 맑은 공기를 통해 비대칭 원자에 관한 아이디어가 떠오른 것은 바로 이때였습니다."

이와 같이 반트 호프는 비슬리체누스의 공간 중의 원자의 배열에서 아이디어를 얻어 탄소의 4면체 구조를 발견했으나 독일어 번역문의 비슬리체누스의 서문을 읽고 콜베는 대단히 노했다. 그는 1877년 아래와 같이 비슬리체누스를 공격했다.

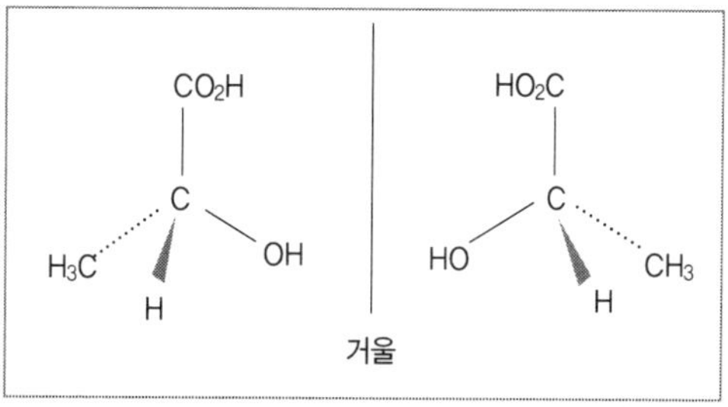

락트산의 두 거울상 이성질체. 오른쪽, 왼쪽 구조는 거울상 대칭이나 서로 겹쳐지지 않는다. 두 이성질체는 각각 편광면을 같은 정도 서로 반대 방향으로 회전시킨다.

"이 중요한 과학자가 반트 호프를 보호하고 그의 연구를 중요한 업적으로 추천하지 않았다면 나는 다른 많은 사람에 대해 했던 것처럼 반트 호프의 〈공간 화학〉을 무시했을 것입니다. 위트레흐트의 수의과 대학에 채용된 반트 호프는 정확한 화학 연구가 그의 취향에 맞지 않는 듯 보입니다. 그는 페가소스(수의 대학을 지칭함)에 등정하는 것이 좀 더 편리하며 〈공간 화학〉에서, 과감한 비상으로 오른 화학적 파르나소스(아폴로신과 뮤즈 신의 영지)에서, 어떻게 원자들이 공간 속에 배열되어 나타나는지 선포하는 것이 좀 더 편리하다고 생각한 것 같습니다. ...그의 논문을 자세히 비평한다는 것은 불가능합니다. 상상의 플레이는 완전한 사실에 입각한 근거를 희생하는 것이며 신중한 화학자에게는 이해할 수 없는 것이기 때문입니다."

콜베의 비슬리체누스의 공격으로 인하여 반트 호프는 하루아침에 유명 인사가 되었다. 콜베는 당시의 화학이 이뤄진 방식으로 조심스러운 실험적 관찰에 집착하고 있었다. 그는 이렇게 해서만 과학이 생산적이고 지적인 정당한 경로를 취한다는 생각이었다. 다만 그는 반트 호프의 추정에도 많은 실험적 사실을 포함하고 있었고, 간접적인 실험적 증거로부터 구조를 추리하는 것이 가능하리라는 것을 상상하지 못했다. 당시에는 콜베뿐만 아니라 유사한 생각을 가진 학자가 많았다.

반트 호프는 1877년 25세의 나이에 암스테르담 대학에 강사로 들어가 1년 뒤에는 교수가 되었다. 18년간 암스테르담에 있다 1896년 베를린 대학으로 옮겼다. 그가 암스테르담에서 시작한 일은 화학 구조 연구가 아니라 화학 반응속도론, 즉 반응 속도에 영향을 주는 반응물의 양, 온도, 압력 등에 관한 연구였다. 그는 1901년 화학 반응속도론과 용액의 삼투압 연구로 최초의 노벨 화학상을 받았다.

반트 호프는 따스하고 단순한 성품의 소유자였다. 학생의 회고록에 의하면 그는 어느 때건 학생들이 찾아와 만날 수 있도록 했으며 학생들의 질문에 신중하게 답했다. 절대로 여러 아이디어를 내어 학생을 압도하지 않고 필요하면 하루 이틀 뒤에 분명한 답을 전했다. 그는 학생들의 태만에도 화를 내는 일이 없었다. 그리고 자신이 지도한 학생의 논문도 학생의 이름으로 발표하도록 했다. 대신 그는 창가 실험대에서 아침 9시부터 하루 종일 직접 연구했다. 방문객이 성가시면 서재로 들어가 버렸다. 한 마디로 반트 호프는 여유 있는 유능한 화학자였다고 말할 수 있다.

참고 자료

- Benfey, O. T., The Role of Imagination in Science, Van't Hoff's inaugural address, *J. Chem. Educ.*, 37, 467 (1960).
- Holleman, A.F., My Reminiscences of Van't Hoff, *J. Chem. Educ.*, 29, 379 (1952).
- Jones, Paul, Man of Conviction(Johannes Wislicenus). http://www.chemsoc.org/chembytes/ezine/2002/jones_may02.htm
- Klooster, H.S. Van, Van't Hoff(1852-1011) In Retrospect, *J. Chem. Educ.*, 29, 376 (1952).

6 과학과 토머스 쿤의 상대론적 과학론

상대론적 과학론을 주장한 쿤(Thomas Kuhn)과 그의 〈과학혁명의 구조(The Structure of Scientific Revolution)〉.

앞서 과학적 방법론에서 설명한 귀납법과 가설-연역법은 현재 과학자들이 과학 연구에 사용하는 방법이다. 과학자들은 과학적 이론이 제한된 수의 경험적 결과로 그 예측성이 시험된 것이지 이론적 예측과 배치되는 경험적 사실이 나타나지 않는다고 확신할 수 없다는 것을 알고 있다. 또한 과학은 현상을 폭넓게 해석할 이론을 지향하기 때문에 어떤 이론도 항상 잠정적이며 새로운 자료에 의해 수정 또는 폐기되거나 새로운 이론이 나올 수 있다. 과학자들에게 철학적인 진리의 용어로 어떤 이론도 결론적으로 진리로 증명되었다고 말할 수는 없다는 것은 자명한 사실이다.

칼 포퍼(1902~94)는 모든 과학적 이론은 추측일 뿐이며 이론의 예측성을 확립하려고 할 것이 아니라 이론을 논박 또는 반증하기 위해 시험해야 하며 과학은 추측과 논박의 반복에 의해 진리를 향할 수 있다고 했다. 그의 반증 가능성은 과학의 조건으로 수용됐으나 일상 과학자는 포퍼의 추측과 논박의 철학적 주장을 수긍하기 어렵다. 유전자 지도를 그리거나 화성의 물을 발견하려는 과학자들은 그대로 확정적인 증거를 찾으려는 것이지, 반증하기 위해 연구하지 않는다. 처음에 정적인 우주론을 내었던 아인슈타인만 해도 팽창하는 우주론이 나오자 "일생일대의 실수였다"고 말했다. 아인슈타인의 연구 목표도 확정적인 이론이었다.

포퍼도 경험적 자료 그 자체가 개인 또는 집단에 의해 선택되는 문제를 지적했으나, 이 문제를 포함한 과학사적 분석에 의해 과학적 방법의 정당성에 의문을 제기한 학자가 토머스 쿤(1922~96)이다. 그는 1962년 〈과학혁명의 구조〉를 통해 모든 역사적 시기에 과학자들에게 적용되는 한 개의 과학적 방법을 생각할 수 없다고 주장하였다.

철학자를 위해 쓴 학술서인 이 책이 100만 부 이상 팔렸다는 것을 보아도 그가 끼친 영향은 지대하다. 그 만큼 학자들 사이에 어느 책보다도 치열한 논쟁거리가 됐다. 아마도 논쟁의 핵심은 쿤의 과학사적 사례에 기초한 논증의 정확성 여부일 터이지만 쿤의 문제는 2000년 출간된 스티브 풀러의 〈토머스 쿤: 우리 시대의 철학 역사〉에서 엿볼 수 있다.

풀러는 "쿤을 진지하게 생각하는 대부분 사람들은 단지 그리 총명하지 못할 뿐이다"라고 하며 쿤의 성공 이유 두 가지를 말하였다. 하나는 제대로 정의되지 않은 핵심 패러다임 개념 등 전체적인 책의 애매성 때문에 독자들이 임의로 자신이 원하는 것을 만들어 낼 수 있은 점이 성공 이유라는 것이다. 풀러는 쿤의 영향은 지식인조차도 시시한 사람과 지적 거인을 구별할 수 없는 따분한 시대를 반영할 뿐이라고 하였다. 다른 하나는 쿤이 구체적인 관심사를 효과적으로 말할 능력을 가졌기 때문에 분석에서의 결함을 보완시켰다고 했다. 따라서 과학이 어떻게 이뤄지는지 보여줄 많은 좋은 아이디어를 책에 포함시켜 바보가 아니고는 누구라도 책에서 상당히 많은 것을 얻을 수 있기 때문에 성공했다고 분석했다.

풀러는 하버드 대학 대학원생이던 쿤이 스승인 코난트의 과학에 대한 이미지, 즉 전문화된 자율적인 거대과학으로서의 과학에 영향을 받아 이 책을 썼다고 분석했다. 그는 시민 과학을 옹호하는 입장에서 쿤을 비판했으나 분명 쿤은 과학자 개개인의 정신이 아니라 전문화된 과학자 집단을 과학 발전의 중심에 두었다. 이 집단은 무엇을 어떻게 발견해야 할지, 공통된 견해를 갖고 있는데 이것이 패러다임이다. 점차 이 패러다임으로 해결되지 않는 문제가 나타나면 여러 대체 패러다임을 놓고 다툼을 벌이는 혁명 과학 기간을 거쳐 다시 새로운 패러다임의 정상 과학으로 정착한다.

쿤의 기성 과학론에 대한 도전은, 첫째로 과학 발전이 축적적 과정이라는데 도전했다. 우리는 과학은 과학자들이 생명, 자연, 우주에 대한 지식을 점차 축적하여 발전하는 것으로 이해한다. 다시 말해서 과학적 사실, 이론, 방법과 같은 것이 점차 축적되어 과학이 발전하여 현재에 이르렀다고 본다. 그런데 쿤은 과학 발전이란 정상 과학, 혁명 과학, 그리고 새로운 정상 과학이 교대로 일어나는 과정일 뿐이라고 하였다. 쿤은 과학을 자연의 본질에 가깝게 접근하는 것과 같은 정해진 목표를 향한 발전이 아니라 과학자 집단이 자연에 대해 묻는 질문에 따라서 그 질문을 좀 더 충분히 설명할 수 있는 방향으로 진행되는 것으로 보기 때문에 이 질문 자체가 가변적이므로 과학 발전은 연속적 축적적일 수 없다.

쿤의 이러한 과학은 무작위적인 방향이 없는 길을 걷는 과학을 연상시킨다. 하지만 아리스토텔레스로부터 현재까지 진행된 물질, 생명, 우주에 대한 이해를 보면 쿤에 대해 의문을 갖지 않을 수 없다. 또한 대부분 철학자와 역사학자는 쿤의 패러다임의 주요 개념이 지나치게 애매하며 혁명 과학과 정상 과학 사이의 핵심적 차이를 받아들이기 어렵다고 말한다. 이러한 애매성 때문에 쿤의 과학적 진리의 역사적 우연성을 인정하려는 학자들도 그의 패러다임론이 "그것이 촉진한 '상대론' 에 관한 대화에서 사례적 역할 이상을 할 수 없다"고 말한다.

쿤은 실제 과학의 집안에서 우리가 그 동안 보아 온 것하고는 다른 일이 일어난다고 하였다. 이것이 모형의 구조 내지 메커니즘이다. 집안의 일을 좀 말하면, 과학자가 하는 일 중에 관찰하여 사실을 발견하는 일이 중요하다. 이때 우리는 "객관적으로 관찰한다"는 표현을 쓴다. 사전에 마음에 품은 생각이 없이 관찰한다는 의미이다. 그런데 쿤은 두 번째로 기성 과학의 이러한 입장에 도전하여 이론 중립적 관찰이란 없으며 사실은 '이론적 틀' 내에서 관찰된다고 주장했다.

그는 예를 들어 산소의 발견을 놓고 "무엇인가 있다"와 "그것이 무엇인가"가 모두 함께 인정될 때 사실의 발견이며 "그것이 무엇인가"는 '이론적 틀'에 의해 결정되며 지배적 이론적 틀과 배치될 때 그 틀이 이를 수용하도록 변경되지 않는 한 발견이 아니라고 했다. 쿤은 이렇게 해서 발견과 함께 새로운 이론적 틀의 세계, 즉 새로운 패러다임으로 넘어간다고 설명하려고 했는지 모르나, 학자들은 그의 '사전에 마음에 품은 생각'의 초점 맞추기 효과란 새로운 것이 아니라고 한다. 지금 과학자들도 '기존 아이디어'로 초점을 맞추지만 '열린 마음'으로 기존 아이디어에 의문을 품고 여러 질문을 던진다. 이렇게 해서 산소의 발견 등 새로운 발견이 이뤄졌다고 보는 것이다.

앞서와 관련된 것이나 쿤은 세 번째로 기성 과학의 '의미의 불변성'에 대해 도전했다. 우리는 여러 이론들을 어떤 주어진 사실을 갖고 비교한다. 서로 다른 이론들이 같은 사실을 말하는 것을 문제로 삼지 않는다. 그러나 쿤에 의하면 사실의 발견이란 개념적 틀의 변화, 즉 의미의 변화를 의미하기 때문에 이론을 이렇게 비교하는 것은 불가능하다. 이것이 쿤이 아리스토텔레스의 물리학은 뉴턴의 것보다 열등한 것이 아니라 서로 다를 뿐이다라고 말하거나 지구 중심 설과 태양 중심 설을 서로 비교할 수 없다고 하는 이유이다. 서로 패러다임이 다를 뿐, 다시 말해서 개념 틀이 다를 뿐 어느 것이 어느 것의 "잘못됐음을 수정했다"(또는 파괴했다)라고는 할 수 없다고 보는 것이다.

그런데 아리스토텔레스는 흙의 성질을 함유한 물체는 땅으로 떨어지지만 천상의 물체는 완전하여 제자리에 머물며 영원히 원 운동을 한다고 하였다. 이것과 뉴턴이 만유인력의 법칙으로 해석해 낸 천체의 운동을 단지 패러다임의 차이라고 말할 수 있을까. 지구 중심 설과 태양 중심 설도 서로 비교할 수 없다고 했는데, 실제 지구가 중심에 있는 것일까. 사실상 쿤의 이런 추리는 근본이 "객관적 진리가 존재한다"든가 과학이 "자연의 진리에 좀 더 가깝게 가려고 한다"와 같은 것을 인정하지 않은 것과 관련된 것이다.

물론 쿤은 "올바른 하나의 과학적 방법은 없다"고 했다. 이것이 쿤의 마지막 네 번째 기성 과학에 대한 도전이다. 쿤은 과학적 방법 또한 "이론 의존적"이라고 했다. 그는 어떤 과학 이론도 완전하지 않기 때문에 여러 대안적 견해의 경쟁 가운데 해석력, 예측력, 단순성 등 '이론적 가치'에 의해 새로운 이론이 채택된다고 하였다. 그런데 쿤에 의하면 이론-비의존적으로 이론의 내적 우수성에 접근이 불가능하다. '이론적 가치'라는 것도 사실은 한 패러다임에만 적용되는 선택 수단인 셈이다.

이러한 "올바른 하나의 과학적 방법이 없다"거나 "진리로 이끌어 줄 정해진 이론적 가치들이 없다"는 것을 '과학적 방법론적 상대론'이라고 부른다. 상대론은 어떤 가치가 절대적이 아니라 조건에 의존적으로 변하는 상대적인 것이라는 의미이다. 이 가운데 우리가 객관적 절대적 진리를 추구한다는 것은 불가능해 보인다. 과학의 발전에도 합리성이 있을 리가 없어 보인다. 사실상 패러다임에 따라 여러 다른 진리가 있다고 하는 것이다. 우리가 진리라고 부르는 것 자체가 상대적인 것이며 쿤의 사상이 포스트모던 사상에 포함된 것은 당연하다.

토마스 쿤의 패러다임론을 해석하면 이렇지만 쿤 자신은 후에 자신의 견해가 "상대론적이고 비합리적이다"라는 것을 부인하려고 했다. 상대론자라는 표지를 없애기 위해서이다. 예를 들어 쿤은 1971년 논문

1960년 노벨 의학상 수상자 메다워(Peter Medawar). 메다워는 실제 과학자의 입장에서 쿤(Thomas Kuhn)의 상대론적 과학론을 부정했다.

에서 "나는 과학이 내적으로 비합리적인 작업이라는 것을 믿지 않는다"고 했다. 그는 "아주 상이한 환경이지만 후에 나온 이론은 분명 처음 것보다 더 훌륭하다"고 하며 이러한 견해는 절대 "상대론자의 입장이 아니다"라고 주장했다고 한다.

그러나 쿤의 이런 입장이 실제 그가 상대론자가 아니라는 것을 말해 주는 것은 아니다. 이전의 것보다 훌륭한 과학 이론이란 퍼즐을 푸는 능력의 우수성만으로 말해서는 안 되며 실제 자연이 무엇인지 더 잘 나타내 주는 것이어야 하기 때문이다. 우리는 과학의 발전을 좀 더 자연의 진리에 접근한다고 보아야 한다. 이런 면에서 쿤은 단지 자신이 "상대론자가 아니다"라고 거절했지 그에게 붙은 상대론자라는 이름은 그대로 남아 있다. 다른 상대론자들은 "어째서 쿤이 애써 거절하려고 하느냐?"하며 안타까워하기도 한다.

쿤은 자연의 본질 내지 진리가 존재하며, 과학자들이 그런 본질에 접근하기 위해 노력하며, 이를 위한 방법이 있다는, 모든 것을 부정하였다. 이에 대해 특히 실제 과학자들이 신랄한 비판을 제기하는 것은 당연하다. 노벨상 수상자 머레이 겔-만은 "철학적 진리란 과학자들의 관심사가 아니다"라고 하며 쿤 식 상대론적 진리 주장에 쐐기를 박았다. 노벨상 수상자 피터 메다워는 쿤이 "과학자의 심리적 측면과 과학의 역사에 대해 흥미 있는 언급을 하고 있지만" 방법론에서 그렇게 되지는 않는다고 하였다. 그는 "올바른 하나의 과학적 방법이 없다"고 하는 쿤의 방법론적 상대론을 부정하며, 과학의 발전을 과학자들이 경험과 인식의 폭을 넓혀 끊임없이 진보하는 것과 마찬가지 과정으로 분석했다.

참고 자료

- Bird, Alexander, Thomas Kuhn.
  http://plato.stanford. edu/entries/thomas-kuhn/
- Franklin, Thomas, Thomas Kuhn's irrationalism.
  http://www.newcriterion.com/archive/18/jun00/kuhn.htm
- Raymo, Chet, A New Paradigm for Thomas Kuhn.
  http://www.sciam.com/2000/0900issue/0900reviews1.html

7 과학의 윤리, 과학자의 부정행위

연구 날조와 관련된 이마니시-카리(Thereza Imanishi-Kari) 사건에서 의회 증언대에 오른 노벨상 수상자 볼티모어(David Baltimore). (C&EN)

1989년 미 과학학술원(NAS)은 〈과학자가 된다는 것〉이라는 보고서를 발표했다. 이 보고서에 관심을 가진 이유는 그 안에 과학자간에 그리고 과학자와 사회 일반간의 관계를 규정한 '과학에서의 사회적 메커니즘'이 포함됐기 때문이다. 이것은 과학 또는 과학자의 윤리에 해당된다. 이 보고서는 개정되어 1995년 과학, 공학, 의학학술원 공동 명의로 〈과학자가 된다는 것: 연구에서 책임 있는 행동〉이 나왔다. 이 보고서는 과학 윤리 강좌에 필독서로 사용되고 있다.

과학자간의 윤리와 관련하여 보고서는 과학은 고립된 가운데 이뤄질 수 없으며 "동료와 관계 학자들과 아이디어와 비판적 견해를 교환할 수 있어야 한다"고 제시했다. 또한 오류와 날조가 개입된 연구 결과가 지식으로 전파되지 않도록 개개 과학자에게 "최선의 연구를 해야 하며 날조를 금한다"고 강조했다. 나아가 "동료 과학자의 공로를 인정해야 한다"는 대목은 인용을 중요시한 표절 금지에 관한 규정이다. 개정판에는 날조와 표절 문제를 '과학의 부정행위'라는 항목으로 묶어 설명하였다.

과학은 그 메커니즘에 과학자간 윤리를 통제할 제도적 장치가 마련돼 있다. 학술 논문 발표 절차를 통해 대부분 관련 윤리 위반이 가려진다. 하지만 예를 들어 과학자의 날조 등 사회문제가 되는 경우도 있다.

이 경우도 과학자 집단은 정치인 등 외부의 개입보다는 자체 내에서 윤리를 적용하여 해결할 문제이며 충분히 그럴 수 있다고 말한다. 이는 "과학의 완전성에 대한 공격은 과학 내부에서뿐만 아니라 외부에서 온다"고 하며 몇 건의 사건을 말하는 소수의 목소리가 전체 과학에 대한 대중의 확신을 무너뜨릴지 모른다는 염려를 말한 대목에서 발견한다.

그러나 이 부분은 아래 설명할 이마니시-카리 사건이 진행 중이던 1995년 개정판에서는 다르게 바뀌어, 과학의 부정행위가 환자의 치료법과 같이 과학 밖의 개인에게 피해를 주고, 공중의 돈을 낭비하며, 과학을 비판하려는 사람의 관심을 끌 것이기 때문에 연방 기구, 의회, 매체 그리고 사법 기관 모두가 개입될 여지가 있다고 하였다. 따라서 과학자가 과학의 부정행위가 과학계 내부의 문제로 남지 않는 실제 상황을 인식하여 부정행위를 저지르지 않도록 해야 한다는 메시지를 전달하려고 하였다.

이러한 과학자간의 윤리뿐만 아니라 윤리인 만큼 과학자의 사회적 책임성이 강조된다. 이에 대해 보고서는 "사회의 관심사에 부응하며 사회에 해가 될 연구를 하지 않는다"와 "과학의 가치를 계몽한다"는 두 가지 윤리를 언급하고 있다. 개정판에서도 이 원칙에 변함이 없어 보인다. 예를 들어 사회는 어떤 과학 연구가 중요할지 우선 순위에 관심이 많다. 또한 인간 복제, 유전자 변형 식물, 인간 유전자와 인권 등 유전자와 관련된 위험성에도 관심이 크다. 이때 과학자의 윤리는 해가 되는 연구를 하지 말며 갈등적 문제에서 사회와 합의해야 한다고 요구한다.

합의 과정에서 필요할 경우 과학자는 최대한 사회를 설득하는 노력을 해야 한다. 이것이 과학자의 참여를 촉구하는 과학의 정치이지만, 이보다 과학자의 윤리는 사회의 민주적 의사 결정에 역할을 할 책임성을 강조한다. 사회의 관심사에 관해 '과학이 말하는 것' 이 무엇인지 정확히 알려주어야 한다. 또한 사회에는 과학적 개념을 제대로 이해 못하며, 심지어 과학에 회의를 품은 대중과 지식인이 함께 섞여 있다. 이들에게 과학이 무엇인지 알려주며 또한 과학의 가치를 계몽해야 한다고 윤리는 강조한다.

이 책을 쓸 때 황우석 교수의 인간 배아 복제 줄기세포와 관련된 윤리 문제로 사회가 떠들썩하다. 넓은 의미의 생명 윤리와 임상 윤리 그리고 연구 윤리가 복합된 양상이다. 여기에서 가톨릭 등의 종교적 윤리와 관련된 생명 윤리의 관점은 강조할 필요가 없어 보인다. 그러나 난자 제공자의 불법 모집 등 임상 윤리 문제는 그 자체 치명적인 문제로 남을 것이다. 각 국가는 세계 의학협회의 '헬싱키 선언' 등을 기초로 한 임상 시험 윤리 규정을 갖추고 있으며 보건복지부와 같은 국가기관이 관장하고 있다. 작은 규모의 임상 시험은 독립적인 기관윤리위원회(IRB)의 승인 절차만으로 가능하나 미 보건부(HHS)의 인간연구보호실(OHRP)은 IRB를 등록시켜 그 운영을 관리하고 있다.

황우석 교수의 경우는 처음부터 IRB의 임상 연구 계획 심사와 승인에 문제가 있어 보이며 이러한 연구 계획서로 연구비를 받았다면 임상 윤리 위반에 한정된 문제가 아니다. 나아가 연구의 날조 혐의가 제기되고 사실로 드러났는데, 날조의 문제는 문제가 제기되는 즉시 대학이나 연구비를 제공한 기관에서 진실 여부를 가려주면 사회적 파장을 최소화 시킬 수 있다. 미국에는 연방 연구비를 받는 생명과학 연구의 경우 HHS의 공중보건국(PHS) 산하의 '연구 진실성 실(ORI)'에서 대학의 유사한 기구와 연계하여 이런 문제를 다루고 있다. PHS의 지원을 받는 연구에서 발견되는 심각한 부정행위는 매해 10~14건이라고 한다.

ORI의 심사를 살펴보면, 1992년 오하이오 대학의 천연물 화학자 레오 패켓이 국립보건원(NIH)에 제출한 연구 계획서의 실험 설계 부문에 이전에 그가 심사했던 다른 과학자의 연구 계획서의 내용이 포함돼 있는 것이 발견됐다. 패켓은 직접 표절 혐의를 부인하며 이름을 밝힐 수 없는 그의 박사 후 연구원에게 그 계획서를 교육 훈련 목적으로 보여준 적이 있는데 그가 연구 계획을 작성하며 포함시킨 것이라고 변호했다. 패켓에 대해 ORI는 10년간 PHS 관련 위원회 참여 금지와 이후 PHS 제출 연구 계획서에 대한 대학의 별도 확인을 요구하는 조처를 취했다.

최근의 예로, 알리 술탄 하버드 대학 교수의 말라리아 약에 관한 연구 계획서에서 표절된 내용과 그림이 발견됐다. 그는 관련 조사 위원회에 박사 후 연구원의 전자 메일 일부를 조작, 제출하여 그 연구원의 잘못으로 부각시키려고 했다. 2004년 ORI는 술탄에 대해 3년간 미국 정부 기관과의 계약과 PHS 관련 자문 위원회 참여 금지 조처를 취했다. 이 경우는 그 기간 동안 일체 정부의 연구비를 받을 수 없게 된 것이다.

패켓이나 술탄의 표절 문제보다 자료나 결과를 만들어 넣는 날조와 자료나 결과를 변조하는 위조인 경우는 좀 더 심각한 문제로 간주된다. 버몬트 대학 에릭 포엘먼 교수는 지난 10년간 여러 연방 연구 계획서에 자료를 조작하여 290만 달러의 연구비를 받았다는 혐의를 받았다. 이 문제를 조사한 ORI는 2005년 평생 연방 연구비 금지와 PHS 자문위원회 참여 금지 그리고 10편의 논문을 철회하거나 수정하도록 결정하였다. 이러한 심각한 날조의 문제는 그 자체 형사 처벌의 대상이 된다. 그래서 포엘먼 교수는 기소되어 최고 5년 형을 받을 것이라고 보도됐다.

과학자의 부정행위는 비교적 자료 조작이 용이한 생명 과학 분야에 흔하지만 1999년 로렌스버클리국립연구소(LBNL)의 빅터 니노브 등에 의한 원소 118의 발견 논문과 2000년 이래 벨연구소의 얀 헨드리크 쇤 등이 발표한 일련의 유기 반도체 연구 논문은, 그 조작이 물리학 분야라는 점에서 특이하다. 이들의 연구 결과는 재현되지 않았고, 논문에 조작이 발견됐고, 논문의 철회와 조작 저자인 니노브와 쇤의 파면으로 이어졌다. 이 경우 다른 많은 공동 저자의 책임은 없을 것인지,

LBNL(Lawrence Berkeley National Laboratory)의 니노브(Victor Ninov, 왼쪽 앞)과 벨연구소(Bell Labs)의 쇤(Jan Hendrick Schön). 물리학자들인 이들은 논문의 자료 조작으로 파면 당했다.

자료가 아닌 주변 연구를 도와주었기 때문에 조작을 알 수 없었다고 변호했다. 하지만 적어도 연구의 모든 것을 알고 있어야 할 연구 책임자의 과실은 앞으로 법적으로 고려해야 할 문제일 것이다.

미국의 과학자의 부정행위 문제와 처리는 대체로 과학계 내에서 엄격히 그러나 조용히 이뤄지고 있다. 그러나 부정행위는 심사 과정에서만 발견되는 것이 아니라 내부 고발자에 의해 그리고 이들과 언론에 의해 제기되는 경우도 있다. 이때 언론이나 정치인이 과연 과학의 문제를 다룰 수 있는지의 의문이 제기되는데, 이에 대한 답은 미국의 이마니시-카리 사건에서 찾을 수 있다.

데이비드 볼티모어는 MIT 교수로 있던 1975년, 38세의 나이로 바이러스에서 역전사효소를 발견한 업적으로 노벨 의학상을 받았다. 그는 2005년 5월 첨부된 노벨상 공식 사이트의 자전적 글에 노벨상을 수상한 다음에 바이러스학에서 면역학으로 흥미를 바꾸었으며 1990년에는 록펠러 대학의 총장이 되었으나 1991년 공동 연구자의 부정행위 파문으로 사임하게 되었고 1997년에는 칼텍의 총장으로 부임하여 지금에 이르렀다고 기술했다.

볼티모어의 공동 연구자의 부정행위 파문은 그가 MIT에서 테레자

이마니시-카리와 공동으로 수행한 면역에 관한, 생쥐에 유전자를 이식시켜 항체 생산을 유도했다는 논문과 관련된 것이다. 이 논문이 1986년 발표되자 이마니시-카리의 박사 후 연구원이던 마르곳 오투울은 논문의 일부 내용이 실험 노트의 자료와 자신이 직접 추시해본 실험 결과와 일치하지 않는다고 논문의 유효성에 대한 의문을 제기했다.

이마니시-카리 사건에 개입했던 딩얼 의원(Rep. John Dingell).

처음 MIT에서 다음에 당시 이마니시-카리가 근무하던 터프츠 대학에서 조사하여 무혐의 처리가 됐고 1989년 연구비 지급 기관인 NIH는 논문에 조작은 없으나 논문에 문제가 된 자료의 정정이 필요하다는 판정을 내렸다. 여기까지는 과학계 내부의 절차였으나 이 사건은 1988년 손 딩얼 하원 의원이 가세하여 청문회를 열자 언론의 조명을 받기 시작했다. 이 과정에서 볼티모어는 록펠러 대학 총장직을 사임했고 1994년에 HHS의 ORI에서 조작 판결을 내리자 그는 오투울에게 공식적으로 사죄하는 글을 발표하기도 했다. 그러나 이마니시-카리의 재심 요청에 의해 결국 이 문제는 1996년 최종 무혐의 처분을 받았다.

이 사건의 심각성은 이마니시-카리를 지원한 볼티모어가 록펠러 대학 총장직을 사임한 것을 보아도 알 수 있다. 그는 청문회에서 "과학계의 내부 문제를 정치인이 간섭한다"고 딩얼을 공격했으나 이마니시-카리의 실험 노트까지 수사기관에서 조사하도록 한 딩얼은 자신이 "과학을 다루는 것이 아니라 날조를 조사하는 과정이다"라고 방어했다. 최종 판결이 나오자 내부 고발자 오투울이 "이들은 모든 증거를 쓸어버리고 내가 믿을 수 없다고 말한다. 누구나 결론은 신뢰성이 아니라 증거로 이끌어 내는 것이 아닌가"라고 불만을 나타내었다.

이 문제의 여파는 2000년에도 보인다. 얼마 전 작고한 예일 대학의 수학과 교수 서지 랭은 이마니시-카리의 실험 노트가 덧칠해진 것이라고 믿는 학자에 속한다. 그는 이마니시-카리가 손으로 적어 놓은 배경 방사능 수치가 인간의 조작이며 기계에 의한 무작위 수일 가능성은 10만에 하나일 것이라고 주장하였다. 그는 1998년 출간된 〈볼티모어 사례〉에서 볼티모어에 대한 공격을 비판한 칼텍의 과학사학자 대니얼 케블스가 2000년 예일 대학의 교수로 임명되는 과정에서 이 문제를 들어 거부 의사를 밝히기도 했다.

다른 측면에서 이마니시-카리 사건은 일반 대중의 과학에 대한 인식에 심각한 문제를 가져왔다. 이 사건이 언론에 널리 보도된 것은 과학자에 대한 대중의 궁금증을 해소시키는 소재로 적절했기 때문이며 동시에 이를 지켜 본 국민의 마음에 과학과 과학자에 대한 불신을 심어 주었을 것이다. 이때 볼티모어의 말대로 과학계에서는 과학자의 부정행위가 있다면 자체 내에서 윤리를 적용하여 조용히 해결할 문제라고 강조할 것이다.

하지만 과학에 대한 이해가 부족한 언론이 다룰 사항이 아니라는데 대해 〈뉴욕타임스〉 과학 편집자 니콜라스 웨이드의 "과학계뿐만 아니라 모두가 가려진 커튼 뒤에서 문제를 해결하기 원한다. 언론인도 분명 과학자와 마찬가지로 과학적 진리에 관심이 있다"고 한 입장 표현도 있다. 딩얼과 같은 정치인은 날조를 조사함으로써 "과학을 좀 더 튼튼히 할 수 있다"고 주장했다고 하나 과학계가 부정행위를 자체 내에서 해결하기 위해서도 이를 관리할 시스템을 구성하여 실행시키는 것은 정치인의 몫이다. 작금 황우석 교수의 문제를 보아도 과학자의 부정행위가 과학계만의 문제는 아니라고 보는 것이 적절하다.

참고 자료

- Goodman, Billy, Reluctant Whistleblowers, *The Scientist* 10(6): 1, Mar. 18, 1996.
- Hileman, Bette, Research Misconduct, *C&EN*, August 29, 2005, p. 24.
- Jacoby, Mitch, Fraud in the Physical Sciences, *C&EN*, November 4, 2002, p. 31.
- *On Being A Scientist*, National Academy Press, 1989.
- *On Being A Scientist: Responsible Conduct in Research*, Second Edition, National Academy Press, 1995.
- Rawls, Rebecca, Imanishi-Kari Cleared, HHS Panel rejects misconduct charges, *C&EN*, July 1, 1996, p. 6.
- Zurer, Pamela, Misconduct cases include two chemists, *C&EN*, July 12, 1993, p. 22.

8 과학자의 정직성, 일반적 이해

1914년 노벨 의학상 수상자 바라니 (Robert Bárány).
(http://nobelprize.org)

정직성은 일반적으로 숨기지 않고 알고 있는 사실 그대로 말하는 것을 뜻한다. 또한 이득을 취할 목적으로 속이는 행위는 부정직하다. 과학자는 연구 습관이 몸에 배어 정직하고 결함이 없을 것으로 보인다. 과학자는 정직한가. 이에 관한 적절한 말을 한 사람이 최초로 경구 피임제를 합성한 칼 제라시이다. 그는 인터뷰에서 "과학자는 보통 사람보다 특별히 정직하지는 않다"고 했다. 다만 과학의 사회적 메커니즘은 과학자가 과학 연구에서 정직한 연구를 하도록 강요한다.

오스트리아의 로베르트 바라니(1876~1936)는 1차 대전이 발발하자 민간인 의사로 전장에 나가 두뇌 손상 군인을 돌보다가 곧 러시아군의 포로로 잡혀 포로수용소에 갇혔다. 1914년 바라니에게 내이 전정계에 관한 연구 업적으로 노벨 의학상을 수여하기로 결정했던 노벨 위원회는 그의 소재를 탐문하여 1915년 10월 수상 소식을 전할 수 있었다. 바라니는 감사의 뜻과 함께 '전쟁포로 바라니' 라고 적은 답신을 보낸다.

그 후 스웨덴 적십자사 총재 카를 왕자는 러시아 과학 아카데미 회장 콘스탄틴 대공을 접촉하여 어떻게든 바라니 문제를 해결하려고 했다. 대공도 같은 생각이었던 것 같다. 이들은 바라니와 같은 학위를 가진 전쟁포로는 수용소에 두는 것보다는 연구를 시켜야 한다는데 합의하였다. 그래서 바라니는 동 러시아의 한 대학으로 보내져 환자를 치료하고 연구를 하게 되었다.

이때 바라니가 절뚝거리는 것을 발견한 콘스탄틴 대공은 그에게 지팡이를 구해 심하게 다리를 저는 시늉을 하라고 조언하기도 했다. 바라니는 어릴 적 골수 결핵으로 다리에 이상이 생겼으나 전쟁 불구로 석방의 구실을 마련하기 위해서였다. 드디어 1916년 6월 러시아 장군이 나타나자 바라니는 자신의 어릴 때 병을 설명하려고 했으나 그 장군은 막무가내로 "전쟁 불구를 결정하는 것은 나지, 네가 아니다"라고 말을 막았다.

바라니는 특별히 정직한 것일까. 천성이 정직한 사람으로 보인다. 그러나 일반적으로 예외적인 상황에서 있는 그대로 말하지 않는다고 부정직하다고는 보지 않는다. 그래서 바라니는 석방되어 1916년 9월 스웨덴 국왕으로부터 노벨상을 받고 연구 생활을 하던 빈으로 돌아왔다. 그러나 빈 대학의 환영을 받기는커녕 교수 임용이 거절되었다는 것을 알게 되었다.

바라니는 내이 선정기관과 반고리관이 머리의 공간석 위치와 운동을 감지하여 이 정보를 뇌로 전달하여 다시 근에 지시를 내려 평형을 유지시키는 전정계의 기능을 파악하였다. 또한 전정계 이상을 진단하는 방법을 고안했다. 빈 대학에서는 바라니가 함께 연구했던 동료의 아이디어를 적절히 인용하여 나타내지 않고 자신의 업적에 포함시켰다는 혐의를 부과한 것이다.

이전 항목에서 설명했듯이 과학자의 윤리에서 날조를 하지 않아야 한다는 것과 타인의 공헌을 인정해야 한다는 두 가지가 중요하다. 바라니의 경우 후자의 문제가 제기된 것이다. 그는 이 명예에 관한 문제를 법정으로 가져가 분명히 가렸다고 기록돼 있다. 바라니에 대한 표절 혐의는 그의 노벨상 수상을 시기해서 그리고 그가 유대계이기 때문에 빈의 반유대 분위기와 관계가 있다고 분석하고 있다. 그는 스웨덴 웁살라 대학의 초청을 받아들여 그곳에서 연구 생활을 하며 조용히 일생을 살았다.

브르노 아우구수티누스 수도원(Augustinian Convent in Brno)의 멘델(Gregor Mendel)의 실험 정원 장소. (http://mendel.imp.univie.ac.at)

바라니의 이야기는 정직한 과학자도 얼마든지 부정직하다는 혐의를 받을 수 있는 과학의 세계를 나타낸다. 그리고 과학 연구의 정직성은 논문의 형식의 점에서 시대에 따라 달라진 점도 있다. 그레고르 멘델(1822~84)은 1856~1863년 거의 3만 그루의 완두콩을 키워 교잡 실험에 사용했다. 그는 예를 들어 항상 키가 큰 식물과 항상 키가 작은 식물을 교잡시키면 1세대는 전부가 큰 키 식물이 나타나며 이것을 다시 교잡시킨 2세대에서는 큰 키와 작은 키 식물의 비율이 3 : 1인 것을 발견했다. 이 결과에 따라 그는 1865년 형질의 유전을 지배하는 인자와 유전 법칙을 발표하였다.

후에 멘델의 논문을 검토한 학자들은 그의 자료가 실제 실험에서 보기 어렵게 지나치게 완벽한 것을 발견했다. 결론은 옳았지만 자료를 손질하지 않고는 가능하지 않다는 것이다. 이에 대해 당시에는 최상의 대표성을 가진 결과만을 발표하는 것이 관습이었으며 또한 멘델의 배경으로 보아 교육 자료의 형식으로 정리하여 발표했을 것이라는 해석이 나왔다. 유사한 문제는 1923년 노벨 물리학상 수상자 로버트 밀리컨(1868~1953)의 기름방울 실험에서도 발견된다.

밀리컨이 논문에 실험한 전부라고 발표한 자료는 실제 실험노트 자료의 3분의 1에 불과하다는 것이다. 그러나 아마도 그가 완벽하지 않다고 생각되는 실험을 분석에서 제외했고 모든 자료를 포함시켰을 경우 통계적 편차의 차이뿐 실험 방법과 전자의 전하량 측정치는 달라지지 않기 때문에 그의 연구에 문제가 없다고 볼 수도 있다. 그러나 현재

오스트리아의 생물학자 카메러(Paul Kammerer).
(http://www.perspectivas.com.mx)

과학자에게 엄격한 자료의 처리를 요구하는 이유는 다음에 설명한다.

오스트리아의 생물학자 파울 카메러(1880~1926)는 1900년대 초에 라마르크의 획득 형질의 유전을 증명하는 것으로 보이는 실험 결과를 얻었다. 당시 대다수 과학자는 멘델의 유전을 지지했으나 아직 라마르크의 지지자와 논쟁을 벌이고 있었다. 그의 조산원 두꺼비 실험이 잘 알려져 있다. 이 두꺼비는 물에서 교미하고 알을 낳는 두꺼비와는 달리 마른 땅에서 교미하며 암컷이 땅에서 알을 낳으면 수컷이 넓적다리나 등에 매달고 다니며 돌보는 것이 특징이다.

물에서 교미하는 두꺼비의 수컷 앞다리에는 두텁게 부풀어 오른 검은 색을 띤 혼례 패드라는 것이 있다. 이것은 교미할 때 미끄러운 암컷을 단단히 잡기 위해 필요하다. 카메러는 1924년 조산원 두꺼비를 물에서 지내도록 강제하여 그곳에서 교미하도록 한 결과 몇 세대 뒤에 수컷에 패드가 생겨 유전된다고 발표하였다. 이 연구 결과는 학계에 파장을 일으켰고 획득 형질의 유전을 이념과 결부시켰던 소련에서는 카메러를 모스크바 대학의 교수로 초청하기도 했다.

그러던 것이 1926년 미국의 학자가 빈을 방문하여 아직 보관되어 있는 조산원 두꺼비를 조사한 결과 고의로 패드로 보이게 하기 위한 것처럼 먹물이 주사된 흔적을 발견했다. 이 사실이 폭로되자 카메러는 곧 소련 과학 아카데미에 조작이 있었음을 인정하나 자신이 저지

조산원 두꺼비(midwife toad).

른 일이 아니라는 편지를 보냈다. 그리고 같은 무혐의 주장과 자살을 예고하는 편지를 학술 잡지에 보내고 머리에 총을 쏘아 생을 끝냈다.

카메러는 조작을 했는가. 그가 주장하듯 누군가 다른 사람의 소행일 가능성도 있다. 그리고 실제 카메러가 패드를 관찰했을 가능성도 전혀 없지는 않다. 검증이 되지 않았으나 본래 존재하던 패드 형성 유전자가 공기의 온도를 높여 물에서 지내도록 강제하는 극한의 환경적 자극에서 활성화되었을 수도 있다. 그러나 카메러의 전체 연구를 검토한 과학자들은 조작에 무게를 두고 있다. 그가 필사적으로 획득 형질의 유전을 확인하려는 나머지 이상 심리상태에서 조작을 했으리라는 것이다.

카메러의 조산원 두꺼비는 과학자의 선입견이 과학적 방법의 근본인 정직성과 객관성에 어떤 영향을 줄 수 있는지 보여주는 극단적인 사례이다. 과학에서는 이 선입견을 배제하기 위한 하나의 장치로써 과학자에게 모든 실험 자료를 있는 그대로 분석에 포함시키도록 요구한다. 만일 어떤 과학자가 이론에 대한 확실성 등 선입견에 맞추어 자료를 취사선택한다면 카메러의 조작과 마찬가지로 부정직한 행위가 된다는 것을 알 수 있다.

참고 자료

- Mark, George, Conflict and Creativity–The Hungarian Lesson. http://www.mek.iif.hu/kiallit/tudor/tudos1/stockholm.html
- SHiPS Teachers' Network, Flirting with Fraud, Millikan, Mendel and the Fringes of Integrity. http://www1.umn.edu/ships/ethics/millikan.htm
- Whittaker, J.R., Paul Kammerer and the Suspect Siphons. http://www.mbl.edu/publications/Ciona/Kammerer/
- Wolfson, Jill and Chien, Jay, An Interview with Carl Djerassi. http://www.djerassi.com/news3/i_a.html

9 과학과 과학자의 애국에 대해

1890년 카할(Santiago Ramón y Cajal)과 가족.
(http://www.cubaheritage.com)

애국은 조국을 사랑하고 지지하고 조국을 위해 봉사하는 것을 의미한다. 이때 조국은 영토적인 의미뿐만 아니라 그 국민 내지 민족의 문화적 전통과 역사에 대한 긍지 그리고 안녕을 포함한다. 그렇다고 조국의 모든 행동을 지지하고 그 행동에 봉사하는 것을 애국이라고 하지 않는다. 현명하지 못하고 정의롭지 못한 행동일 때에 이를 시정시키기 위한 노력도 애국이라고 볼 수 있다. 과학자의 애국은 학문적 업적만으로 말하기는 어렵고 조국과 국민에 대한 특별한 사랑과 연관되어야 할 것이다. 과학자의 애국은 여러 가지 모습으로 나타난다.

신경계 구조에 대한 연구로 1906년 노벨 의학상을 수상한 스페인의 산티아고 라몬 이 카할(1852~1934)은 1873년 의사 면허를 취득하여 스페인 식민 통치에 반대하여 일어난 쿠바 전쟁에 군의관으로 참전한다. 이때 젊은 군인들 사이에서 자유 개혁 사상에 접한 그는 스페인의 문화적 붕괴를 개탄하고 추억에 젖어 기생체와 같이 생활하는 귀족에 대한 강한 혐오감을 가진 인물로 변한다.

1875년 의과 대학의 해부학 조수가 된 그는 1877년 쿠바 전쟁에서 저축한 돈으로 현미경을 구입하여 연구를 시작하여 1880년부터 논문을 발표하기 시작하였다. 1892년 마드리드 대학 교수가 되었을 때 그는 생활이 어려웠기 때문도 있으나 노동자 지역에 거주하며 이들과의 생활을 편하게 생각하였다. 자신을 노동자로 생각한 사회주의자인 그로서는 자연스러운 선택이었을 것이다.

카할의 애국의 바탕은 "원하지 않았는데도 항상 나는 내가 받는 돈 하나 하나에서 우리의 학문적 과학적 사치에 분명히 돈을 대는 땀에 절고 땡볕에 탄 농부의 얼굴을 인식 한다"는 말에 나타나 있다. 그는 항상 가난한 농부와 노동자를 머리에 담고 과학 연구로써 잃어버린 스페인의 영광을 되찾겠다고 생각했다.

카할은 1894년 케임브리지 대학에서 명예 의학박사 학위를 받는 등 국제적인 명성을 쌓아 갔다. 그는 1897년 〈젊은 과학자에게 주는 조언〉에서 "애국심은 과학자를 격려하는 감정적 요소의 하나로 특별히 관심을 가질만하다"고 하였는데 스페인의 영광이 머리에서 떠나지 않았던 자신의 경험에서 우러난 말이다. 그는 가난한 겨레와 조국의 영광을 위해 애국한 과학자이다.

카할이 열정적인 애국자라면 가난한 조국과 같은 처지의 개발도상국 과학자를 위해 헌신한 파키스탄의 아브두스 살람(1926~96)은 조용히 애국을 실천한 과학자이다. 살람은 1946년 농부 자녀에게 주는 장학금으로 케임브리지 대학으로 유학하여 박사 학위를 받는다. 대학의 만류에도 불구하고 1951년 고국으로 돌아와 학생을 가르쳤으나 이론 물리학 연구의 기회는 없었다. 영국 지도 교수의 권유로 1954년 다시 케임브리지로 돌아가 1957년 30세의 나이로 런던 임페리얼 칼리지의 교수가 된다. 1979년 전자기력과 약력을 통합한 이론으로 노벨 물리학상을 수상했다.

살람은 파키스탄에 이론물리학 연구소를 세울 계획을 추진했으나 성사되지 못하였다. 마침내 유엔의 지원으로 1964년 이탈리아에 주로 개발도상국 물리학자의 교육과 연구 그리고 국제 포럼을 통한 개발도상국과 선진국 과학자의 가교 역할을 하는 국제이론물리학센터(ICTP)를 세워 30년 이상 이 연구소를 이끌었다.

살람은 핵 연구 센터의 설립 등 파키스탄의 과학 연구 진흥에 기여하였으며 그의 겨레에 대한 사랑은 바탕부터 순수하였다. 그는 케임브리지로 돌아와서부터 가난한 옛 교사들에게 정기적으로 돈을 송금하였고 대학의 도서와 실험실 장비 구입을 도왔다. 그리고 노벨상 상금을 포함한 상금을 개인적으로 쓰지 않고 파키스탄 등 개발도상국 물리학자의 장학 기금 등으로 사용하였다.

1979년 노벨상 수상식장의 살람(Abdus Salam). (http://www.nobelprize.org)

살람은 일생을 코란을 주머니에 넣고 산 사람이다. 노벨상 수상 강연도 파키스탄 전통 복장에 코란을 암송하고는 중세기 이슬람 과학자의 공헌을 말하는 것으로 시작했다. 그는 자신의 과학적 성공을 이슬람 문화에 대한 자긍심으로 나타내었다. 학문적 여건뿐만 아니라 이슬람 극단주의자의 배척 등 파키스탄이 그를 수용할 수 없었으나 여러 국가의 시민권 제의도 영국 여왕이 작위를 수여하겠다고 했을 때도 사양했다. 그는 사망하여 조국에 안장되었다.

애국은 조국을 침략자로부터 구하기 위해 분연히 일서서는 과학자의 마음에도 들어 있다. 1870~71년 프랑스와 프러시아(독일) 간의 전쟁은 비스마르크의 통일 독일 제국 건설 계획에 의해 촉발된 전쟁이다.

1870년 8월 4일 국경을 넘어 알자스로 진입한 독일군은 9일 1일 스당 전투에서 나폴레옹 3세의 군대를 격파하고는 9월 19일 파리를 포위한다. 1871년 1월 휴전 협정이 조인되고 프랑스는 독일에 배상금을 지불하게 된다. 그러나 파리는 결코 함락되지 않았다.

미생물학의 창시자 루이 파스퇴르(1822~95)는 50세에 가까운 나이

미생물학의 창시자 파스퇴르(Louis Pasteur).

에 방위군에 자원하여 파리를 지키려고 한다. 당시 그는 "나는 프랑스가 마지막 한 사람까지, 마지막 사력을 다할 때까지 저항하기를 원한다. 최후의 날까지 나의 모든 노력은 '프러시아에 대한 증오, 복수, 복수!' 라는 비명에 남을 것이다"라고 적었다.

파스퇴르는 1871년 1월 미생물학에 대한 업적으로 독일 본 대학에서 받은 명예 의학 박사 학위를 돌려주며 "야만과 위선이 프랑스 과학자에게 주입한 분노의 표현으로 당신 대학의 기록에서 내 이름을 지우고 이 학위증을 돌려받기를 요구하는 양심의 부름에 따른다"고 적었다.

독일의 전쟁터에는 아직 20대의 로베르트 코흐(1843~1910)가 있었다. 그는 의과 대학을 나와 일하다가 1870년 군에 자원했으나 근시안으로 거절되었다가 징집되어 야전 병원의 군의관으로 일했다. 전쟁 후에 코흐는 탄저균을 순수 배양하여 탄저의 원인균임을 밝혔고 파스퇴르는 탄저 백신을 제조하였다. 학회에서 만나기도 한 두 사람은 학문적 논쟁 가운데서도 증오를 표출했다고 전해진다.

그리고 애국은 조국과 세계의 도덕적 가치 구현을 위해 자신의 희생을 무릅쓸 때에 나타난다. 2차 대전 때 원자탄 개발과 관련한 자신의 역할에 대해 아인슈타인은 사망하기 5개월 전인 1954년 11월 "루스벨트 대통령에게 보내는 원자탄 제조를 추천하는 편지에 서명했을 때 나는 일생에 한 가지 큰 실수를 했다. 그러나 독일인이 만들려고 할 것이라는 위험성의 점에서 어떤 정당성이 있었다"고 표현하였다. 그러나 독일에서 원자탄을 개발하려는 시도는 없었다.

연합군이 원자탄을 만들 수 있으리라고 경계한 독일의 베르너 하이

젠베르크는 학생 시절 막스 보른에게서 이론 물리학을 배웠다. 보른은 또한 원자탄 개발을 지휘한 미국의 로버트 오펜하이머와 수소 폭탄 개발에도 중요한 역할을 한 에드워드 텔러의 스승이다. 1933년 이래 나치를 피해 영국에 와 있던 보른은 오펜하이머와 텔러에 대해 "나는 그러한 총명하고 부지런한 학생을 가졌다는데 기분이 좋다. 그러나 그럼에도 이들이 총명하기보다는 좀 더 현명했다면 하고 생각한다. 지금 인류는 이들의 총명함 때문에 거의 절박한 상황에 당면해 있다"고 하였다.

1960년 로스앤젤레스 평화 행진을 이끌고 있는 폴링(Linus Pauling).
(http://radfilms.com)

2차 대전 후 핵무기 개발 경쟁은 과학자들의 국가적 애국심과 결부되었다. 이때 핵무기 개발 반대를 행동으로 보인 미국의 라이너스 폴링(1901~94)은 정부의 감시를 받고 비애국자로 몰려 살해 위협까지 받았다. 그는 학문적으로 단백질의 알파-나선구조의 발견으로 1954년 노벨 화학상을 받고 1962년 노벨 평화상을 받았으나 1963년 41년간 배우고 가르치던 대학을 떠나야 했다. 폴링은 조국과 세계가 도덕적 요구를 충족하도록 설득하고 도덕적 가치의 증진에 노력하였다는 점에서 다른 차원의 애국자임에 틀림없다.

참고 자료

- Blair, Thomas, Linus Pauling: Nobel Laureate for Peace and Chemistry.
  http://www.harvardsquarelibrary.org/unitarians/pauling.html
- Cajal, Santiago Ramón y, Vacation Stories, Five Science Fiction

Stories.
http://www.press.uillinois.edu/s01/excerpts/cajal.html
• Mahmood, Zainab, Dr Abdus Salam–The 'Mystic' scientist.
http://www.chowk.com/show_article.cgi?aid=00004400&channel=university%20ave
• Long, Doug, Albert Einstein and the Atomic Bomb.
http://www.doug-long.com/einstein.htm
• Mollaret, H.H., Contribution to the knowledge of relation between Koch and Pasteur.
http://www.foundersofscience.net/Molleret.htm

10 과학 연구의 목적, 특허 문제

1903년 노벨 물리학상 수상자 프랑스의 마리 퀴리(Marie Curie)와 남편 피에르 퀴리(Pierre Curie). 마리는 1911년 노벨 화학상도 받았다. (http://www.aip.org)

과학자가 연구를 하는 목적은 과학자 개인으로 보아 연구 성과에 대한 인정, 지적인 인정을 받으려는 동기가 가장 크다고 할 것이다. 지적 인정은 과학을 발전시키는 원동력이다. 때문에 과학자의 윤리에 표절의 금지는 날조금지와 함께 중요한 사항으로 설정돼 있다. 과학이 기술 개발로 이어질 경우 이 기술이 특허로 보호돼야 한다는 것은 지적 인정, 지적 재산권의 짐에서 당연하며 특허 제도가 없다면 기업은 존재하기 어렵다.

그러나 특허에는 부정적인 측면이 있다. 경제적 급부를 목적으로 한 특허를 의식하고 연구를 한다면 연구가 그 방향으로 흐를 수밖에 없고 과학의 발전에 기여할 창의적인 연구가 나오기 어려울 것이다. 또한 특허는 과학기술의 활용을 제한한다. 특허의 필요성과 제한성 사이의 어떤 지점의 입장을 취할 것인지는 개개 과학자와 연구 조직의 철학에 달려 있다고 할 것이다. 과학의 역사는 특허와 관련한 여러 과학자의 이야기를 남기고 있다.

1896년 앙리 베크렐이 우라늄 방사능을 발견하자 마리 퀴리(1867~1934)는 학교의 지하실 창고를 빌려 베크렐선을 연구하기 시작했다. 남편인 피에르(1859~1906)와 함께 연구한 그 실험실은 겨울에 난방이 되지 않는 헛간에 불과했다. 이들은 이렇게 어려운 가운데 실험하여 1898년 피치블렌드에서 폴로늄과 라듐을 발견했다.

퀴리 부부는 암 치료제로 쓰일 라듐의 특허를 출원하지 않았다. 이렇게 했다면 궁핍한 연구와 생활에 도움이 되었을 것이나 특허가 문제가 아니라 어느 나라 누구에게라도 제조법을 알려주어 한 명의 환자라도 더 구하는 것이 염원이었다. 대신에 이들은 1903년 받은 노벨 물리학상 상금의 일부를 경제적 도움을 주었던 가족과 친구에게 돌려줄 수 있었다.

과거에도 연구 자금을 특허로 조달하기를 희망한 1939년 사이클로트론 개발로 노벨 물리학상을 받은 캘리포니아 대학(버클리)의 어네스트 로렌스(1901~58)와 같은 학자도 있다. 그는 좀 더 강한 에너지의 입자가속기로 인공 방사성 동위원소를 만드는 것이 희망이었다. 그가 의학적 용도를 가진 방사성 동위원소 제조 계획을 세운 이유 중에는 새로운 장치를 위한 연구비를 조달할 목적도 있었다. 그러나 중양성자 충돌에 의한 동위원소 제조 특허를 얻는데 실패하였다고 기록돼 있다.

로렌스 실험실의 글렌 시보오그(1912~99)는 사이클로트론을 사용하여 1941년 원자번호 94의 원소-94(플루토늄)를 발견하였다. 이어 1944년에는 원소-95(아메리슘)와 원소-96(퀴륨)을 발견하는 등, 그는 초우라늄 원소의 발견 업적으로 1951년 노벨 화학상을 수상했다. 그는 1964년 아메리슘과 퀴륨의 특허를 획득하여 유일한 원소 특허를 가진 과학자가 되었다.

시보오그는 즐겨 라디오의 어린이 퀴즈나 과학 프로그램에 출연하여 과학을 설명해 주었고 원소의 이름도 청취자의 의견을 엽서로 받았다. 이러한 그가 원소를 특허 낼 수 있다고 생각한 것은 기발한 착상일지 모른다. 알파-입자를 방출하는 아메리슘은 공기 중 연기를 이온화하여 전기 전도도를 높이기 때문에 연기감지기(화재경보기)에 사용된다.

학문적 연구는 인류를 위한 것이라고 생각한 학자는 많다. 1928년 페니실린을 발견한 알렉산더 플레밍(1881~1955)은 성분 분리를 시도

했으나 실패했다. 임상적 가치도 제대로 알지 못했다. 이 모든 것을 분명히 하여 실제 페니실린을 발견한 사람이 1940년 옥스퍼드 대학의 하워드 플로리(1898~1968)와 그의 연구원인 언스트 체인(1906~79)이다. 체인은 나치를 피해 영국으로 이민한 독일인이었다. 이들 세 사람은 1945년 노벨 의학상을 받았다. 옥스퍼드 팀은 페니실린의 특허를 출원하지 않았다. 플로리는 순수한 대학의 연구가 광고되는 것을 싫어하여 기자를 기피할 정도였다. 실제 페니실린의 발견자인 그의 이름이 잘 알려지지 않은 것도 이 때문이라고 한다.

1945년 노벨 의학상 수상자 영국의 플로리(Howard Florey). (사진 SGM)

플로리는 자신의 연구가 상업적인 돈벌이와 연결되는 것을 차단하고 페니실린은 모든 인류에게 도움이 돼야 한다는 원칙을 설정했다. 그러나 체인은 대학의 연구가 특허되어 기업체에서 효과적으로 개발되는 독일 전통을 잘 알고 있었다. 그는 플로리에게 특허 출원을 제의했으나 거부당하자 오랫동안 마음의 응어리로 남았다고 한다. 페니실린은 플로리의 노력으로 2차 대전 중에 영국과 미국에서 개발되었으나 수많은 제약 회사가 생산하여 가격의 하락으로 기업체는 위기를 맞았다. 이들은 다른 항생물질을 찾기 위해 필사적으로 노력했고 결실이 따랐다. 인류를 위한 봉사의 점에서 전화위복이 된 셈이다.

체인도 그렇게 생각했지만 대학의 연구가 특허 출원되어 기업체에서 개발되는 것이 정통적인 과정이다. 스트렙토마이신의 발견은 1944년 미국 럿거스 대학의 셀만 왁스먼(1888~1973)의 실험실에서 이뤄졌다. 왁스먼의 박사 과정 학생인 샤츠가 발견하여 1948년 두 사람의 이름으로 특허를 받고 제약회사로 넘겨져 개발되었다. 이 특허는 1,200만 달러의 로열티를 거두었다. 왁스먼은 그중에 80%를 대학에 주어 후에 미생물 연구소의 기금으로 사용되었다. 약 개발의 정상적인 과정을 밟은 것이다. 그러나 왁스먼이 발견의 공로와 로열티의 운영 등 실제 발견자인 샤츠를 무시함으로써 문제가 발생했으며 이 부분은 다른 항목에서 다루었다.

연구를 순수 학문적 입장에서 수행하고 특별히 특허를 고려하지 않은 학자도 있다. 아르헨티나의 체자르 밀스타인(1927~2002)은 1963년 케임브리지 MRC 분자 생물학 연구소에서 항체 연구를 시작하였다. 1958년 단백질 서열 결정으로 노벨 화학상을 받은 프레데릭 생어가 그의 후원자였다. 그는 1973년 독일에서 게오르게스 쾰러(1946~95)가 박사 후 연구원으로 들어오자 함께 생쥐 림프 세포를 흑색 종양 세포와 융합시켜 1975년 순수한 항체를 무제한으로 생산하는 방법을 찾아내었다. 이 연구 후에 쾰러는 바젤의 면역 연구소로 들어가 박봉을 받고 연구 생활을 하였다.

이들은 하이브리도마 기술을 특허로 출원하지 않았다. 후에 대처 수상까지 이 문제를 거론하자 논문과 MRC 보고서에 상업적 가능성을 제시했으나 특허 책임 기관에서 출원하지 않았다는 반론도 나왔다. 이들이 특허에 소극적이었던 이유는 연구를 순수 학문적인 입장에서 보

1984년 노벨 의학상 수상자 독일의 쾰러(Georges Köhler, 왼쪽)와 아르헨티나 태생 영국의 밀스타인(Cesar Milstein). (http://nobelprize.org)

았기 때문도 있을 것이다. 두 사람은 1984년 노벨 의학상을 받았다. 특허에 무관심한 영국 대학을 일깨운 것은 무엇보다 스탠퍼드 대학의 스탠리 코헨과 캘리포니아 대학(샌프란시스코)의 허버트 보이어의 DNA 재조합 기술 특허로 보인다.

이들은 1973년 특정 DNA 조각을 박테리아의 플라스미드에 삽입한 다음에 이 재조합 분자를 생명체에 넣어 특정 유전자를 무한으로 복제할 수 있는 기술을 개발하였다. 코헨의 플라스미드에 관한 경험과 제한효소를 발견하기도 한 보이어의 협동 연구의 결과이다. 이들의 연구 목적도 기초 생물 현상의 이해에 있었고 특허 출원을 고려하지 않고 있었다. 전혀 새로운 방법이라기보다는 기존의 연구를 약간 연장하였을 뿐이라고 생각한 때문도 있다. 그런데 특허 변호사의 권유로 이들의 DNA 재조합 기술은 1974년에 특허가 출원되어 1980년 특허를 받았다. 소위 코헨-보이어 특허는 2~3억 달러의 로열티를 낳았다.

1972년 최초로 바이러스의 유전자 소각을 다른 바이러스의 유전자에 이어 맞추는데 성공한 사람은 코헨의 동료이기도 한 스탠퍼드의 폴 버그이다. 그는 이 재조합 분자를 박테리아에 넣기 전에 연구의 위험성 등 윤리 문제를 논의하고 있었다.

버그는 1980년 DNA 서열 결정의 생어, 길버트와 공동으로 노벨 화학상을 받았다. 적어도 보이어는 연구 업적에서 노벨상에 근접했으나 상업적 방면에 치중하여 부정적인 평가를 받았을 것이라는 분석도 있다.

1958년, 1980년 두 차례 노벨 화학상 수상자인 영국의 생어(Frederick Sanger). (http://www.sanger.ac.uk)

생명 공학 기술은 생명의 신비를 밝히려는 수많은 과학자들의 노력의 산물이다. DNA의 구조와 기능, 플라스미드, 제한효소 그리고 최근의 인간 게놈 해독이 말해주고 있다. 두 차례 노벨상 수상자인 생어는 DNA 서열 결정의 핵심 기술을 개발했으며 인간 게놈 프로젝트에도 중요한 역할을 담당하였다. 최근의 생명공학 특허의 열기를 바라보며 그는 자신이 어떤 상이나 보상을 바라고 연구한 적이 없다고 담담하게 피력하였다.

이 점에서 버그는 직설적이다. 그는 이때까지 대학 사회의 과학을 이끄는 보상 규칙이 '논문을 내라, 그렇지 못하면 멸망한다'이었는데 이제는 '특허와 이익'이라는 규칙으로 바뀌었다고 비판한다. 그는 돈을 벌기 위한 특허를 의식하면 자연히 연구가 그 방향으로 기울고 창의적인 연구가 나오기 어렵다고 지적한다. 특허가 대학 연구의 유용한 자원이 되며 국가적 경쟁 산업을 육성하는 측면을 무시할 수 없다. 그럼에도 지나치게 대학에 깊숙이 들어왔다는 염려이다.

참고 자료

- Bertram Rowland and the Cohen/Boyer Cloning Patent. http://www.law.gwu/tech/rowland.asp
- Bowden, Mary Ellen, Howard Florey and Ernst Chain. http://www.chemheritage.org/EducationalServices/pharm/antibiot/readings/flocha.htm
- House, Peggy, Glenn T. Seaborg, Citizen-Scholar. http://seaborg.nmu.edu/gts/
- Lawrence and His Laboratory: Chapter 2: The Headmaster and His School. http://www.lbl.gov/Science-Articles/Research-Review/ Magazine/1981/81fchp2.html
- Nilsson, Katrin, Marie Curie, Familylife. http://web.telia.com/~u54808711/inenglish/katrin/MarieCurie/familylife.html
- Ruthen, Russell, Profile: Frederick Sanger, Revealing the Hidden Sequence, Scientific American, October 1993, p. 30.

• Springer, Timothy A., Cesar Milstein, the father of modern immunology.
http://www.cbrinstitute.org/springer/publications/articles/Springer_2002_15478.pdf

2장

과학과 인문 그리고 종교

1 과학, 인문과 예술과의 골

영국의 물리학자이며 소설가인 스노 (Charles Percy Snow).

영국의 C.P. 스노(1905~80)는 본래 화학 교육을 받고 케임브리지 캐번디시 연구소에서 분광법을 연구하기도 한 물리학자이다. 그는 과학자로서는 뛰어난 업적을 남기지는 못했으나 2차 대전 동안 전쟁 노력에 과학자를 가담시키는 일을 하는 등 정부의 과학 관련 자문 역할을 맡기도 했다. 그는 오히려 1940년에서 1964년에 걸쳐 〈이방인과 형제들〉 연작소설 11권을 지어낸 소설가로 이름이 알려져 있다.

스노의 이름은 '두 문화' 라는 용어와 함께 우리에게도 잘 알려져 있다. 그는 1959년 케임브리지 리드 강연의 '두 문화와 과학 혁명' 에서 과학계 지식인과 문학계 지식인은 전혀 다른 문화 속의 인물이라고 하며 일반적으로 인문학자와 과학자 사이의 대화의 단절을 '두 문화' 로 표현했는데, 다음과 같은 경험과 관련된 것이다.

"일과 중에 과학자들과 함께 지내고 밤에는 문학계 친구들과 어울렸을 때에, 유사한 지성, 동일한 인종, 그리 다르지 않은 사회 배경, 차이 없는 소득 수준에도 불구하고 그 동안 전혀 대화를 나눈 적이 없는 두 개의 그룹 속을 이동하고 있다는 느낌을 받은 날이 한 두 번이 아니었다. 이들은 지적, 도덕적, 심리적 환경이 전혀 달랐기 때문에 버링턴 하우스 또는 사우스 켄싱턴으로부터 첼시로 가는 대신에 하나는 대양을 건넜을지도 모른다는 생각이 들 정도였다."

스노는 과학 문화와 그가 전통 문화로 표현한 인문 문화 사이의 대화의 단절과 서로에 대한 무지가 모두를 허약하게 만든다는 관점을 유지하였으나 전통 문화의 과학에 대한 인식과 이해 부족에 좀 더 관심을 가진 것으로 보인다. 그래서 케임브리지의 유명한 수학자 하디가 1930년대 어느 때 수수께끼 같다고 하며 한 말을 "오늘날 지식인이라는 말이 어떻게 사용되는지 아느냐? 새로운 정의가 있는 것 같다. 그에 따르면 분명히 러더퍼드 또는 에딩턴 또는 디랙 또는 에이드리언 또는 나 같은 사람은 포함되지 않는 것 같다. 분명히 이상하다. 그렇지 않은가" 라고 인용하기도 했다.

그는 전통 문화의 과학에 대한 이해 부족을 "전통 문화는 자연적 질서가 존재하지 않는 것처럼, 자연적 질서의 탐구가 그 자체 가치에서 또는 결과에서 아무 흥미가 없는 것처럼, 물리적 세계의 과학적 체계가 지적 깊이, 복잡성, 그리고 명확한 표현에서 인간 정신의 가장 아름답고 훌륭한 집단적 작품이 아닌 것처럼 자신의 문화를 전체 문화로 생각하려고 했다"고도 하였다.

스노는 전통 문화의 과학에 대한 이해의 결핍이 초래하는 문제를 다음과 같이 표현했다. "그 (과학에 대한) 총체적 이해의 결핍은, 그 안에 살고 있는 우리가 알고 있는 것보다 좀 더 속속들이 전 전통문화에 비과학적 정취를 제공하며 그 비과학적 정취는 가끔 우리가 인정하는 것보다 훨씬 더 많이 반(反)과학으로 바뀌는 순간에 있다. 한 극(極)의 감정은 다른 극의 반-감정이 된다. 만일 과학자들이 확실히 미래를 갖고 있다면 전통 문화는 그 미래가 존재하지 않기를 희망하며 대응한다. 과학 문화의 출현에 의해 놀랍게도 거의 감소하지 않을 정도로 서구 세계를 운영하는 것은 그 전통 문화이다."

그는 과학적 지식과 기술적 발전이 이뤄짐에 따라 과학은 불가피하게 인류에 혜택을 가져다 줄 것이며 이 점에서 과학자들은 미래가 자신에게 달려 있다고 확신하는 반면 지식인은 특히 문학계 인사들은 기계화에 반대하는 인사라고 주장하는 것이다. 스노가 구체적으로 지적한 영국 현상에 대해서는 그 자체 많은 비판이 있으나 그가 적절하게 지적했듯이 과학과 인문 두 문화 사이에는 괴리가 있음이 분명하다.

이 괴리의 이유를 분할뇌 연구로 노벨의학상을 받은 로저 스페리는, 스노는 언어와 주제의 차이로 보지만 그 안에는 서로 상반된 세계관이 있다며 "인문학자에게는 인간의 주관적 경험이 중요한 반면 과학에서는 전혀 중요하지 않다"고 말하였다. 다시 말해서 인간의 '주관적 가치'를 보는 시각의 차이라는 것이다. 주관적 가치를 높게 사는 사람은 과학의 인과론과 예측성, 합리성보다는 전통적인 믿음적, 자아 중심적, 도덕적 가치를 중요하게 여길 것이며 이 믿음을 사회에 반영시키려고 할 것이다.

과학 문화와 인문 문화 사이의 화해를 시도한 사람이 미국의 사회 생물학자 에드워드 윌슨이다. 그는 1998년 〈일치: 지식의 통합〉에서 두 문화의 경계를 영역적 분할 선이 아니라 양측에서 함께 들어와 개척할 넓은 대부분 미개척의 지역으로 보아야 한다고 하였다. 그는 두 문화 사이의 오해는 근본적인 사고 구조의 차이가 아니라 지역을 모르는 데서 나온 것이라고 하며 둘 사이의 연결을 다음과 같이 말한다.

하버드의 진화 생물학자 윌슨(Edward Osborne Wilson). (http://www.paulagordon.com)

"우리는 사실상 모든 인간의 행동이 문화에 의해 전파된다는 것을 안다. 또한 생물학이 문화의 기원과 전파에 중요한 영향을 끼친다는 것을 알고 있다. 아직 남아 있는 의문은, 어떻게 생물학과 문화가 상호 작용하는지, 그리고 특히 어떻게 그들이 모든 사회를 가로질러 서로 작용하여 인간 본성의 공통성을 창조하는 지에 관한 것이다.

마지막으로 분석할 것은, 무엇이 깊은

대부분 유전적인 총체적 종의 역사에 참여하여 좀 더 최근의 광범위한 사회의 문화적 역사로 되었는지? 내 생각으로는 그것이 두 문화 관계의 핵심이다."

윌슨은 다름 아닌 과학과 인문 문화를 잇는 프로그램을 제시하는 것이 아니라 인문 문화를 과학으로 해석한, 두 문화의 과학적 지식으로의 통합을 의미하고 있다. 이것은 진화 생물학자의 희망일 뿐 미국의 사회 철학자 웬델 베리는 〈생명은 기적〉에서 지극히 한정된 과학적 지식으로 '무엇을 설명할 수 있는가?' 라고 다음과 같이 적었다. "나는 생명체가 설명될 수 있다고 믿지 않는다. 나는 생명이 설명될 수 있다고 믿지 않는다. 생명체와 생명에 대해 우리가 아는 것은 영상 또는 이야기 또는 음악 또는 춤으로 나타내져야 한다는 것이다. 그리고 나는 영상이나 이야기 또는 춤이 설명될 수 있다고 생각하지 않는다. 예술은 거의 설명과 반대이기 때문에 바로 필수적이다."

우리가 주위 환경, 믿음, 가치를 시로 그림으로 노래로 춤으로 표현하는 것을 살아 있는 총체적 인간의 모습으로가 아닌 생물학적 용어로 해석하는 것을 인문이 수용하리라고 상상하기 어렵다. 이렇게 보면 두 문화의 골이 이 세계를 아는 방법, 자연과 존재의 웅대함을 경험하고 반응하는 방법의 차이에 있으며 이는 근본적으로 사고 구조의 차이에서 비롯된 뿌리 깊은 것이라고 인정해야 할 것 같다. 그리고 이 바탕 위에 가능한 이해의 골을 메울 방법을 강구해야 할 것이다.

그리고 이는 인문은 과학을 과학은 인문을, 상대방이 무엇을 어떻게 가꾸어 왔는지 이해시키고 이해하는 것이다. 그러기 위해 과학은 일부 물질주의적 과학 만능주의적 과학주의에 대한 경각심도 가져야 한다. 최근 줄기세포 연구의 윤리 문제와 과거부터 있어온 환경적 생태적 윤리에도 귀를 기울일 필요가 있음을 의미한다. 또한 과학은 대중에게 과학을 이해시키고 과학의 가치를 알리는 '과학 커뮤니케이션' 에 대해 노력이 필요하다. 이것은 과학과 인문과 예술 그리고 종교와의 장벽을 허물어 과학을 인간 문화의 가치 있는 구성요소로 인식시키는 방법이다.

그러기 위해 스노도 지적한 반과학, 즉 일부 과학을 비정당화하는 집단적 기류에 대해 과학의 가치를 세우는 노력도 필요하다. 노벨 물리학상 수상자 레온 레더만은 "과학을 모르며, 과학적 탐구에 경멸감을 나타내며, 인간 사회의 향상을 위한 과학의 목표가 실현 가능하지 않을 뿐만 아니라 오히려 해가된다고 주장하는" 이들에 대해 다음과 같이 말했다.

1988년 노벨 물리학상 수상자 레더만(Leon Lederman). (http://www.-ed.fanl.gov)

"해결하기 어려워 보이는 빈곤, 도시의 퇴락, 범죄, 증오, 그리고 전반적 불평등은 분명히 우리가 이 세계에 대하여 얼마나 아는 지와 관련이 없어 보인다. 틀림없이 가끔 환경, 페미니스트, 동물보호 운동의 가장자리에서 이 그룹의 좀 더 외국 풍의 견해들 중에는 과학의 본질에 대한, 다시 말해서 과학이 무엇을 성공적으로 행하는지 그리고 무엇을 할 수 없는지에 관한 깊은 무지에 뿌리를 두고 있는 것이 있다. 만일 우리들이 그들의 머리 속에 들어가 그들에게 광채를 발하는, 떠오르는 물리학적, 생물학적 세계관과 거만하고, 열정적이고, 혁명적인, 불완전한 인간인 과학자들이 항상 잠정적이나 항상 진보하는 과학적 지식의 기초와 같은 그런 굉장한 구조물을 창조하도록 한 과학적 마술을 알게 해주고 싶다."

레더만은 400년의 역사를 가진 과학은 혁명 과정을 통해 우리가 자연을 기술하고 예측할 수 있는 바탕이 되는 공간, 시간, 그리고 조건들의 영역을 점차 넓혀왔다고 하며 계속하여 다음과 같이 말했다.

"밤을 낮으로 바꾸고, 인간의 수명을 연장하고, 많은 죽음에 이르게 하는 병을 치료하고, 인간이 대륙을 가로질러 차로 달리고, 바다를 건너 날고, 웹을 항해토록 한 것이 과학이다. 반과학의 규칙을 따랐다면 대다수의 인간은 가난, 굶주림, 그리고 조기의 사망에 처하여 승려나 왕이 통풍이 잘되는 궁전, 사원 그리고 영지에서 서식하도록 했을 것이다. 과학은 많은 인간에게 인간이 생산하는 많은 것들, 재즈 · 록 · 베토벤의 마지막 4중주곡 · 셰익스피어 · 레오나르도 다빈치 그리고 마이클 조던 등의 최선의 것에 접하도록 하였다. 반과학은 마을에 어떤 안락함 그리고 힘을 통한 온갖 즐거움을 보장하는 더 나은 곳에서의 의심스러운 영원성의 약속을 판다. 그러나 과학을 포기하고 미신, 무지, 고착된 믿음 체계의 어두운 힘들을 택하지 않겠다는 궁극적인 주장은 우리의 지식의 기초를 상당히 증가시키지 않는다면, 가장 가난한 사람의 삶의 수준을 높이기 위한 새로운 형태의 에너지, 식량 생산, 그리고 메커니즘이 없이는, 지구가 계속 증가하여 100억 명(2050년까지?)에 달할 인구를 살게 하지 못할 것이라는 데 있다."

참고 자료

- Baum, Rudy, Science and the Nature of Awe, *C&EN*, June 4, 2001, p. 56.
- Cole, Jonathan R., The Two Cultures Revisited. http://www.nae.edu/nae/bridgecom.nsf/weblinks/NAEW-4NHMJT?OpenDocument
- Shift in culture. http://www.stats.uwaterloo.ca/~rwoldfor/papers/twocultures/talk/node2.html
- Snow, C.P., The Two Cultures. http://info.med.yale.edu/therarad/summers/snow.htm

2 창가의 새, 자식이 찾아온 것일까

창가에 찾아온 새
(Rob Andrews)

불의의 사고로 자식을 잃은 아버지는 창가 나무에 새가 날아오면 아이가 찾아왔다고 여긴다. TV 다큐멘터리로 방영된 이야기다. 그가 정말로 그렇게 생각한다고 말하며 창밖을 내다 볼 때 필자뿐만 아니라 많은 시청자가 공감할 것이다.

머리의 이성은 가슴 속 마음과는 달라 보인다. 사실 여부에 민감한 이성은 얼마 지나지 않아 어떻게 새를 자식으로 생각하는지 의문을 불러일으킨다. 그리고 생물학은 사실이 아니라고 그 마음을 떨쳐 버리게 할 것이다. 그러나 과학이 무엇인지 안다면 그렇게 할 필요는 없다.

과학은 관찰과 측정에 의해 얻은 자료를 일반화하여 자연 현상에 대한 최선의 해석을 찾는 방법론적인 것이다. 저 새에 자식의 영혼이 깃들어 있는지 여부를 알기 위해서는 일반화하여 해석할 자료가 필요하다. 새의 행동으로 알 수 있을까. 그보다 자식과 아버지 사이에 특별한 연결이 있을지도 모른다. 그 교감이 물질을 매개로 한다면 측정할 수 있으나 아직 방법을 찾지 못했을 수도 있다.

그리고 앞으로도 영원히 과학의 탐침을 드리울 수 없는 무엇이라면 과학으로 사실 여부를 말할 수 없다. 아버지의 믿음이 과학적 사실이 아니라고 부정할 수도 없다는 의미이다. 단지 과학의 범위를 벗어난 것이다. 이 아버지만이 아니라 과학적 추리에 익숙한 과학자도, 육체가 죽어도 영원히 계속될 무엇이 있다면 이 영혼이 다른 생물의 몸에서 다시 태어난다는 사상이 대단히 흥미 있다고 한 월드와 같은 학자

1967년 노벨 의학상 공동 수상자 월드.
(George Wald). (Fabian Bachrach)

도 있다.

조지 월드(1906~97)는 시각 메커니즘에 관한 연구로 노벨 의학상을 받았다. 그는 개구리의 눈이 빛에 반응하여 물체를 보는 과정이 인간과 대단히 유사하다는 것을 알게 되었다. 그러나 저 실험대 위의 개구리도 보아 아는가. 자신의 존재를 알고 허무를 느끼는가. 그는 말로 표현하는 인간과 달리 개구리의 의식에 관해 과학자로서 답할 수 있는 것은 아무 것도 없다는 것을 깨닫게 되었다. 의식을 그 자체 측정할 방법이 없기 때문이다.

진화론은 인간의 의식이 그리고 마음과 영혼이라고 부르는 것이 진화 과정을 통한 뇌의 발달로 생긴 인간 육체의 속성이며 뇌에 존재할 것이라고 말한다. 그러나 이것은 유물론적 과학적 추리이다. 그리고 과학으로서도 존재 여부에 대한 접근이 불가능한 의식의 장소를 알 수 있는 방법은 없다. 월드는 입자로도 파동으로도 보이며 장소와 운동이 명확하지 않은 전자와 마찬가지로 의식이 장소를 갖고 있지 않다고 믿는다. 그는 사후의 생에 관해 다음과 같이 말했다.

"사후에 무엇인가 계속된다고 가정하면 계속되는 것의 본질은 무엇일까? 나는 동양의 고전, 힌두교, 불교 등에 관해 읽은 적이 있다. 그들 모두는 생명은 일시적인 육체의 점유라고 믿는다. 육체는 죽지만 영원히 없어지지 않는 무엇인가가 계속되어 결국은 다른 육체 속에서 다시 태어난다. 그것은 부활이 아니라 완전히 새로운 판이다. 그러나 역설적으로 업보(카르마)는 남는다. 나는 힌두교와 불교인의 불멸에 관한 사고, 힌두교에서 자기. [영혼 또는 영] 아트만의 불멸 사고가 대단히 흥미롭다는 것을 발견한다."

인간의 의식, 마음, 영혼이 육체와 일치하는지 또는 육체와는 별개의 것인지는 시각 메커니즘과 관련한 정신과학의 연구 분야이기도 하다. 물체에서, 예를 들어 찻잔에서 반사된 빛은 눈의 망막에 '2차원의 상'으로 나타난다. 이것은 400년 전 요하네스 케플러(1571~1630)가 발견한 것이다. 그런데 이 광학 장치와 같은 '거꾸로 된 상'이 신경에 의해 뇌로 전달되어 어떻게 영혼(마음)의 눈을 통해 '3차원의 바른 상'으로 지각되는지, 더욱이 사람에 따라 그 찻잔에 그려진 새가 금방 날개를 치고 날아오를 것 같이 보이는 이유는 미스터리다.

우리는 마음의 자리와 각자 마음 안의 것들이 어디에서 왔는지를 알지 못한다. 여러 가정 가운데 케플러는 거리를 지각하기 위해 마음은 눈의 동공을 밑변으로 한 삼각형에서 육체 밖의 물체에 꼭지점으로 닿아 있다고 추론하였다. 그리고 분석심리학자 카를 융(1875~1961)은 마음의 투사(投射)에 개인적 경험뿐만 아니라 외적 세계의 동물 조상을 포함한 이전 세대의 마음의 원형(原型)이 들어 있다고 보았다.

1962년 노벨 의학상 공동 수상자 크릭(Francis Crick).
(http://profiles.nlm.nih.gov)

케플러, 융, 그리고 월드 등의 마음이 육체 밖에 펼쳐진다는 생각과 달리 프랜시스 크릭(1916~2004)은 의식이 육체적 발현 그 자체라고 믿는다. 그는 1966년까지 분자 생물학의 기초를 놓았다고 판단한 뒤에 발생학의 문제에 관심을 돌렸다. 그리고 1976년 영국의 의학연구위원회(MRC)에서 미국의 솔크 연구소로 옮겨 뇌의 기능에 대한 연구를 시작했다. 그는 사망하기 전 거의 30년간 "바로 우리, 기쁨과 슬픔, 기억과 야망, 개인적 정체 감각과 자유 의지 등이 신경 세포와 그 연합 분자가 조합되어 나타내는 행동에 불과하다"는 '놀라운 가설'을 설정해 놓고 연구에 몰두하였다.

그의 연구 방법은 뇌 신경세포의 시각 정보 처리 연구와 유사하다. 그래서 의식 결정에 책임이 있는 세포를 확인하여 의식을 지시하는 뇌세포의 부위를 결정하고 이 부위에서의 주관적 의식에 대한 세포의 반응을 집중적으로 연구하여 의식과 신경의 상관성을 도출하려고 한다. 이렇게 의식을 신경세포로 환원할 수 있는지 주변의 의문에도 불구하고 그는 "우리는 아직 어떻게 빗방울이 형성되는 지를 분명히 알지 못하지만 개개 뉴런과 시냅스가 어떻게 작동하는지를 안다"고 하며 뇌라는 것이 날씨보다 수수께끼가 아니라는 낙관론을 폈다.

이제 크릭은 사망했으나 만일 언젠가 크릭의 가설이 입증된다면 그의 노벨 의학상 수상 업적인 DNA 구조 해석이 가져온 생명의 이해나 유전공학보다도 인간에게 미칠 영향은 클 것이다. 영혼이 신경세포의 발화로 환원될 때 인간의 신과의 특별한 관계나 사후의 생은 의미가 없어진다. 인간이 이 땅위에 발을 붙인 때부터 가져온 또 하나의 신앙적 모습은 사라지게 된다. 이것은 신앙을 배제하고 과학과 이성의 가치만으로 살겠다는 철학적 자연주의자인 크릭의 꿈이 달성되는 순간일 것이다.

참고 자료

- Brian, Denis, *Genius Talk, Conversations with Nobel Scientists and Other Luminaries*, Plenum Press, New York, 1995.
- Crick, Francis, *The Astonishing Hypothesis*, Charles Scribner's Sons, New York, 1994.

3 다윈과 종교에 대한 견해

런던 자연사 박물관의 다윈 동상.
(The Natural History Museum, London)

런던 자연사 박물관의 다윈 동상이 새겨진 엽서를 책상머리에 놓고 들여다보곤 하였다. 긴 턱수염, 대머리 이마 위의 주름 그리고 코는 친근한 모습이지만 하얀 대리석의 핏기 없는 얼굴, 감정이 없어 보이는 눈에서 생을 다하고 어디로 갈지 아는 사람만이 가질 수 있는 체념과 조용함을 느꼈다. 이것은 필자만의 인상일지 모른다. 이 동상은 박물관의 간이식당에 놓여 자연의 진리를 탐구한 위대한 과학자로 사랑을 받고 있었다.

찰스 다윈(1809~82)은 비글호 항해(1831~36)에서 돌아온 뒤에 런던에 정착하여 학자들과 교분을 쌓는다. 그는 1837년에 진화론에 관한 아이디어를 구성하기 시작하여 1842년 여름 초에 간략한 초안을 작성하였다. 그리고 가을에 이사한 곳이 런던에서 가까운 시골마을인 다운이다. 다운 하우스는 다윈이 '종의 기원' 을 지어낸 진화론의 산실이다. 그는 사망할 때까지 이곳에서 살았다.

정원 쪽에서 바라본 다운 하우스(Down House).
(English Heritage)

다운 하우스에는 다윈이 산책하고 연구하던 넓은 정원이 있다. 다윈의 부인 에마가 치던 피아노가 놓여 있는 거실, 다윈의 연구 서재 등이 보존돼 있다. 그리고 복도의 2층 계단이

1854년 경 아들과 함께 한 에마(Emma Darwin). 40대 중반의 모습이다. (English Heritage)

나타나는 곳 맞은편의 조그만 책장 위에는 소포와 편지가 놓여 있다. 다윈은 다운으로 이사하며 런던에 나가 학자들과 교류할 생각이었으나 자주 병을 앓고 연구에 몰두하느라 은둔하여 편지로 외부 세계와 교통했다.

그리고 책장이 있는 벽에는 3개의 기독교 그림이 걸려 있다. 그 중 하나는 사망한 여인을 땅에 묻고 있는 가운데 하늘의 천사가 아이를 인도하고 있다. 아이는 영혼이라고 생각된다. 이 그림은 1862년 에마의 언니가 사망하며 동생에게 물려준 다윈이 살던 때의 실제의 그림이라고 한다. 에마는 신앙심이 깊었다.

에마는 외국어에 능하고 피아노를 잘 치는 지성과 교양을 갖춘 여성이었다. 그는 10명의 아이를 낳으면서 병치레가 잦았던 다윈을 간호하고 다윈이 과학계 친구에게 보낼 원고를 읽는 등 할 수 있는 어떤 방식으로든 도왔다. 그러면서도 종교적 견해가 다른 데 대해 다윈보다 뒤에 사망한 에마가 천국에서 다윈을 만나지 못할지 모른다는 생각에 고통스러워했을지도 모른다고 말하고 있다.

다윈은 어린 시절 성공회 세례를 받고 기도를 하는 생활을 했다. 2년간 에든버러에서 의학 공부를 하다 중단한 다음에 아버지의 뜻대로 성공회 성직자가 되기 위해 케임브리지 대학에 들어갔다. 그도 시골 사제가 된다는 생각을 좋아했다. 당시 그는 성경의 모든 문구가 글자 그대로 진리라는 것을 의심하지 않았으며 자연 세계가 신의 설계라는 자연 신학에 경탄하기도 했다.

그에게 신앙에 대한 회의가 찾아든 것은 1876년 자식을 위해 쓴 글에 의하면 1836년에서 1839년 사이이다. 그는 이때 구약 성경의 바벨탑 이야기 등이 이 세계의 진정한 역사가 아니며 그곳의 복수심에 불타는 폭군의 감정을 가진 신이 진정한 신일 수 없다는 생각이 든다. 이러한 성경을 신뢰할 수 없는 것은 힌두교 경전이나 어떤 야만인의 믿음을 믿을 수 없는 것과 마찬가지라는 것을 알게 됐다고 표현하였다.

다윈의 성경에 대한 회의는 모르는 사이에 누적되어 갔다. 그는 성경의 기적 등 요소를 믿기 어렵다고 보았고 또한 신앙을 갖고 있지 않은 주위의 가까운 사람들이 영원히 벌을 받을 것이라는 성경의 가르침을 진리라고 볼 수 없다고도 하였다. 이런 의문 가운데에서도 그는 "40세가 되던 1849년까지 나는 결코 기독교신앙을 포기하지 않았다"고 적었다.

다윈의 신앙의 종말은 1851년으로 이야기되고 있다. 다운 하우스 책자에는 '고통스러운 그리고 잔인한 사망' 이라는 제목이 붙은 맏딸 앤의 사진이 실려 있다. 그는 1851년 10살 때 장티푸스 증세를 보인 열병으로 사망했다. 다윈은 일생 이 사진을 들고 눈물을 흘렸다고 한다. 에마는 이러한 고통을 흔들림이 없는 신앙으로 극복하였다. 그는 다윈도 사랑이 영원히 계속될 내세에서 고통의 의미를 발견하기를 원했고 다윈에게 기도할 것을 간청하기도 했다.

그러나 다윈에게 앤은 사망은 물론 벌조차 받을 수 없는 행복하게 살도록 되어 있는 육체적 정신적 도덕적으로 완전한 아이였다. 이 아이는 단지 자연의 방해를 받아 병에 걸려 잔인하게 짓밟힌 것이다. 다윈에게 내세의 기약은 위안이 되지 못했다. 그는 "우리의 유일한 위안은 앤이 짧지만 즐거운 생을 살았다는 것이다"라고 적었다. 2년 뒤 아이를 잃은 친구에게도 다윈은 이

다윈의 맏딸 앤(Annie Darwin).
(Cambridge University Library)

생이 있었던 시간을 생각해 보라고 하였다.

다윈은 종교적 문제에 대해서는 견해를 글로 적어 발표하는 일이 없었다. 1876년 글도 자식들에게 들려준 이야기였다. 종교에 대해 체계적으로 생각해 본 적이 없다고도 했으나 1879년 편지에 나타난 대로 "나 자신의 견해가 무엇이든 나 자신 외에 누구에게도 중요성이 없는 문제이다"는 것과 같이 그는 종교를 본질적으로 개인적인 문제로 여겼다.

다윈은 기독교 신앙에서 떠난 이유를 계시의 신앙, 죄와 벌의 인격신에 대한 회의에서 비롯되었다고 말하고 있다. 그는 비글호 항해 도중 브라질 숲의 위대한 장관 가운데 서서 신의 존재와 영혼의 불멸에 대한 확고한 신념으로 이끌린 경험을 한 적이 있으나 지금 이 절정의 감각이 신의 존재 논증이 아니라 음악에 의해 여기 되는 감정 이상일 수 없다고 생각된다고 적었다.

그는 이렇게 신과 영혼의 존재 문제가 감정으로 결정될 수 없으며 인간의 지적 능력 밖이라고 느끼며 자신을 무신론자가 아니라 불가지론자라고, 1879년 편지에 "나의 판단은 가끔 변하지만 가장 극단적인 변화에서도 신의 존재를 부정한다는 의미에서 나는 결코 무신론자인 적이 없으며 일반적으로(점차 나이가 들며) 그러나 항상 그렇지는 않지만 불가지론자라는 것이 나의 마음 상태의 좀 더 정확한 기술일 것이다"라고 표현하였다.

이때 신은 기성 종교의 인격신은 아니다. 1879년 학생의 질문에 답하여 다윈을 대신하여 가족이 보낸 편지에는 "다윈은 진화론이 신의 존재에 대한 믿음과 전혀 모순되지 않는다고 생각한다"고 하였다. 또한 다윈은 그 학생에게 직접 보낸 편지

비글호 항해.
(Darwin Heirlooms Trust)

에 "과학은 과학적 연구의 습관이 한 사람을 증거를 받아들이는데 조심스럽게 한다는 것을 제외하고는 그리스도와 관계가 없다"고 하여 과학적 탐구가 종교와 별개의 영역임을 말하고 있다.

다윈의 종교에 대한 견해는 아인슈타인과 유사하다. 아인슈타인은 무신론자라고 하기보다는 자연과 존재에 대한 지적 이해의 취약성에 기인한 겸손한 태도라는 편에서 불가지론자라고 불러도 좋다고 하였다. 그가 흔히 말한 신은 우주의 질서와 조화에 대한 경외의 표현이다. 다윈도 그렇게 단순한 시작으로부터 가장 아름답고 감탄할만한 끊임없이 많은 생명이 진화되었고 지금도 진화되고 있다는 생명관이 장엄하기조차 하다고 적었다. 이러한 우주와 생명에 대한 찬탄은 신앙심이 깊은 과학자 또한 말하는 과학자 특유의 감정이다.

참고 자료

- 강건일, 진화론 창조론 산책, 참·과학, 2003.
- Darwin's Views on Religion.
  http://www.origins.tv/darwin/religion.htm
- *Down House, The Home of Charles Darwin*, English Heritage, 2002.

4 물리학자와 신의 존재에 대한 믿음

전자의 전하량을 정확히 측정한 업적 등으로 1923년 노벨 물리학상을 수상한 미국의 밀리컨(Robert Millikan). (http://www.aip.org)

"과학적 연구를 많이 할수록 좀 더 분명히 신의 존재를 알게 된다." 이 말을 한 사람은 전자의 전하량을 정확히 측정한 업적 등으로 1923년 노벨 물리학상을 수상한 미국의 로버트 밀리컨(1868~1953)이다. 그는 신은 제멋대로가 아니라 법칙을 통해 우주를 지배하며 이 사상이 현대 과학의 토대임을 강조한다. 그래서 과학자는 연구를 하면 할수록 자연의 법칙을 다 알지 못한다는 무지와 한계를 깨닫고 이 법칙의 원천인 신의 존재를 인식하게 된다고 하였다.

밀리컨과는 달리 무신론자 리처드 파인만(1918~88)은 거꾸로 연구를 많이 할수록 신의 존재에 대한 확신이 줄어든다고 하였다. 파인만은 1965년 양자전기역학 이론으로 노벨 물리학상을 수상한 미국의 물리학자이다. 그는 신이란 인간의 미스터리를 설명하기 위한 발명품이며 과학이 법칙을 발견하여 미스터리를 벗겨냄에 따라 신은 더 이상 필요 없게 된다고 하였다. 그는 이 우주가 신이 드라마를 연출하는 무대로 보기에는 훨씬 크다고도 하였다.

유대계인 파인만의 어린 시절 종교 경험은 아인슈타인과 유사하다. 주일학교에서 성경 이야기들이 사실과 허구의 혼합이라는 것을 발견하고 충격을 받는다. 그러나 신의 존재에 대한 확신은 없지만 우주의 질서와 조화를 종교적 감정으로 승화시킨 아인슈타인과 달리 파인만은 불가지론이란 무신론을 슬쩍 흐리게 하여 좀 더 그럴듯하게 보이게 하려는 것이라고 솔직하게 표현하였다.

1965년 양자전기역학 이론으로 노벨 물리학상을 수상한 미국의 파인만(Richard Feynman). (http://www.bayarea.net)

파인만은 일생 종교에 대한 혐오감을 갖고 살았다. 그는 아버지가 사망했을 때는 무덤에서 기도를 거절했고 랍비가 독촉하자 자리를 피했다. 그 자신이 사망했을 때 장례식은 유대 방식으로 치러지지 않았다. 그러나 그 다음 해에 그의 누이동생이 무덤에서 10명의 유대교인을 도열한 유대 의식을 갖추었다고 한다.

밀리컨과 같은 때의 대표적인 독실한 기독교 신자가 X선의 입자적 특성에 기초한 콤프턴 효과의 발견 업적으로 1927년 노벨 물리학상을 수상한 미국의 아서 콤프턴(1892~1962)이다. 그는 신앙은 신이 우주를 존재하게 하고 인간을 창조했다는 깨달음에서 시작하며 질서적이며 지적인 우주야말로 태초의 신에 의한 우주의 창조를 의미한다고 하였다.

밀리컨과 콤프턴은 모두 과학과 종교 간에 갈등이 없어야 한다고 역설하였다. 밀리컨은 과학의 목적이 지식의 축적인 반면 종교의 본질적 임무가 인류의 양심, 이상 그리고 염원의 개발임을 강조하였다. 콤프턴도 과학은 진리를 발견하는 신뢰성이 있는 방법이며 종교는 생에 의미를 부여하는 정신인 이상 둘 사이에 갈등이 있을 수 없다고 하였다.

그리고 빅뱅의 잔존 배경 복사를 발견한 업적으로 1978년 노벨 물리학상을 수상한 미국의 아르노 펜지아스는 유대교인이다. 그는 열린 빅뱅 우주의 가장 쉬운 해석은 무로부터의 우주의 창조인데 무신론자의 목적이 없는 우주 주장은 관찰 결과에 위배되는 신화에 다름 아니라고 말한다. 그는 DNA의 이중 나선 구조를 해석한 영국의 1962년 노벨 의학상 수상자 프랜시스 크릭(1916~2004)과 같은 무신론자를 지목하고 있었다.

1964년 메이저-레이저 연구로 노벨 물리학상을 수상한 미국의 타운스(Charles Townes). 그는 2005년 템플턴 상 수상자이기도 하다. (http://www.templetonprize.org)

또한 메이저-레이저 연구로 1964년 노벨 물리학상을 수상한 미국의 찰스 타운스와 그와 가족 관계이기도한 레이저 분광법 연구로 1981년 노벨 물리학상을 수상한 아서 숄로가 독실한 기독교 신자이다. 이들은 인격신의 아이디어가 대단히 합리적인 것으로 생각한다. 그래서 예수가 신이 아니라고 믿지는 않으며 적어도 신과 같은 것에 가장 가까운 존재이며 예수를 본받음은 생을 사는 방법이라고 말한다.

타운스는 2005년 템플턴 상을 수상했다. 1972년 미국의 존 템플턴이 설립한 이 상은 영적 문제에 대한 지식의 진보에 공헌한 개인에 주는 상으로 타운스는 150만 달러의 상금을 받았다. 타운스의 종교와 과학에 대한 견해는 다음과 같다. "과학과 종교는 다르게 보이지만 많은 유사점이 있으며 상호 작용하고 깨닫게 해야 한다. 과학은 우리 인간을 포함하여 우주가 무엇과 같은지, 그것이 어떻게 운영되는지를 이해하려고 하며 종교는 우리 자신의 생명을 포함하여 우주의 목적과 의미를 이해하려는 것이다. 만일 우주가 목적 또는 의미를 갖고 있다면 이것은 구조와 기능에 따라서 과학에 반영되어야 한다."

우주가 목적과 의미를 갖고 있다는 타운스의 이러한 견해는 신을 믿는 과학자들의 공통적인 견해일 것이다. 그러나 이와는 전혀 다른 견해를 가진 과학자도 많다. 이 경우 파인만은 종교와 과학간의 골이 종교적 윤리적 문제보다도 우주와 생명의 기원과 같은 형이상학적 문제라고 파악했다. 우주의 기원에서 펜지아스와 아래 와인버그는 견해가 다르다. 그리고 무엇보다 기독교 창조론은 인간을 동물의 연장선상에 놓는 진화론과 충돌한다.

1979년 전기약력 이론으로 노벨 물리학상을 수상한 미국의 와인버그(Steven Weinberg).
(http://www.utexas.edu)

프랜시스 크릭이나 같은 영국의 리처드 도킨스는 단순한 무신론자 생물학자가 아니다. 이들은 종교의 폐해를 말하며 종교가 없이 과학과 이성의 철학만으로 이 세상을 사는 것이 바람직하다고 믿는 철학적 자연주의자이다. 이것은 도킨스가 미국의 고생물학자 스티븐 제이 굴드(1941~2002)와 달리 최초의 생명과 인간의 영혼을 예외로 두지 않고 온화한 창조론조차 과학에 비추어 엄격하게 비판하는 곳에서도 나타난다.

그리고 같은 철학적 자연주의 반경의 대표적인 물리학자가 1979년 전기약력 이론으로 노벨 물리학상을 수상한 미국의 스티븐 와인버그이다. 그는 생명이 살 수 있도록 우주의 상수가 정교하게 조정된 것이 신의 설계의 증거라는 종교 반경의 주장에 대해 로또에 당첨된 사람이 우연이라는 것을 알면서도 혹시 누군가 자신을 도와준 것은 아닐지 생각하는 식이라고 비유한다.

철학적 자연주의자는 종교의 도덕적 역할을 비판한다. 와인버그는 인간 평등, 자유 등을 포함한 인류의 도덕성 향상이 종교의 영향이 줄고 과학의 영향이 커진 때문이라고 분석한다. 그는 한 종교가 다른 종교의 사람을 죽이기도 하지만 같은 종교 내에서도 죽인다고 하며 종교가 있건 없건 선한 사람은 바른 행동을 하고 악한 사람은 악한 행동을 하며 선한 사람이 악한 일을 할 때 종교를 따라 그렇게 된 것이라고 하였다.

1933년 양자역학에 대한 업적으로 노벨 물리학상을 수상한 영국의 디랙(Paul Dirac). (http://physicsweb.org)

과학과 종교가 서로 다른 진리를 다룬다는 데는 이견을 갖고 있는 사람은 거의 없다. 과학은 우주, 자연, 생명의 사실적 진리를 그리고 종교는 인간의 목적, 의미, 가치와 같은 이와는 전혀 다른 진리를 다룬다. 둘 간의 갈등을 풀 수 있는 큰 틀도 여기에 있을 것이다. 둘은 서로 다른 방식으로 얻은 서로의 통찰력을 합하여 인간의 삶을 풍부하게 할 수 있다는 인식이다.

폴 디랙(1902~84)은 양자역학에 관한 업적으로 1933년 노벨 물리학상을 수상한 영국의 물리학자이다. 1986년 파인만은 와인버그와 더불어 디랙을 기념하는 강연을 하기도 했다. 25세 때의 디랙은 종교가 실제적 토대가 없는 온갖 거짓이며 신의 아이디어는 단지 인간 상상의 산물이라고 여겼다고 한다. 그런 디랙은 1983년 80세의 나이에는 견해가 바뀌었다.

그는 과학과 종교가 둘 다 진리를 추구하며 서로 다른 방법으로 진리를 추구하지만 진리를 추구하는 사람들 사이에 갈등이 있을 수 없다고 하였다. 그는 아인슈타인과 마찬가지로 신을 믿지는 않지만 종교적인 감각을 가진 인물로 변했다는 것이다. 우주론과 진화론 연구는 과학 그 자체로 머물러 있지 않고 '우리가 어디에서 와서 어디로 가는지' 의문을 불러일으킨다. 이것이 과학과 종교의 접점이 아닐까 생각한다.

참고 자료

- Berry, Michael, Paul Dirac: the purest soul in physics. http://physicsweb.org/articles/world/11/2/9

- Brian, Denis, *Genius Talk, Conversations with Nobel Scientists and Other Luminaries*, Plenum Press, New York, 1995.
- McCabe, Joseph, The Story of Religious Controversy Chapter XXX, The Conflict Between Science and Religion. http://www.infidels.org/library/historical/joseph_mccabe/religious_controversy/chapter_30.html
- Templeton Prize. http://www.templetonprize.org
- Weinberg, Steven, A Designer Universe? http://www.stephenjaygould.org/ctrl/archive/design/weinberg_designer.html

5 기도 효과는 과학적 증명이 가능할까

중보기도 효과 논문이 발표된 〈생식의학지〉.

2001년 9월 미국에서 발행되는 〈생식의학지〉에는 서울 차병원에서 수행된 중보(仲保) 기도, 즉 남을 위한 기도의 효과에 관한 놀라운 결과가 발표되었다. 미국 등 멀리 떨어진 곳의 기독교 신자가 시험관 아기 임신을 위해 차병원을 찾은 환자의 사진을 놓고 기도를 함으로써 기도 받지 않은 환자에 비해 임신 성공률이 26%에서 50%로 2배나 높아졌다는 것이다.

논문의 제1 저자인 차광렬은 C.C. 불임센터(컬럼비아.차 불임센터)를 통해 컬럼비아대 의대의 연구원 신분이며 제2 저자인 대니얼 워스는 기도 효과 연구에 경험을 갖고 있는 변호사이다. 그리고 제3 저자는 컬럼비아대 의대 산부인과 과장인 로제리오 로보였다.

이 연구 결과가 〈뉴욕 타임스〉 등 언론에 널리 보도되어 알려지자 기독교 반경의 환영도 있었으나 일부 과학자의 회의주의적 비판도 제기됐다. 과학은 초자연적 인자를 개입시키지 않는 자연주의적 탐구이다. 종교와는 다른 신을 배제한 영역이 과학이다. 때문에 설혹 기도 행위에 따른 효과가 증명된다고 해도 그 원인을 신으로 돌릴 수 없으며 이러한 과학으로 굳이 신의 계시를 증명할 필요가 있을지 의문을 가질 수 있다.

기도의 효과만을 알기 원한다고 해도 신의 역사(役事)를 과학적 실험 설계로 파악하는 데는 불확실한 변수가 많다. 신의 응답이 즉각적인 임신 성공만으로 나타날지 분명하지 않고 더욱이 그 신을 믿지 않는 사람에게도 나타날지 의문이 있다. 또한 기도의 효과는 기도자와 피(被)기도자의 신앙심에 의해 결정될 것 같은데 이 마음 속 인자를 정확히 알기가 어렵다. 그뿐 아니라 누가 실험 외의 기도를 받았는지 모른 상태에서 실험 결과의 해석은 의미가 없을지도 모른다.

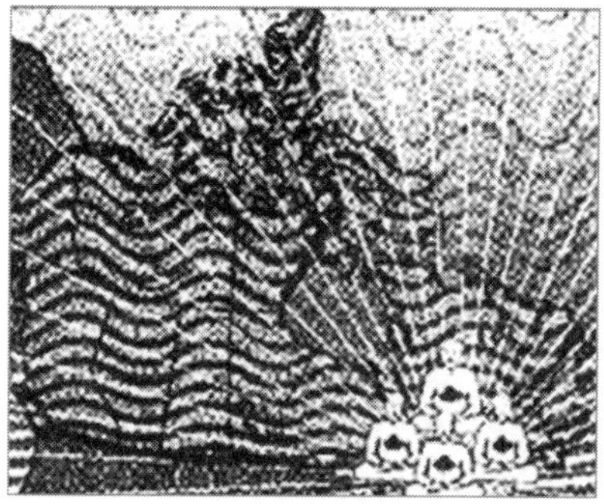

초월명상(Transcendental Meditation) 정당의 포스터.

이와 같이 중보기도 연구는 신의 뜻을 알기가 어려운 근원적인 문제 때문에 자연을 대상으로 하는 과학 연구와 같은 실험의 변수 통제가 가능하다고 보기 어렵다. 또한 연구의 밑바탕이 되는 이론적 측면에서 중보기도에서 가정한 시간과 공간을 초월한 효과의 전달은 아인슈타인도 인정할 수 없다고 했듯이 과학에서 증명된 적이 없다. 신을 개입시키지 않는 초월명상에서 중보기도의 양자역학적 메커니즘을 말하기도 하나 과학이라고 할 수 없는 추정일 뿐이며 기독교에서 이러한 이론을 지지할리도 없다.

이러한 여러 문제에도 불구하고 드물지만 중보기도 연구가 발표되고 있으며 미국 정부에서는 대체보완의학의 범주에 넣어 연구비까지 할당하고 있다. 중보기도 연구 중에 차병원 연구는 컬럼비아대라는 명성과 함께 기도 효과가 현저했기 때문에 특별한 관심을 끌었다. 과학 연구는 실험과 자료의 도출 그리고 자료의 일반화와 결론에 오류가 없는지를 기준으로 평가한다. 이 점에서 차병원의 연구는 단지 본 실험을 해볼 가치가 있는 '예비 연구'라고 하였고 그리고 기본적으로 기도라

서울 강남 차병원.
(http://kangnam.chamc.co.kr)

는 원인에 대한 임신 성공이라는 효과의 점에서 잡지에 게재되는 단계에서 심사를 받았기 때문에 직접 문제 제기는 피할 수 있었다.

그러나 종교적 교리와 관련하여 이해하기 어렵다는 반응이 계속됐다. 그렇다면 기도에도 불구하고 50% 임신이 되지 않은 환자가 신의 징벌에서 벗어나지 못했다는 죄의식을 갖지 않겠느냐는 의문을 가질 수 있다. 또한 신의 응답이 시험관 아기 임신이라면 이러한 임신을 금지하는 가톨릭 등의 윤리를 어떻게 보아야 할 것인지의 문제도 있다. 전체적으로 이 간단한 실험 하나가 얼마나 많은 의문을 불러일으키는지 알 수 있다.

이 실험에 대해 처음부터 문제로 받아들여진 것은 연구를 환자에게 알리지 않은 임상 윤리 문제였다. 차병원 윤리위원회(IRB)는 중보기도가 환자에게 해를 줄 가능성이 없기 때문에 서면 동의가 불필요하다고 결정했다. 그러나 기도가 환자에게 생리적 영향을 주는 것으로 가정된 이상 알리지 않은 문제에 대한 비판도 만만치 않다. 미국 대학의 연구원이 참여한 이상 미 보건부(HHS) 산하 인간 연구 보호실(OHRP)에서는 이 문제에 개입하여 이들은 컬럼비아대 보건과학 부문(CUHS)이 윤리 규정을 위반했음을 확인했다. CUHS에 속한 로보가 이 연구를 컬럼비아 장로 병원(CPMC)의 IRB에 보고하지 않았다는 것이다.

그러나 로보의 역할은 연구가 완결된 후 6~12개월 뒤에 이 연구를 차 교수로부터 듣고 논문 작성과 발표 등을 도와준 것으로 밝혀졌다. 따라서 이들은 이 연구가 컬럼비아대 보건 과학에 속한 연구자가 시작한 것이 아니며, 서울의 차 병원 윤리위원회에서 승인한 것이며, 환자도 차병원 환자이며, 미 연방 정부의 연구비가 들어간 것이 아니기 때문에 CPMC 윤리위원회에서 로보의 산부인과에 대해 교육을 실시하는 것으로 문제를 종결했다.

실험 설계의 애매함, 실험의 근간이 되는 이론의 문제, 그리고 다음에 언급할 저자 워스의 문제와 함께 이 연구의 비판자들은 컬럼비아대와 〈생식의학지〉에 계속 논문의 철회를 요구하였다. 이 압력에 의해 컬럼비아대에서는 상황을 조사할 팀을 구성하기까지 했으나 2004년 12월 로보가 논문에서 이름을 삭제하는 선에서 문제가 마무리됐다. 로보와 컬럼비아대는 이렇게 함으로써 차 병원의 연구와 관련된 논란에서 떠날 수 있었다.

이렇게 되기까지 중보기도 실험을 설계한 워스에 관한 다른 문제가 발생했다. 워스는 로스쿨을 나온 변호사이지만 캘리포니아 존 F. 케네디 대학의 초심리학 석사 학위를 갖고 이 분야의 연구를 해 왔다. 그는 함께 공부한 호바스라는 사람과 공동으로 많은 연구 논문을 발표하였는데, 예를 들어 '도룡용 앞다리의 재생 속도에 미치는 대체적 치료에 대한 효과' 논문은 도룡용 앞다리를 수술에 의해 절단하고는 손을 직접 대지 않고 안수를 함으로써 재생 속도가 빨라졌다고 통계적 결과를 내어 초심리학 반경의 잡지에 발표한 것이다. 이번 중보기도 연구는 정통 의학 잡지에 발표했다는 점에서 차이가 있다.

그런데 2004년 5월 워스가 호바스와 함께 금융사기 혐의로 체포되어 기소됐다. 같은 해 7월 호바스는 감옥에서 자살하였고 11월 워스는 5년 형과 3년의 보호감호 형을 선고받았다. 이 워스의 일에 대해 영국 가디언의 〈옵서버〉는 '기도의 힘 시험관내 수정 기적에 사기꾼의 역할이 드러나다' 라는 제목의 기사를 싣기도 했으나 실험의 평가는 그 실험 자체로 내려야 할 것이기 때문에 워스의 범죄 행위는 직접적으로 연구 문제로 볼 것은 아니다. 차광렬도 2004년 11월 워스의 범죄 행위가 연구와는 관련이 없음을 분명히 했다.

차병원의 연구 결과와 같이 중보기도가 효과가 있는지는 현재 상태에서 연구 결과를 그대로 믿을 과학자는 거의 없을 것 같다. 이 연구의 문제는 근본적으로 과학 법칙으로 설명하기 어려운 예외적인 결과를 발표하면서도 실험 결과가 재현되는지, 좀 더 정교한 실험 설계로 바꾸어도 마찬가지 결과가 나오는지 확인조차 하지 않은 문제와 맞물려 있다. 예비 연구라고 했으나 4~5년이 지난 지금까지 후속 연구는 나오지 않았다. 연구에 대한 긍지와 책임성의 점에서 의문을 갖지 않을 수 없다. 중보 기도가 효과가 있는지는 신의 뜻을 헤아리기 어려운 인간이 제한된 과학으로 파악할 수 있는 성격이 아닐지도 모른다.

참고 자료

- Carey, Benedict, Can Prayer Heal? Critics Say Studies Go Past Science's Reach, New York Times, 10 October 2004. http://thereitis.org/displayarticle777.html
- Cha, Kwang Y., Wirth, Daniel P, and Lobo, Rogerio A., Does prayer influence the success of in vitro fertilization-embryo transfer? Report of a Masked, Randomized Trial, *Journal of Reproductive Medicine* 46:781-787, 2001.
  http://www.reproductivemedicine.com/Features/2001/2001Sep.htm
- Flamm, Bruce L., Faith Healing by Prayer: Review of Cha, KY, Wirth DP, Lobo RA. Does prayer influence the success of in vitro fertilization-embryo transfer? *Sci. Rev. Alt. Med.*, 2002; 6(1): 47-50.
- Flamm, Bruce L., Faith Healing Confronts Modern Medicine, *Sci. Rev. Alt. Med.*, 2004; 8(1): 9-14.
- Roots, Kimberly, Designer defends controversial prayer study, Science & Theology News.
  http://www.stnews/archives/2004_july/feat_designer_0704.html

6 육체와 분리된 영, 영성주의와 뉴에이지

영국 빅토리아 시대의 강령회 테이블.

19세기 중반, 서양에서는 영을 불러내는 영매의 강령회가 인기를 끌었다. 산업혁명과 물질적 과학의 성취만으로 충족되지 않는 영에 대한 갈구였을 것이다. 영매는 죽은 자의 영을 형상화시켜 보여주고 몸 안에서 영체를 뿜어내기도 했다. 영매와 함께 테이블에 손을 얹고 둘러앉으면 톡톡 소리가 들리고 테이블은 기울고 돌았다. 영매는 그 소리로 영과 대화하여 메시지를 전해 주었다.

힘을 가하지 않은 테이블의 움직임은 분명 영의 조화로 보였다. 이때 영국의 물리학자 마이클 패러데이(1791~1867)는 테이블 운동의 원인을 규명하기 위한 실험을 했다. 그는 테이블의 바닥에 사지(샌드페이퍼)를 붙이고 그 위에 약간씩 크기가 큰 4~5장의 미끄러운 판지를 약한 풀 알갱이로 붙여 쌓았다. 그리고 판지의 밑은 밀렸을 때 확인이 가능하도록 아래 판지와 중첩되는 가장자리를 연필로 표시하고 전체는 고무줄로 적절히 테이블에 고정시켰다.

1853년 발표한 논문에서 그는 사람의 손이 제일 위 판지를 밀고 순차적으로 아래 판지가 밀려 마침내 테이블이 밀친 방향으로 움직였다고 결론을 지었다. 사람의 힘이 아니라 영이 테이블을 움직였다면 판지의 밀린 방향은 이와는 반대여야 할 것이다. 그러나 강령회 장면을 직접 관찰했던 과학자 중에는 실제 상황을 이 실험이 대신하지 못한다고 "같은 것이 아니다"고 반박하는 사람도 있었다.

다윈과 동시에 진화론을 발표한 영국의 앨프레드 월리스(1823~

다윈과 동시에 진화론을 발표한 영국의 월리스(Alfred Wallace).
(사진 http://www.wku.edu)

1913)는 다윈과는 달리 인간의 높은 지성과 도덕성 등은 자연선택만으로는 설명할 수 없다고 보았다. 이러한 견해는 사회평등 신념을 가진 그가 적자생존의 자연선택과 화합하기 어려웠고 또한 인간에게 물질 외적인 영이 있다고 믿었기 때문이라는 분석이 있다. 이 영은 그가 영매의 온갖 초자연적 강령회 장면을 실제로 여긴 것과도 관련이 있다. 그는 1866년 직접 친구와 그 가족과 함께 테이블에 손을 얹고 앉았을 때의 체험을 논문으로 발표하며 테이블의 움직임은 분명 사람의 몸에서 나온 미지의 힘의 존재를 말해준다고 확신하기도 했다.

패러데이가 사람이 무의식적으로 머리의 생각대로 테이블을 밀친 결과라고 증명하던 때 영국의 심리학자 윌리엄 카펜터는 최면 암시가 심어준 주관적 인상에 기인한 운동에 '관념 운동'이라는 용어를 붙였다. 그는 이 운동이 숨을 쉬거나 놀랐을 때의 반응과는 다른, 머리의 관념에 의해 유발된 제3의 무의식적 본능적 행동이라고 하였다. 1870년대 월리스는 마치 꿈꾸는 최면 상태와 테이블에 둘러앉은 사람은 전혀 다르다고 하며 카펜터의 지지자와 논쟁을 벌이기도 했다.

20세기로 들어오며 영과의 대화는 글자판(위저 판)으로도 가능해졌다. 위저 판 위에 짧은 바퀴와 포인터가 달린 심장모양의 작은 판(플랑셰트)을 놓고 플랑셰트에 조용히 손을 얹고 구르는 대로 포인터가 가리키는 것을 영의 메시지로 해석하였다. 당시에는 지식인층에서도 오늘날의 분신사바(분신사마)가 진정으로 영을 불러온다고 믿는 사람이 많았다.

분신사바는 마음 속 운동 관념이 의식을 피해 즉시 운동으로 이어질 때 누가 이 행동을 수행했는지 헷갈리는 데서 비롯됐다. 그러나 관념운동 작용은 미국의 심리학자 윌리엄 제임스(1842~1910)가 널리 알렸듯 추운 날 아침에 자리에서 일어나 있는 자신을 발견하는 것과 같이 인간의 일상 기능이다. 현재 관념운동 작용의 생물학적 기원과 의식적 의지적 행동과의 차이는 인지과학의 주요한 연구 주제가 되어 있다.

1970년대 위저(Ouija)와 플랑셰트(Planchettes). (www.skeptiseum.org)

21세기가 다가오며 지구촌에는 뉴에이지 바람이 불었다. 뉴에이지는 과학 문명의 물질주의와 인간성 상실, 환경 파괴, 핵 전쟁의 공포 등에서 탈피한 새로운 것을 추구하고자 하는 기운이다. 이들은 인간의 육체와 정신, 인간과 인간, 인간과 자연을 분리해서 파악하는 기계론적 과학에서 탈피하여 이 세계를 하나의 유기체로 엮기 위해 전통 세계의 만물의 영을 부활시켰으며 주류 종교 밖의 영을 주류 과학 밖의 소위 뉴에이지 신과학으로 합리화시켰다.

일반적으로 인간이 외부 세계와 5감을 초월한 제6감적 능력으로도 교통한다는 믿음이 퍼져 있는데, 이 능력은 다름 아니라 육체와 분리된 미지의 힘이라는 점에서 영적 힘의 다른 표현이다.

그래서 인간에게 제6감이 존재하는지, 영국의 생물학자이며 뉴에이지 작가인 루퍼트 셸드레이크는 1994년 '누가 쳐다보는 것을 알 수 있는지' 실험해 보자고 제안했다. 그는 누구나 출퇴근길에 버스나 지하철에서 문득 누군가 자신을 유심히 쳐다본다는 느낌에 돌아다보고 마주치는 눈을 발견한 적이 있을 것이라고 운을 뗀다. 설문 조사에 의하면 90% 가량이 이와 같이 느낌만으로 쳐다보는 것을 알아챈 경험이 있다고 한다. 이것은 인간에게 제6감이 존재할 가능성을 말하는 것이며 그는 실험해 볼 필요가 있다고 주장한다.

셸드레이크는 지중해와 에게해 연안 국가, 인도, 중남미 국가 등 세계의 많은 사람들이 쳐다보기만 해도 특히 아이에게 해를 끼친다고 믿는 '악의 눈(凶眼)' 을 상기시킨다. 그래서 이들은 손 모양에 눈이 그려진 부적을 지니고, 낯 설은 사람이 아이를 쳐다보면 경전의 구절을 암송하는 등 습관적으로 이 효과를 상쇄하기 위한 행동을 취한다. 그는 이것이, 인간의 마음이 뇌에 구속돼 있는 것이 아니라 육체를 초월하여 육체밖에 펼쳐져 영향을 미치는 때문이라고 주장한다.

셸드레이크가 제시한 실험법은 간단하다. 쳐다보는 역할을 하는 실험자는 쳐다볼지, 보지 않을지를 무작위 표나 동전을 던져 결정한다. 그래서 눈가리개를 한 피실험자의 최소한 1m 떨어진 뒤에서 시작을 알리고 10초간 뚫어지게 목을 응시하거나, 시선을 다른 곳으로 향한다. 20회의 실험에서 각각 피실험자의 느낌을 물어 정확성 여부를 기록한다.

이렇게 미국의 한 중학생은 480회의 실험을 하여 알아맞힌 정확도가 55.2%라고 보고하였다. 지난 10년간 많은 학생이 실험한 정확도는 우연의 수준인 50%보다 높은 60% 내외로 나타났으며 인간에게 쳐다보는 것을 아는 능력이 있는 것처럼 보였다. 그러자 2000년 미국의 심리학자 로버트 베이커와 같이 이 결과를 검증하려는 학자들도 나타났다.

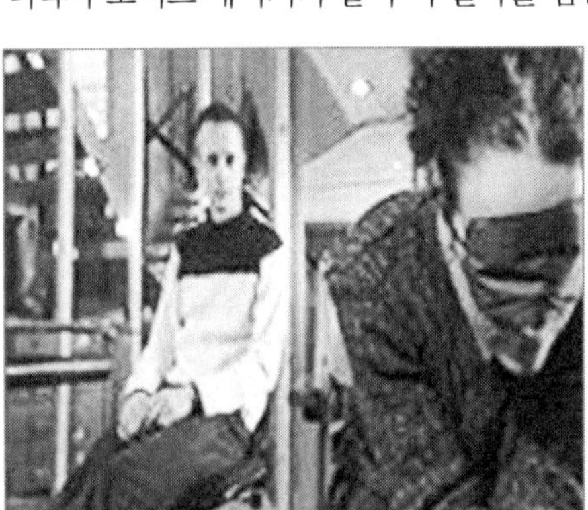

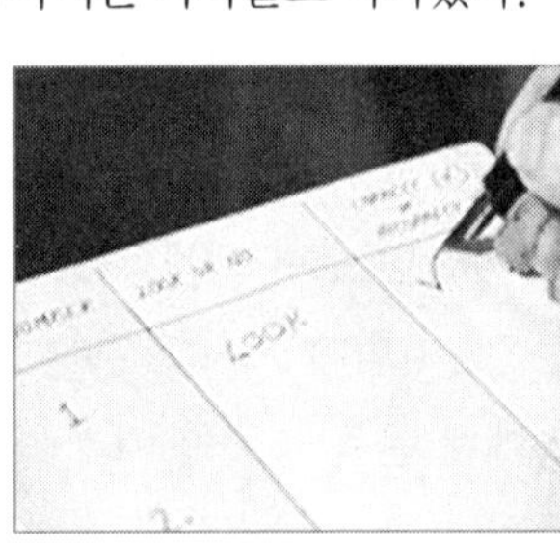

셸드레이크의 실험. 왼쪽과 같이 실험한 다음에 실험자는 피실험자의 느낌을 물어 정확성 여부를 기록한다. (http://www.open2.net)

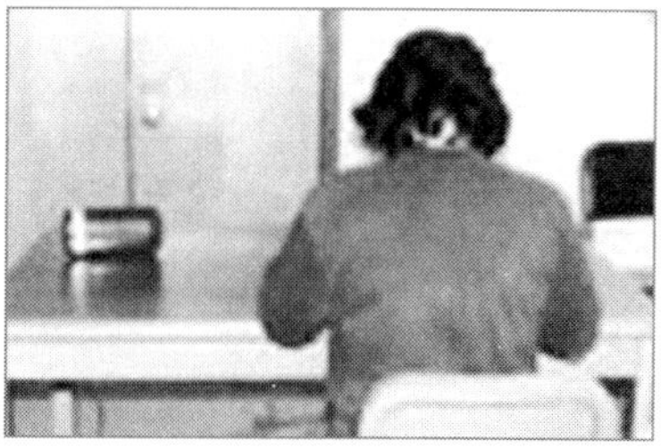

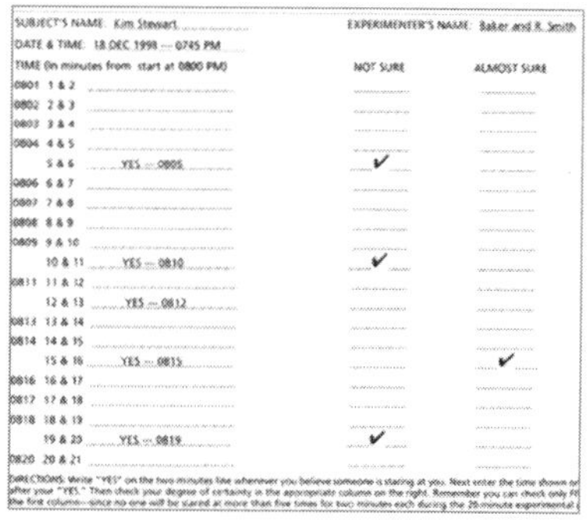

SUBJECT'S NAME: Kim Stewart　　EXPERIMENTER'S NAME: Baker and R. Smith

DATE & TIME: 18 DEC 1998 — 0745 PM

TIME (in minutes from start at 0800 PM)			NOT SURE	ALMOST SURE
0801	1 & 2			
0802	2 & 3			
0803	3 & 4			
0804	4 & 5			
	5 & 6	YES — 0805	✔	
0806	6 & 7			
0807	7 & 8			
0808	8 & 9			
0809	9 & 10			
	10 & 11	YES — 0810	✔	
0811	11 & 12			
	12 & 13	YES — 0812		
0813	13 & 14			
0814	14 & 15			
	15 & 16	YES — 0815		✔
0816	16 & 17			
0817	17 & 18			
0818	18 & 19			
	19 & 20	YES — 0819	✔	
0820	20 & 21			

DIRECTIONS: Write "YES" on the two minutes line whenever you believe someone is staring at you. Next enter the time shown on after your "YES." Then check your degree of certainty in the appropriate column on the right. Remember you can check only FI the first column—since no one will be stared at more than five times for two minutes each during the 20-minute experimental

베이커의 실험. 왼쪽은 실험자가 쳐다보는 창을 통해서 본 피실험자. 오른쪽은 피실험자의 기록지. (http://www.csicop.org)

베이커는 감각적 누설을 방지하기 위해 실험자와 피실험자를 각각 다른 방에 두고 피실험자가 등을 돌리고 앉은 상태에서 실험자는 창을 통해 쳐다보게 하였다. 또한 자연스럽게 시계를 앞에 놓고 20분 동안에 걸쳐 쳐다보는 느낌이 올 때 기록지에 그 분대를 정도와 함께 표시하고 최종적으로 실험자가 쳐다본 다섯 분대를 결정하도록 하였다. 50명을 대상으로 한 이 실험 결과는 정확도가 우연의 수준으로 나타났다.

2000년 영국의 심리학자 데이비드 막스 등은 셸드레이크가 제공한 무작위 표를 검증하는 실험을 하였다. 매번 피실험자에게 실험 결과를 알려준 때가 그렇지 않은 때에 비하여 정확도가 높을 경우는 표의 순서가 무작위가 아니어서 피실험자가 은연중에 패턴을 인지하여 정확도를 높인다는 증거가 된다. 그 결과, 표에 구조성이 있는 것으로 나타났으며 다른 무작위 표로 실험을 했을 때는 정확도가 우연의 수준으로 떨어졌다.

누가 쳐다보는지를 알 수 있는지 셸드레이크와 이들과의 논란 가운데 셸드레이크를 지지하는 결과가 나오기도 했다. 2004년 네덜란드의 심리학자 에바 로바흐 등은 실험자의 초자연현상에 대한 회의 등 심리적 성향을 고려했을 때 예외적으로 긍정적인 결과가 나왔다고 초심리학 학술회의에서 발표하였다. 이들의 결론은 인간에게 누가 쳐다보는지 아는 능력이 있다고 하더라도 다양한 고려할 인자 때문에 드러내기 어려울 것이라는 것이다. 어쨌든 셸드레이크는 누가 쳐다보는지 알 수 있다는 희망을 포기하지 않을 것이다.

참고 자료

- Baker, Robert A., Can We Tell When Someone Is Staring at Us, *Skeptical Inquirer*, March/April 2000, p. 34.
- Hyman, Ray, Psychology and 'Alternative Medicine' The Mischief-Making of Ideomotor Action, *Sci. Rev. Alt.* Med. 1999; 3(2):30-39.
  http://www.sram.org/0302/ideomotor.html
- Marks, David and Colwell, John, The psychic staring effect. An artifact of pseudo randomisation. *Skeptical Inquirer*, September/October 2000, p. 41.
- Lobach, Eva & Bierman, Dick J., The Invisible Gaze: Three Attempts to Replicate Sheldrake's Staring Effects, The Parapsychological Association Convention 2004.
  http://www.parapsy.nl/uploads/w1/Staring_PA2004.pdf
- Sheldrake Online, Staring Experiments.
  http://www.sheldrake.org/experiments/staring
- Sheldrake, Rupert, Follow-Up, Research on the Feeling of Being Stared At, *Skeptical Inquirer*, March/April 2001, p. 58.
- Wallace, Alfred Russel, Notes of Personal Evidence.
  http://www.survivalafterdeath.org/articles/wallace/personal.htm

7 유령의 존재, 와이즈먼의 연구

런던 근처 16세기 헨리 8세의 거처이던 햄튼궁(Hampton Court)의 폐쇄회로 TV에 찍힌 유령 모양의 사진. (http://www.bbc.co.uk)

인간의 의식이 육체와 분리되는지, 종교에서는 육체적 사망 후에도 남는 영혼을 말한다. 그리고 이 영혼의 한 형태가 유령이다. 우리가 유령이라고 말할 때는 유령이 인간의 5감이나 뉴에이지에서 주장하는 제6감을 통해 또는 유령의 장난을 통해 물질적으로 관찰하고 측정이 가능한 경우이고 엄밀하게 말하여 측정할 수 없는 존재인 경우에는 비록 육체와 의식이 별개로 존재해도 유령이란 알 수 없는 것이 된다.

2003년 12월 영국왕 헨리 8세의 거주지였던 햄튼궁에서는 2개월 전인 10월 폐쇄회로 TV에 찍힌 16세기 스포츠 복장을 한 정체불명의 유령 모습을 공개했다. 궁의 대변인은 이 사진에 자신들도 당황했으며 인위적으로 만든 사진이 아니라고 분명히 했다. 대변인의 말로는 경비원이 궁의 문을 확인하는 과정에서 발견했는데 "긴 외투 같은 옷을 입은 한 사람이 그림자가 드리운 문가에서 한 팔을 문고리로 뻗친 채 발을 내딛고 있는 모습이다"고 하였다. 주위는 선명하지 않았으나 "얼굴은 뻗은 손에 비해 비정상적으로 창백해 보였다"고도 했다.

햄튼궁에 유령이 나타난다는 소문은 어제 오늘이 아니었다. 헨리 8세는 여섯 명의 왕비 중 둘의 목을 자르는 등 영국 왕 중 가장 많은 비극적 일화를 남긴 인물이다. 그래서 유령 소문에는 죽은 왕비와 관련

햄튼궁 내부의 모습.
(http://www.ghostexperiment.co.uk)

된 것이 많다. 두 번째 왕비 앤 불린을 간통죄를 씌워 목을 자르고는 처형 수일 뒤에 원했던 제인 시모어와 결혼했는데 시모어는 1537년 원하던 아들(에드워드 6세)을 낳았으나 12일 뒤에 사망했다. 그의 유령이 촛불을 들고 자갈이 깔린 궁정을 거닌다는 소문이 있다. 다섯 번째 부인 캐서린 하워드는 1542년 간통죄로 체포됐다. 그는 긴 회랑(롱 갤러리)을 따라 도망하며 왕에게 생명을 구해달라고 소리쳤다고 한다. 그는 결국 경비병에게 잡혀 억류되었다가 런던 타워에서 처형되었다. 궁에 관한 1897 책에는 흰옷을 입은 그의 유령이 이상한 소리를 내며 회랑을 거닌다는 내용이 있다.

이번 유령 사진은 죽은 왕비의 사진은 아니었으나 햄튼궁이 유령이 출몰하는 곳이라는 점에서, 그리고 분명한 사진이라는 점에서 관심을 끌었다. 이 사진에 대한 해석은 여러 가지다. 사진이 찍힌 때가 유령의 활동이 활발한 할로윈 데이 근처이며 이 유령은 햄튼궁에 살았던 1547년에 사망한 헨리 8세라고 말하는 심령연구자도 있다. 이상한 사진을 전문적으로 해석하는 단체에서는 유령이 아닌 누군가 경비원이건, 다른 궁의 사람이건, 방문객이건 사람의 사진이 분명하다고 말한다. 다리, 팔 그리고 손 운동의 선명함으로 보아 유령의 이미지가 아니라는 것이다.

유령 연구의 권위자인 허트포드셔 대학의 리처드 와이즈먼 교수도 이 사진에 대해 의심을 표명하며 "궁이 홍보 목적으로 만들어낸 조작일지 모르나 그런 가능성은 없어 보이며 누군가 일반인이 궁의 문을 닫는 것을 도울 생각이라고 보는 편이 좋다"고 말했다. 와이즈먼은 햄튼궁 유령을 조사한 적이 있기 때문에 이번 유령 사건에도 그의 이름이 언론에 오르내리고 있다. 햄튼궁은 1870년에 관람객에게 공개된 후 하워드가 목숨을 간청하던 회랑에서 300명이나 이상한 현상을 발견했다고 보고했기 때문에 1999년 궁에서도 이 이상 현상에 관심을 가질 필요성 때문에 와이즈먼으로 하여금 궁의 활동을 과학적으로 조사할 것을 허용한 것이다.

유령 연구의 권위자인 허트포드셔 대학의 와이즈먼(Richard Wiseman).
(http://www.rationalistinternational.net)

와이즈먼은 연구에서 일반 유령 사냥꾼과 마찬가지로 물질적 환경적 증거를 수집하려고 노력한다. 그래서 사진기나 비디오카메라를 사용한다. 또한 요소요소에 열 이미지 장치와 중력과 공기의 온도를 측정하는 장치를 설치한다. 이 외에도 전자기장(EMF) 측정기, 초음파 감청 장치. 혹은 전자음 현상(EVP) 장치를 사용할 수도 있다. 유령 사냥꾼은 유령이 이러한 감지 장치에 잡힌다고 하지만 그보다는 유령이 출몰하는 곳의 환경을 파악하기 위한 목적으로 의미가 있을 것이다.

와이즈먼이 일반 유령 사냥꾼과 다른 점은 유령을 경험하는 사람과 그렇지 못하는 사람의 파악을 중요하게 여긴다는 사실이다. 이것은 특별히 유령을 감지하는 능력을 가진 사람이 있을 수도 있다는 가정 하의 조사이기도 하고 유령이 아닌데 유령이라는 인상을 받을 요소를 가진 사람을 파악하기 위해서도 중요하다. 다음에 앞서 언급한 환경적 파악뿐만 아니라 유령의 존재가 참여자에게 전달하는 물질적 반응이 중요하다. 이 반응은 실제 유령에 의한 것일 수도 있고 유령이 아니라도 냉기를 느끼는 등 반응이 공포감과 섞여 유령의 존재로 인식될 수도 있을 것이다.

그는 462명의 참여자로 하여금 햄튼 궁을 거닐며 어디에서 비정상 현상을 경험했는지 설문지에 적도록 하였다. 그 결과 비정상적 경험을 한 사람이 거의 반이나 되는 것으로 나타났다. 유령의 존재를 믿는 사람이 그렇지 않은 사람보다 더 많이 비정상 현상을 보고했다. 그리고 비정상 경험자의 3분의 2는 온도의 변화를, 나머지는 현기증, 두통, 일종의 힘, 나쁜 냄새, 무엇인가 존재한다는 감각 등을 보고하였다. 또한 비정상적 감각을 경험하는 일정한 장소가 있음이 확인됐는데, 이것은 유령 출몰 장소에 대한 사전 지식과는 관련이 없었다. 그리고 비정상 경험은 그 장소의 미묘한 통풍과 공기 온도의 변화와 같은 자연 현상을 원인으로 볼 것도 있었고 자기장의 커다란 변화와 유의미하게 관련지을 수도 있었다.

와이즈먼이 2003년 5월 발표한 논문에는 햄튼궁 뿐만 아니라 유사한 결과를 보이는 에든버러 방을 조사한 결과도 포함되었다. 에든버러에서는 18세기 말에 시의 교통문제를 해소하기 위해 19개의 거대한 돌로 된 아치를 잇는 다리를 만들었다. 각 아치 내에는 작은 공간을 꾸며 물건을 팔거나 빈민의 숙소로 사용하도록 했다. 19세기 중반에는 이 방이 빈민굴로 변하고 그 후 폐기됐다. 이 방의 존재는 에든버러 시의 기록에서 지워져 알지 못하다가 1985년에야 발견되어 1996년에는 일반인에게 공개됐다.

유령이 나온다고 소문난 에든버러 방(Edinburgh vault).

와이즈먼은 "유령이 나온다는 것은 반드시 유령의 활동에 대한 증거를 나타내는 것은 아니고 적어도 부분적으로는 사람들이 주위의 정상적 인자에 반응하는 결과일 수 있다"고 하는데, 이러한 연구 결과는 널리 알려져 '유령은 모두 마음속에' 라는 제목으로 보도되기도 했다. 그러나 와이즈먼도 논문의 결론으로 제시했듯이 과학적으로 말한다면 이것은 적어도 부분적인 해석이지 아직 유령의 존재를 설명해주는 모든 것일 수는 없다. 유령이 존재하는지는 그 존재가 물질적인 반응으로 나타난다고 해도 아직 알지 못한다고 해야 할 것이다.

참고 자료

- Andrade, Chittaranjan, Ghosts-in the attic, or in the mind? Sunday Herald, September 7, 2003.
  http://www.deccanherald.com/deccanherald/sep07/shi.asp
- BBC News, 'Ghost' caught on palace camera, 20 December, 2003.
  http://news.bbc.co.uk/1/hi/uk/3336299.stm
- Paranormal Phenomena, "The Ghosts Of Edinburgh Castle".
  http://paranormal.about.com/library/weekly/aa042301a.htm
- Wiseman, Richard *et al.*, An investigation into alleged 'hauntings', *British Journal of Psychology*(2003), 94, 195-211.
  http://www.findarticles.com/p/articles/mi_m2320/is_4_65/ai_82066924

8 동식물에 깃든 영, 매켄지 킹과 백스터

2차 대전 때 캐나다의 수상을 역임한 매켄지 킹(William Lyon MacKenzie King)과 그의 개 팻(Pat).
(http://Collections.ic.gc.ca)

이 세상 만물이 살아 있다, 만물에 영이 깃들어 있다는 믿음이 물활론이다. 물활론이라는 용어는 1871년 영국의 인류학자 에드워드 테일러(1832~1917)가 종교의 기원을 말하는 가운데 그것이 '영의 존재에 대한 믿음'이라고 하며 처음 사용했다. 물활론적 종교의 기원을 말하는 학자 가운데는 허버트 스펜서(1820~1903)의 유령설도 있다. 물활론은 시대를 물문하고 신앙적 인간의 문화에 남아 있는 믿음이다. 인간은 자연의 모든 것이 인간과 마찬가지의 감정과 의도를 갖고 있기 때문에 인간을 해할 수도 도움을 줄 수도 있다고 믿었으며 마술에 의해 대상의 영을 통제하여 인간에게 이롭게 하려고 했다.

2차 대전 때를 포함하여 22년간 캐나다의 수상을 역임한 캐나다의 전설적인 정치인이 윌리엄 라이언 매켄지 킹(1874~1950)이다. 그는 정치인으로 뛰어난 업적을 남겼으나 개인적으로는 부모와 형제가 어릴 때 사망하였고 일생 결혼을 하지 않은 채 외롭게 살았다. 숨겨져 있던 그의 정신적 내면은 1950년 사망한 다음에 발견된 일기가 공표되어 알려지게 됐다. 일기를 통해 수상이 점술과 영성주의에 깊게 빠져 있었던 것을 알게 되었는데, 그는 영매를 통해 죽은 어머니와 가족과 그리고 친구와 대화하고 어려운 문제가 있을 때 이들의 자문을 구했다.

매켄지 킹의 일기에는 거의 매일 '작은 친구 팻'에 관해 적혀 있다.

이 개는 1924년부터 1941년에 개가 죽기까지 17년간 그의 곁을 지켰다. 이 개는 그의 말벗이었는데, 말을 하지 못하는 개와 대화를 나눴다는 것은 기이하게 보일 것이지만 그가 실제 개에게 말하고 개의 응답을 들었다는 기록이 있다. 사실상 그는 개가 자신의 죽은 어머니의 영을 갖고 환생했다고 믿었으며 팻이 죽은 뒤에는 죽은 개와 영매를 통해 대화했다고 한다.

이렇게 그가 전시 수상 임무를 수행했다는 사실이 예사스럽지 않고 그의 정신적 온전성을 의심하는 사람도 있지만 그를 옹호하는 사람은 "매켄지 킹 수상은 자신의 결정에 대한 재확신과 자신이 하고 있는 일이 옳은지 자신감을 가지려고 했을 뿐이다"라고 말한다. 그러나 1945년 10월 그는 당시 러시아 스파이 사건에 대해 개의 영적 자문을 듣기도 했으니 그가 죽은 개의 자문을 듣고 정치적 결정을 내렸다는 말이 나올 법도 하다.

물활론은 만물이, 개와 같은 동물뿐만 아니라 식물도 그리고 뒤에 설명할 무생물도 인간과 마찬가지의 영을 갖고 있다는 믿음이다. 매켄지 킹 수상이 산 개와 또는 죽은 개와도 영을 통해 대화했다고 믿었듯이 동물에서 한 단계 내려와 식물과 인간 사이에 감정적 교통이 가능하다고 주장하는 사람도 있다. 1960년대 식물도 인간과 마찬가지로 두려움, 슬픔, 즐거움의 감정뿐만 아니라 기억을 하며 심지어 초감각적으로 반응한다고 발표한 클리브 백스터가 대표적인 그런 사람이다. 뉴에이지 작가 피터 톰프킨스 등은 1973년 〈식물의 비밀스런 생활〉을 지어 소위 '백스터 효과'를 유행시켰다.

우리 주위에도 식물이 음악에 반응한다는 백스터의 주장을 믿는 사람이 있다. 물론 음악을 '파동 에너지'로 볼 경우 에너지인 이상 동물뿐만 아니라 식물에 영향을 미칠 수 있다. 식물뿐인가, 무생물에도 영향을 미친다. 그러나 이 경우에도 인간의 감정에 와 닿는, 인간에게 좋은 음악이 젖소의 우유 생산량을 높이고, 해충을 쫓고, 작물의 생장

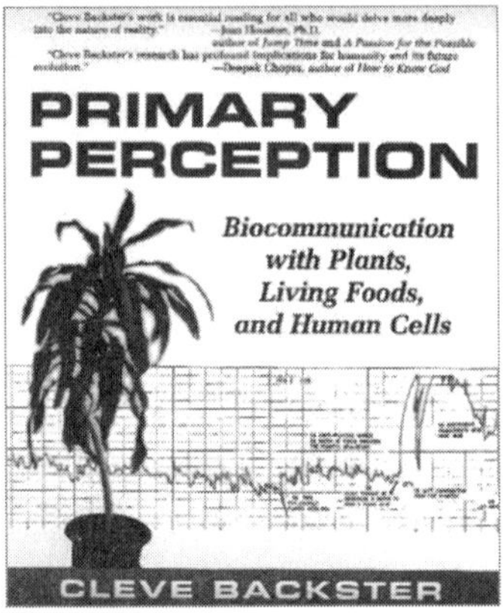

백스터(Cleve Backster)가 2003년 출간한 〈1차 지각(Primary Perception)〉. 그의 이 유일한 이 책에는 36년간의 백스터 효과(Backster effect)에 관한 모든 것이 들어 있다고 한다.

을 촉진한다는 등의 인간의 관점에서 좋은 일만 기대할 수 있을까. 인간 중심적 물활론적 사고가 아닐까 의심하는 것이 당연하다. 백스터의 실험의 출발과 아이디어가 어떻게 나왔는지 이야기는 다음과 같다.

"1966년 2월 2일 이른 아침 커피를 마시며 비서가 실험실에 가져온 식물에 물을 주기로 결정했다. 밑의 토양이 들은 자기 속으로 물이 흘러 들어가자 물이 상승하는 속도를 측정할 수 있는지 생각했다. 그래서 커다란 잎의 끝에 폴리그래프의 피부 반응를 측정하는 전극을 연결하였다. 그리고 수분의 상승 속도를 측정할 수 있도록 식물 잎은 폴리그래프의 휘트스톤 브리지 회로에 잘 평형 상태가 되도록 했다. 수분 함량의 변화에 기인한 잎의 전기 전도도의 상대적 증가는 기록지 위 잉크 궤적을 위로 향하게 할 것이다. .... 처음 식물 잎의 궤적은 보통 저항의 증가를 나타내는 아래로 향했다. 이것은 예상했던 것과는 반대였다. 그런데 1분 뒤에 기록지 반응은 인간이 폴리그래프로 연결시켰을 때 무엇인가 검출당할까 두려움을 느낄 때의 반응 패턴과 유사한 모양을 나타내었다. 그래서 이 식물이 인간과 같은 반응을 보여주기를 원한다면 인간과 같은 규칙을 적용하여 다시 같은 반응이 나타나는지 보아야 하겠다고 생각했다."

그 다음에 백스터는 식물의 안녕을 위협하는 방법을 생각해 내어 말로 하는 대신에 전극을 단 잎의 이웃에 있는 잎의 끝을 뜨거운 커피에 담갔다. 그러나 특별한 기록지 반응은 나타나지 않았고 계속하여 잉크 궤적은 아래로 내려갔다. 이것은 인간으로 치면 피로나 지루함을 나타내는 반응이다. 15분 후에 그는 극단적인 식물을 위협하는 방법으로 전극을 댄 잎을 성냥으로 태울 생각을 했다. 이 때 그는 잎과 폴리그래프에서 떨어져서 있었다. 이른 아침이었기 때문에 실험실에는 다른 사람은 없었다. 단지 식물의 반응을 보기 위해 태워버릴 것이라는 생각과 의도가 있는 순간 기록펜은 꼭대기로 튀었다. 말도 하지 않고 잎도 다치지 않았다. 성냥불을 키지도 않았고 단지 의도뿐이었다.

식물의 '1차 지각(primary perception)'을 주장하는 미국의 폴리그래프(거짓말 탐지기) 기술자 백스터(Cleve Backster). (http://www.ultramind.ws)

그 후 백스터는 여러 실험을 통해 식물이 감정과 기억을 가지며 마음속 생각을 전달받는 초지각적 능력이 있음을 발표했다. 그가 식물의 이런 능력을 기술하기 위해 만들어낸 '1차 지각'은 동물의 5감과 같은 전문적인 감각 이전에 존재하는 기본적인 통신 능력을 의미한다. 그는 '1차 지각'이 식물에서 그리고 동물의 경우에도 세포 수준에서 일어나는 것으로 보았다. 그는 '1차 지각'이 '초감각적 지각'보다는 적절한 용어라고 믿었다.

그러나 처음부터 중추신경계를 갖지 않은 식물의 감정을 과학계에서는 인정하지 않았다. 백스터도 기자와의 인터뷰에서 과학계의 반응에 대해 셀드레이크와 같은 초심리학자를 제외하고는 처음에는 비웃음으로 그 다음에는 적대감으로 그리고 대부분 지금은 침묵으로 연구를 대한다고 말했다. 그는 이 침묵을 자신을 이길 수 없기 때문이라고 표현했으나 실제 과학자들은 논의를 할 필요도 느끼지 않는다는 반응을 보인 것이다.

백스터는 자신의 연구를 무력화시키려고 한 대표적인 학자로 예일 대학의 식물학자 아서 갈스턴을 들었다. 갈스턴은 1975년 미 과학진흥협회에서 백스터 효과가 나타나기도 하고 나타나지 않기도 하는 재현성이 결핍된 우연적인 현상이라고 지적했다. 갈스턴은 백스터와 지지자들이 식물과 인간의 교감이 열쇠라는 식으로 말한다고 비판했으나 백스터는 이를 "자발성과 재현성은 함께 하지 않는다"고 표현했다. 백스터 효과는 식물에게 진정으로 뜻이 전해지지 않고는 반응이 일어나지 않는 자발적 반응이라는 것이다.

백스터의 주장은 초심리학계의 지지를 받았음은 물론이다. 그래서 어떤 초심리학자는 백스터가 염력 능력이 있어 식물이 아닌 기록지에 닿는 펜에 영향을 미치는 것이 아닐까 의심하기도 한다. 이에 대해 백스터는 자신은 실제 실험 과정과 기록의 결과를 알지 못하는 상태에서 실험하여도 마찬가지 결과를 얻곤 한다고 부정하였다. 그렇다면 과연 식물이 인간의 말이나 감정을 어떻게 받아들이는 것일까? 백스터는 얼마나 먼 거리에서도 거리에 관계없이 식물에 반응을 일으키는 이 신호의 정체는 모른다고 하였다.

참고 자료

- Animism. http://en.wikipedia.org/wiki/Animism
- Primary Perception: An Interview with Cleve Backster. http://www.wellenergy.com/consegrity/Backster/PrimaryPerception.html
- The diary of William Lyon Mackenzie King. http://www.collectionscanada.ca/king
- The Plant Respond: An Interview with Cleve Backster. http://www.derrickjensen.org/backster.html

9 무생물에 깃든 영, 물의 메시지

인간은 인간 외의 자연 세계의 것을 인간처럼 생각하는 경향이 있다. 그리스의 제우스와 아폴로 신이 의인화된 형태로 나타나는 것과 같이 신화는 거의 전부가 인간의 형상으로 의인화된 신에 관한 것이다. 이 신은 인간과 마찬가지로 질투하고, 증오하고, 또는 사랑한다. 또한 인간은 자연의 것을 수사학적으로, 문학적으로, 또는 일반 표현에서 의인화하여 나타내는데 익숙하다. 우리 주위에도 동화책, 전화기, 양말과 같은 무생물 그리고 다람쥐, 양, 코끼리 등 동물을 인간처럼 의인화한 동화가 있다.

만물의 의인화는 곧 자연의 것들이 인간과 마찬가지로 야망, 감정, 느낌, 사고를 갖고 있다고 보게 하는 물활론적인 사고이다. 이러한 의인화는 문학적 메시지를 전달하는 방법이 될 것이나 과학에서는 과학적 사고와 멀어지게 하는 문제가 있다. 예를 들어 "공기는 복잡하게 모여 있는 것을 좋아하지 않기 때문에 압축될 때 낮은 압력 지역으로 피하려고 할 것이다"라는 식은 감상적 추리 오류를 범하게 한다. 공기의 흐름은 공기 분자의 에너지론적 동력학적 현상으로 이해될 필요가 있다.

뉴에이지 작가 왓슨(Lyall Watson)은 1992년 〈물건의 본성: 무생물의 비밀 생활(The Nature of Things: The Secret Life of Inanimate Objects)〉에서 무생물이 기억을 간직한다고 주장했다.

뉴에이지 작가인 라이얼 왓슨은 1992년 〈물건의 본성: 무생물의 비밀스런 생활〉이라는 책을 지었다. 그 책의 표지에는 "라이얼 왓슨은 일류 과학적 두뇌를 가진 사람이다. 그의 능력은 다른 과학자들이 갖고 있는 두려움이 없이 이상한 현상을 발견하고 연구를 할 준비가 돼 있다는 점에 있다"고 적혀 있다. 그리고 다른 표지에는 "왓슨은 비논리적 사건을 논리적으로 탐구한다....우리는 모두가 물건들이 생명이 있는 것처럼 보이는 이상한 순간을 경험한다. 값진 소지품이 주인에게 돌아오고, 집이 반기며 또는 친근하지 않은 태도를 보이며 우리를 맞이하고, 분실물이 가장 그럴 것 같지 않은 장소에서 나타나고, 컴퓨터가 나쁜 행동을 보인다. 무슨 일이 있는 것인가?"라고 하였다.

이 세상에 우연한 일은 없다는 뉴에이지 작가의 상상력은 무생물을 예외로 남겨두지 않는다. 그는 무생물도 "과거로부터의 반향을 전달하는 정신적 화석, 즉 감정의 '지문'을 흡수할 능력을 가진 존재다"라고 말한다. 그래서 호수에 빠뜨린 결혼 반지를 수주일이 지나 그 호수에서 잡힌 물고기의 위장에서 발견한 여인의 결혼 반지 사건과 같은 것은 결코 우연한 것이 아니라 결혼 반지가 여인과의 만남의 기억을 흡수하였기 때문이라는 것이다. 또한 윗슨은 600개의 스트라디바리우스 바이올린 각각이 내는 음이 어떻게 모두 하나같이 훌륭할 수 있느냐고 반문한다. 그는 스트라디바리우스의 우수한 기술을 말하기보다는 바이올린 자체가 살아 있어 그것이 악기 연주자에 영향을 미친 결과라는 결론을 끄집어낸다.

이러한 왓슨의 주장은 온갖 점술을 합리화시켜 준다. 수정점을 치는 점술인은 수정안에 이 세상의 온갖 마음이 들어 있다고 할 것이며 정신 측정을 하는 심령술사는 그 물체에서 전생의 기억까지 끄집어 낼 수 있다고 할 것이기 때문이다. 마찬가지로 무속인은 혼령의 메시지를 전달하고 혼령에게 호령도 할 수 있다. 죽은 자의 감정적 에너지, 즉 혼령은 환경 물체에 흡수될 것이고 무속인은 이 환경에 접근이 가능할 것이기 때문이다. 이 모두는 사실은 물활론과 마술을 과학적 사실로 보이게 한 것이다.

〈물은 답을 알고 있다〉의 저자 에모토 (Masaru Emoto)

일본의 마사루 에모토의 〈물로부터의 전언〉이 우리나라에서는 〈물은 답을 알고 있다〉로 번역되어 나왔다. 영문판 책명은 〈물의 메시지〉이다. 그는 눈 결정이 저마다 달라 같은 모양은 하나도 없다는 사실에 착안하여 작은 병에 물을 담아 냉장고에서 얼려 눈 결정을 고속 현미경으로 사진 찍기 시작했다. 그래서 오염되지 않은 깨끗한 물이나, 물에 음악을 들려주거나 사랑과 감사의 글자를 보여주면 아름다운 결정체로 나타나는 경향이 있고 반대로 오염된 물이나 물에 헤비메탈 음악이나, 너를 죽일 것이다라는 단어를 보여주면 일그러지거나 쪼개진 모양으로 나타난다고 주장했다.

에모토의 주장은 물이 사람의 마음이나 글자를 읽을 수 있다는, 즉 의식을 갖고 있다는 것인데 '물의 메시지' 라는 책 제목과 이 책이 인기를 끄는 이유는 정명조 주교의 평화신문 '내 마음의 책' 의 다음과 같은 말과 관련된 것으로 보인다. "인간관계에서 어떤 말을 주고받으며 어떤 마음으로 살아가느냐에 따라 우리 몸의 70퍼센트를 차지하는 물의 성질이 바뀌고 그 변화가 바로 나의 몸에 나타난다고 저자가 역설하듯, 행복하고 건강한 삶을 살기 위해서 그리고 그런 사회를 이루기 위해서 우리는 늘 '사랑 감사' 와 같은 겸손하고 따뜻하고 아름다운 말들을 주고받아야 한다는 것을 새삼 깨닫게 해 주는 책이다."

그러나 조금만 생각해 보자. 물은 개나 식물과도 다른 무생물이다. 무생물이 인간도 가능하지 않은 사람의 마음을 읽는 능력이 있다고 보기 어렵다. 또한 두뇌가 없는데 청각, 시각 능력을 발휘하여 말을 듣거

눈송이의 결정을 연구한 미국의 벤틀리(Wilson Bentley)와 그의 눈의 결정 사진.
(http://snowflakebentley.com)

나 글자나 모양을 보아 이해하여 결정 모양을 결정할 수 없다. 이것을 그대로 믿기보다 이 세상 많은 과학적 연구 가운데 물로부터 얼음이 형성될 때 어떤 인자에 의해 결정 모양(결정형)이 결정되는지 연구한 자료를 찾아보아야 할 것이다.

미국의 윌슨 벤틀리(1865~1931)는 15세에 어머니의 작은 현미경에 흥미를 가져 주위의 돌조각, 새의 깃털, 물방울, 꽃잎 등을 관찰했다. 그가 살던 농촌 농장은 11월에 눈이 내려 5월 늦게까지 계속됐다. 그는 처음부터 눈송이에 관심을 가져 2년간 농장 뒤의 냉방에서 현미경을 들여다보며 지냈다. 그래서 수백 장의 눈송이 그림을 그렸다. 1885년부터는 결정을 현미경 사진으로 찍기 시작하여 13년 동안 400장 이상의 눈 결정의 현미경 사진을 얻었다.

그는 자세한 현미경적 관찰을 기록하며 눈 결정의 형태와 크기의 의미에 대해 즉 어째서 결정 모양이 다르게 되는지에 대해 사색했다. 그는 눈 결정 형태가 기온에 의해 결정된다는 것을 알았다. 그를 발견한 버몬트 대학의 조지 퍼킨스 교수의 도움으로 1898년 최초의 논문이 발표되었고 그후 여러 학술 잡지에 글을 발표하였다. 1931년 출간된 〈눈 결정〉에는 아름다운 눈 결정 사진이 들어 있다.

1932년 벤틀리의 책을 읽은 혹가이도 대학의 물리학자 우키치로 나카야는 결정 연구를 시작하여 4~5년간 혹가이도의 산에서 3,000장

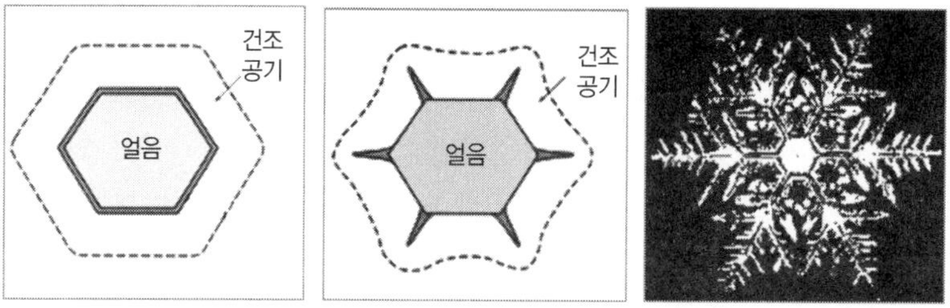

얼음 결정은 중간에 산소 그 옆에 두 개의 수소를 가진 물 분자의 6각형의 격자로부터 생긴 6각형의 프리즘이 기본이다(제일 왼쪽). 이 결정이 자라며 주위 공기를 건조시킨다. 이때 온도 조건에서 6각의 모서리가 잘 자라(중간) 형성이 된 것이 제일 오른쪽의 수지상의 눈 결정이다. (http://www.sciam.com)

이상의 사진을 찍었다. 그는 처음 눈 결정을 40여 가지로 분류하였다. 그 뒤에는 실험실에서 모든 자연의 눈 결정 형태를 만들어 내어 연구할 수 있었다. 이 과정에서 그는 눈 결정 형태와 대기의 조건, 즉 온도와 대기 수분의 포화도 사이에 관련성이 있는 것을 발견하고 '나카야 그림' 으로 발표했다.

얼음의 결정은 6각형의 분자 격자로부터 생긴다. 이 경우 가운데가 산소이고 연결된 두 원소는 수소이다. 그래서 얼음은 6각형의 프리즘이 기본이다. 그 다음에 어떤 면이 자라는지에 따라 주형이 되기도 하고 수지상이 되기도 한다. 또한 한 결정에 다른 결정이 붙어 다양한 모양을 갖게 된다. 눈 결정 형태를 결정하는 가장 중요한 인자가 온도 조건이다. 섭씨 영하 2도에서는 판상이, 영하 5도에서는 주상이, 그리고 영하 15도에서는 다시 판상 결정이 형성된다. 영하 30도에서는 판상과 주상이 복합하여 나타난다. 수지상은 영하 15도 근처에서 형성된다. 온도에 따라 결정형이 정해지는 메커니즘은 지금도 많은 학자들이 연구하고 있다.

'물의 메시지' 는 섭씨 영하 5도의 냉장고에서 얼린 물에 관한 것이다. 어떤 물리적 영향이 물에 전해진다는 주장일까? 아름다운 결정이 나타난다는 '우리의 소원은' 노래는 음파가 물에 전해진다고 말할 수 있으나 '사랑, 감사' 라는 문자는 이해하기 어렵다. 하지만 이 경우도 글자를 적는 사람의 마음이 물에 전해진다고 말한다면 마찬가지다. 마음도 텔레파시와 같은 어떤 에너지로 전해진다고 주장할 수도 있다.

과학적으로 에모토가 틀렸다고 반증하는 방법은 실제 실험이 재현되는지 확인해 보는 것이다. 과학이라면 이 세상 어떤 과학자가 실험해도 같은 결과가 나와야 한다. 그러나 이 경우도 결과가 다르게 나왔을 경우에 앞서 백스터 효과의 백스터와 같이 그 마음이 어떤 마음이건 진정한 마음이어야 한다고, 결과가 재현이 안 되는 이유가 있다고 할 경우에 난감해 진다. 아마도 에모토가 틀렸다고 이해시키는 방법은 이 글처럼 얼음의 결정 모양이 정해지는 과학을 알려주는 것일 것이다.

단순히 에모토가 엉터리라고 하기에는 그의 주장을 받아들이는 사람도 많기 때문에 문제가 된다. 이것은 근본적으로 인간에게는 이성과 과학뿐만 아니라 신앙과 믿음이 있으며 '물의 메시지' 가 신앙적 측면에서 엄청난 무게를 갖고 있는 문제이다. 인간에게 이성과 과학이 신앙과 믿음을 물리치기가 어렵다는 점에서 '물의 메시지' 가 틀렸다고 이해시키는 것이 그렇게 간단하지 않다.

참고 자료

- Anthropomorphism.
  http://encyclopedia.lockergnome.com/s/b/Anthropomorphism
- Blanchard, Duncan C., The Snowflake Man.
  http://snowflakebentley.com/sfman.htm
- Dewey, Reiko Myamoto, More Messages in Water.
  http://www.spiritofmaat.com/archive/nov1/cwater.htm
- Knight, Charles A., Why do snowflakes crystallize into such intricate structures?
  http://www.sciam.com/askexpert_question.cfm?articleID=0008E59D-D49B-1C71-9EB7809EC588F2D7
- Magic(paranormal). http://en.wikipedia.org/wili/Magic
- Watson, Lyall, The Nature of things.
  http://www.lyallwatson.com/Books/Nature_of_things.htm

10 소위 창조과학의 인간과 공룡 공존 주장

'물의 메시지' 와 같이 신앙적 메시지를 이성적 과학으로 합리화하는 사례는 주위에 많다. 그 중에 창세기의 문자적 해석대로 이 세계와 인간과 공룡 등 모든 종류의 생물이 6일 동안에 창조되었고, 성경적 사건의 해석대로 이러한 일이 지금으로부터 대략 6천~1만 년 전에 일어났다고 주장하는 창조과학은 두드러진 사례이다. 창조과학은 성경을 과학 교과서라고 부르는 미국의 창조연구소(ICR)와 '해답은 창세기(AiG)' 라는 기독교 근본주의 선교단체의 지원을 받는다. 최근 AIG는 2천 500만 달러를 들여 창조박물관을 짓고 '태초에...아담이 공룡과 함께 걸었다' 고 광고하고 있다.

과학에서 확립한 이 세계와 생물의 역사는 창조과학과는 다르다. 우주의 나이는 100~150억년이며 지구의 나이는 45~46억년이다. 1만년과는 엄청난 괴리가 있다. 그리고 공룡은 2억2천500만 년 전 트리아스기 하반에 시작하여 쥬라기를 거쳐 6천500만 년 전 백악기가 끝날 때까지 살았다. 12만 년 전쯤 나타난 인간(호모 사피엔스 사피엔스)과 공룡 화석은 함께 발견되지 않는다.

현대 지질학의 창시자로 불리는 스코틀랜드의 허튼(James Hutton).
(http://www-groups.dcs.st-and.ac.uk)

과학은 선구적 발견이 검증을 받고 확장되는 과정을 통해 발전한다. 지질학도 마찬가지다. 덴마크의 니콜라우스 스테노(1638~86)는 화석의 기원이 생물체임을 말한 최초의 학자이다. 그는 또한 아래 지층이 위의 것보다 오래되었다는 발견을 했는데 지층 누중의 원리는 스코틀랜드의 제임스허튼

(1726~97)에 의해 좀 더 확인되었다. 허튼은 지구 역사의 어느 때 급작스런 격변에 의한 커다란 지질학적 변화와 전 생물의 멸종 그리고 새로운 생물의 창조 가능성을 주장하는 격변설에 대해 현재의 지질학적 과정으로 과거의 과정을 추리할 수 있다는 동일과정설을 제시하여 그러한 격변적 사건을 부정하였다.

이어 영국의 윌리엄 스미스(1769~1839)는 누중의 원리를 확인했을 뿐만 아니라 최초로 멀리 떨어진 지역의 지층이 서로 상관되는 것을 발견하였다. 또한 특이한 연대의 지층에 특이한 화석이 들어 있는 화석 천이 원리를 발견하여 표지 화석을 사용한 지층 연대 결정의 가능성을 열었다. 격변설을 주장하는 프랑스의 퀴비에(1769~1832)의 영향 아래서 영국의 찰스 라이엘(1797~1875)은 어떠한 커다란 지질학적 변화도 오랜 시간에 걸친 현재의 자연 법칙의 작용으로 설명된다고 하여 동일과정설을 정착시켰다. 라이엘 등 많은 학자의 노력에 의해 1900년까지 비교적 정확히 지층의 연대적 순서가 결정되었다.

뉴질랜드 태생 영국의 어네스트 러더퍼드(1871~1937)에 의한 방사성 붕괴 과정의 발견은 그의 1908년 노벨 화학상 수상 업적이 되었다. 방사성 동위원소에 따른 일정한 반감기를 확인한 것도 러더퍼드이다. 이 발견은 상대 지질 연대를 절대 연대로 나타낼 수 있는 방법을 제공하였으며 미국의 버트램 볼트우드는 이미 1907년 암석 중 U-238(원자량 238 우라늄)과 붕괴 산물 Pb-206의 농도를 측정하여 수억 년 이상 되는 암석의 나이를 결정할 수 있었다. 우라늄/납 외에도 칼륨/아르곤 등 방법으로 그림과 같이 붕괴 사건만이 그대로 보존되어

1908년 노벨 화학상 수상자 러더퍼드 (Ernest Rutherford). (http://hep.ucsb.edu)

있는 화산 암석이나 화산재를 분석하여 지층과 화석의 절대 연대를 결정한다.

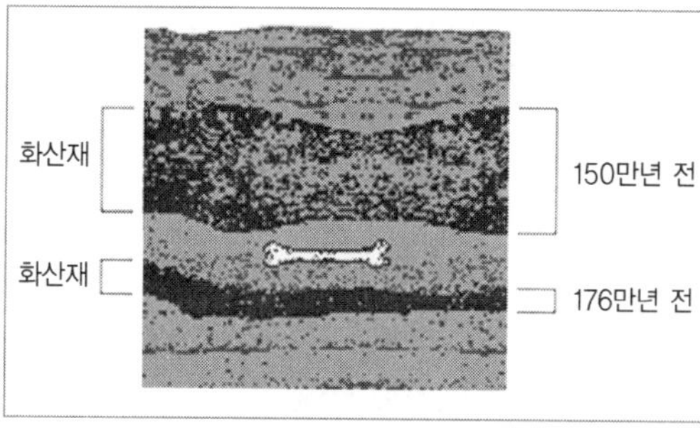

화석 절대 연대 결정 원리. 화석이 놓인 위와 아래의 화산재를 분석하여 화석의 연대를 결정한다.

창조과학은 지구의 역사를 1만년으로 만들기 위해 어떠한 어려움이 있는지 잘 모르는 것 같다. 지난 수백 년 간 과학자들이 이뤄놓은 물리학, 생물학, 화학 등 모든 과학을 송두리째 무너뜨려야 할 것이다. 인간과 공룡이 함께 지구를 거닐었다고 하려면 지질 연대와 화석의 연대적 서열을 오류로 만들어 지질학과 생물학의 기반을 붕괴시키지 않고는 가능하지 않다. 절대 연대는 지난 100년간 수많은 암석과 화석의 연대 결정으로 가다듬어진 것이다. 공룡이 멸종된 백악기와 제3기의 경계만 해도 수많은 정교한 방법을 사용한 반복된 측정에도 불구하고 6천500만 년 전이라는 값에는 변화가 없었다.

방사성 탄소 연대 법은 C-14가 끊임없이 대기 중의 N-14에 우주선(중성자)이 충돌하여 생성되는 사실에 기초한다. 그러나 생성과 분해가 평형을 이루어 C-12에 대한 C-14의 농도 비율은 일정하다. 일단 생물이 사망하여 탄소의 섭취가 중단되면 붕괴의 결과 C-14/C-12는 감소하기 시작한다. 이 감소의 정도로 나이를 결정한다. 이러한 제반 사실을 발견하고 확인한 미국의 윌라드 리비(1908~80)는 1960년 노벨 화학상을 받았다.

창조과학이 제시한 인간과 공룡의 공존 증거 중에 공룡 화석의 탄소를 분석하여 얻은 1~4만년이라는 화석의 나이가 가장 과학에 가까워 보인다. 이들은 미량 탄소 분석이 가능한 질량분석이온빔가속기를 이용하였다. 그러나 공룡 화석 중 탄소가 남아 있을 가능성을 떠나 아직

미 창조연구소(ICR)의 기시(Duane Gish)가 지은 어린이를 위한 창조과학 책 〈설계에 의한 공룡(Dinosaurs by Design)〉.

그 탄소가 오염물질이 아니라는 과학에서 인정받는 증명이 필요하다. 창조 과학의 문제는 과학을 뒤흔들 결과를 말하면서도 하나의 정통 과학 학술잡지에 발표할 정도의 충분성도 갖추지 못한다는 것이다.

ICR의 듀안 기시 등은 인간과 공룡이 공존했다는 여러 책을 지어 창조과학을 광고하고 있다. 그 중에 〈설계에 의한 공룡〉에는 영국 네스호의 괴물 네시나 아프리카 콩고의 모켈레-음벰베와 같은 전설적 괴물을 '살아 있는 공룡'이라고 하는 이야기도 들어 있다. 공룡이 6500만 년 전에 멸종된 것이 아니라 1만년이 채 안 되는 지구의 역사에서 처음부터 인간과 함께 살았고 이 공룡이 지금도 지구 어디엔가 살아남아 있다는 것이 창조과학의 주장이다.

이들 괴물 이야기는 신문에 가끔 보도되는 백두산 괴물과 유사하다. 백두산 천지에 공룡 모양의 괴물이 살아 있다는 이야기도 있는데, 목격담은 있지만 증거가 되는 명확한 사진이나 사체는 없다. 설혹 사진이 있다고 해도 조작이 아니어야 한다. 네스호의 공룡 모양 사진은 조작으로 밝혀졌다. 그리고 모켈레-음벰베는 원주민에게 공룡 모양의 그림을 보여주고 확인을 받았을 뿐이다. 이들 괴물 이야기에는 실제 목격자들이 본 것이 곰, 수달, 또는 물고기 등 다른 동물일 가능성, 대안적 해석이 제외되어 있다.

백두산 괴물만 해도, 백두산에는 1000년 전에 거대한 화산 폭발이 있었다. 그리고 지난 100년 전까지 여러 차례 분출이 일어났다. 이 분출 구멍 중의 하나에 물이 고인 것이 천지인데 하필 이 천지에 6500만 년 전에 멸종된 공룡이 살아 있을 수가 있을까? 본래 천지 속에는 50

년 전만 해도 식물성 플랑크톤, 작은 동물 및 곤충, 그리고 이끼가 살았을 뿐이다. 그 뒤 북한에서 천지의 자연 생태계를 연구할 목적으로 붕어, 산천어 등 물고기를 풀어 넣은 것이 전부이다. 먹이가 없는 곳에서 공룡이 살아남았다는 이야기는 식물이나 물이 의식을 갖고 있다는 것이나 마찬가지 허구이다.

이와 같이 창조과학이 실제 과학이 아니라는 문제만큼 신앙에도 과학에도 큰 문제는 없어 보인다. 이들은 창조과학을 하나의 경쟁적인 과학으로 공립학교의 과학 교육에 도입하려고 노력했으나 1987년 미 대법원은 두 과학을 균등하게 다루도록 규정한 루이지에나 법을 무효화시켰다. 이때 72명의 노벨상 수상자는 과학의 정의에 비추어 창조과학이 과학이 아닌 종교라는 의견서를 내었고 대법원은 창조과학 교육이 헌법의 종교의 자유를 위반 했다는 판결을 내렸다.

최근 일반 기독교 창조론자는 유사한 시도를 지적설계론으로 전개하고 있지만 기독교 근본주의자에게 지적설계론은 최소한의 의미밖에 없을 것이다. 창조과학은 변함없이 대중과 학생 반경에 전파되고 있다. 이것이 과학 이해에 미친 부정적 영향은, 미국인의 절반가량이 인간과 공룡의 공존을 사실로 믿는다는 여론 조사 결과와 무관하지 않을 것이다. 창조과학은 거의 모든 과학 분야를 망라한다는 점에서 인간과 공룡의 공존은 창조과학 문제의 하나의 예이다.

참고 자료

- 강건일, 진화론 창조론 산책, 참 과학, 2003.
- Benton, Michael, Accuracy of Fossils and Dating Methods. http://www.actionbioscience.org/evolution/benton.html
- Garrison, Ervan G., Physics and Archaeology. http://www.physicstoday.org/pt/vol-54/iss-10/p32.html
- Phelps, Daniel J., Saint George and the Baryonyx. http://www.skepticfiles.org/evo2/gishdino.htm

- The Time When Dinosaurs Lived–The Mesozoic Era.
  http://www.wvup.edu/ecrisp/lecture2mesozoic.html
- Youth on the Rock, Are Dinosaurs Really Extinct?
  http://www.youthontherock.com/viewtopic.php?p=4383

3장

과학자의 과학과 삶

1 '허시-체이스 실험'의 마사 체이스 이야기

책을 펼칠 때마다 콜드스프링하버연구소(CSHL)의 허시와 그의 조수인 체이스가 함께 찍은 사진에 시선이 끌린다. DNA가 유전물질임을 확증한 1952년 '허시-체이스 실험'이 발표된 다음 해에 찍은 사진으로 보인다. 소박하고 평범해 보이는 허시와 똑똑해 보이는 체이스가 인상적이다. 그 후 체이스는 어떻게 됐을까?

1953년 CSHL의 허시(Alfred Hershey, 오른쪽)와 체이스(Martha Chase)의 모습. (DNA: The Double Helix)

앨프레드 허시(1908~97)는 미시간 주립 대학에서 박사 학위를 받고 세인트루이스의 워싱턴 대학에 있던 1940년대부터 박테리아에 감염하는 바이러스, 즉 박테리오파지(파지)에 흥미를 가져 루리아, 델브뤼크와 함께 파지 그룹을 결성하여 연구하였다. 그는 1950년 CSHL로 옮겼으며 같은 해 우스터 대학을 졸업한 마사 체이스(1928~2003)가 그의 실험 조수로 들어왔다. 당시 허시와 체이스 둘 뿐이었던 허시의 실험실에서는 거의 말소리가 들리지 않았다고 한다.

1944년 록펠러 연구소의 오스윌드 에이버리(1877~1955)는 폐렴구균의 형질 변환 인자가 DNA로 구성되었음을 발표했다. 하지만 그는 유전물질이 DNA라고 단정하지는 못했다. 당시 알려진 DNA는 4개의 누클레오티드가 반복해서 결합된 단조로운 물질이었기 때문에 이러한 구조로 유전의 다양성을 설명하기가 어려웠다. 이보다 많은 학자들은 DNA 분획에 혼입된 단백질이 유전물질이라는 생각을 갖고 있었다.

허시는 박테리아 내에서의 파지 복제에 파지 단백질과 DNA의 역할

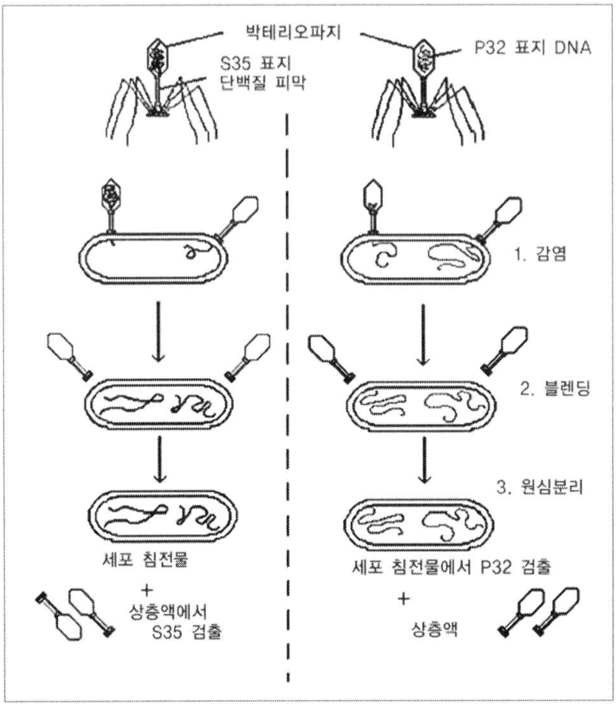

허시-체이스 실험(Hershey-Chase Experiment). 내용 설명 참조.

을 분명히 할 아이디어를 내었다. 그림과 같이 피막 단백질을 방사성 황(S35)으로 표지한 파지와 내부의 DNA를 방사성 인(P32)으로 표지한 파지를 만들어 각각 박테리아(대장균)에 감염시킨 다음에 어떤 파지의 경우에 박테리아 세포와 나아가 복제된 파지에 방사능이 나타나는지를 확인하면 될 것이다.

이들은 파지로 감염시킨 박테리아 현탁액을 블렌더(믹서)로 갈아 부착된 파지를 떼어내고 원심분리하여 상층액과 박테리아 세포의 침전물을 얻었다. 그 결과 S35 표지 파지에서는 방사능은 상층액에서 그리고 P32 표지 파지의 경우는 방사능이 침전물에서 발견되었다. 이 결과는 파지가 박테리아 세포 안으로 DNA를 주사하고 이 DNA가 새로운 파지의 생산에 필요한 유전정보를 전달하는 것을 나타낸다. 즉 유전물

1952년 CSHL 파지 그룹. 왼쪽에서 두 번째가 체이스, 세 번째가 허시. 오른쪽 사진은 허시와 체이스가 사용한 웨어링 블렌더. (http://www.cshl.edu)

질은 DNA인 것이다. 허시는 이 업적으로 루리아, 델브뤼크와 공동으로 1969년 노벨 의학상을 받았다.

당시의 마사 체이스는 현재 위스콘신대 교수로 있는 시발스키의 회상에 나타나 있다. 폴란드에서 박사학위를 받고 연구 생활을 하다 미국으로 이민하여 1951년 CSHL에 들어온 시발스키는 '허시-체이스 실험'이 최초로 연구소에서 발표되자 커다란 감명을 받았다. 그날 그는 체이스를 초대하여 함께 저녁 식사를 했다. 이때 그는 체이스가 자신이 얼마나 중요한 연구를 했는지 잘 알지 못하고 제대로 봉급을 받지 못하는 실험 조수일 뿐이라고 생각한다는 인상을 받았다.

이제 대학을 갓 나와 실험 조수로 일하는 체이스에게 학문적 업적은 다른 차원의 이야기일지 모른다. 그러나 그는 적어도 자신의 실험과 결과를 잘 알고 있었을 것이다. 연구의 성공은 창조적인 아이디어와 이 아이디어를 실현할 우수한 실험 능력에 달려 있다. 체이스의 실험 재능이 중요한 역할을 했음은 물론이다. 그는 스스로 아이디어를 내어 실험 문제를 해결하는 특별한 재능을 갖고 있었다.

그가 부착된 파지를 떼어내기 위해 부엌에서 쓰는 웨어링 블렌더를 사용한 방법은 어떻게 보면 조잡하지만 실험의 성공에 필수적이었다. 허시와 체이스의 실험은 아무도 생각하지 못했을 블렌더를 사용했다

왼쪽이 메셀슨(Mattew Meselson), 오른쪽이 스탈(Franklin Stahl), 그리고 앞의 얼굴이 보이지 않는 사람이 체이스. (http://www.mun.ca/biology/scarr)

는 점에서 '블렌더 실험'이라고도 불린다. 허시가 유전학의 역사에 획을 긋는 논문에 체이스를 공동 저자로 올린 데는 충분한 이유가 있다.

체이스는 1953년 CSHL을 떠나 오크리지국립연구소로 그 다음에 로체스터 대학으로 옮겼다. 그가 허시의 실험실에 계속 남지 않은 이유는 알지 못한다. 그리고 1959년에는 남캘리포니아 대학에서 박사 과정을 시작하여 1964년 학위를 받았다. 그가 자기 발전의 길을 택해 노력했음을 알 수 있다.

체이스는 CSHL을 떠나서도 매해 여름이면 그곳에서 열리는 파지 그룹의 모임에 참석하였다. 체이스가 '메셀슨-스탈 실험'의 매튜 메셀슨과 프랭클린 스탈과 함께 찍힌 사진이 남은 것도 이와 관련된 것으로 보인다. 이 사진의 날짜는 분명하지 않지만 메셀슨과 스탈이 캘리포니아 공과대학(칼텍)에 있던 1950년대 중반 내지 그 이후가 아닐까 생각된다.

DNA가 유전물질이라는 확증에 자극받은 왓슨과 크릭은 1953년 DNA의 이중나선 구조 논문을 발표했다. 이들은 같은 논문에서 이중나선 구조가 유전물질의 복제 메커니즘을 시사한다고 하며 모 이중 나선이 각각의 모 나선 사슬로 풀리고 이 사슬이 주형이 되어 새로운 사슬을 만들어 각각 주형인 모 사슬과 합해져 두 개의 이중 나선을 만들 것이라고 추정했다.

그러나 실제 유전물질이 이렇게 '반보존적으로' 복제되는지는 알 수 없다. 이에 대한 증거는 1958년 칼텍의 폴링의 실험실에서 박사 후 연구원인 메셀슨과 스탈에 의해 나왔다. 이 '메셀슨-스탈 실험'은 '생물학의 가장 멋진 실험' 이라고 불린다. 당시 체이스, 메셀슨, 스탈은 모두 20대에서 30대로 접어드는 같은 연배의 젊은 연구원이었다.

체이스는 1950년대 말 캘리포니아에서 동료 과학자인 리처드 엡스타인과 결혼했다. 박사 과정을 시작하여 결혼한 것 같다. 이들은 곧 이혼했다고 하나 마사 체이스의 이름은 마사 체이스 엡스타인 또는 마사 엡스타인 체이스로도 남아 있다. 2003년 그의 사망 소식을 전한 우스터 대학 동창회 잡지에는 그의 이름이 마사 체이스 엡스타인으로 나타나 있다.

체이스가 1964년 남캘리포니아 대학에서 박사 학위를 받은 후에 무엇을 했는지 자료를 찾지 못했다. 다만 그가 1960년대 말에 직장을 잃는 등 여러 개인적인 좌절과 실패가 있었고 그의 연구 생활은 이 때 끝이 난 것으로 보인다. 그 후 그는 2003년 75세의 나이로 사망할 때까지 수십 년 간 기억상실증으로 비극적인 삶을 살았다고 한다.

누이동생의 회상에 의하면 마사는 여행을 좋아하고 많은 국립공원을 방문했다. 그는 특히 비온 후 꽃이 활짝 필 때 사막에 나가기를 좋아했다. 그리고 사진 찍기, 바느질, 뜨개질을 좋아 했다. 문양이 어려운 것일수록 더 좋아했다. 마름모 색무늬 양말과 같은 모든 특별한 뜨개질법은 혼자서 배운 것이다. 그는 항상 도전할만한 것이면 무엇이든 흥미를 가졌다.

이 회상은 젊은 시절, 30대까지의 마사일지도 모른다. 마사는 이 시절을 기억하지 못하고 자신의 이름이 생물학의 역사에 남았다는 사실을 모른 채 살았을 것이다. 우리는 지금 사막의 꽃을 찾아 자연에 경탄하는 마음과 어려운 문양을 맞추어 나가는 끈기와 재능이 과학자의 자질이라는 것을 새삼 깨닫는다.

마름모 색무늬 양말 문양. 체이스는 어려운 문양일수록 좋아하며 해결했다.

그리고 이 글의 사진 속 인물의 모습에서 발견하듯이 과학은 꾸밈이 없는 인간이 만들어 내는 것이 아닐까.

참고 자료

- 강건일, 생물학과 생물학자 이야기 2, 참·과학, 2004.
- Dawson, Milly, Martha Chase Dies. http://www.the-scientist.com/news/20030820/03
- Hershey, A.D. & Chase, M.(1952). http://www.mun.ca/biology/scarr/4241B_Hershey_&_Chase.htm

2 노벨상 연구 업적과 나이

노벨상 수상자들을 흔히 과학의 천재라고 부르지만 이들이 어린 시절에 특별히 지능이 높았다고 하는 이야기는 없다. 대체로 정상적으로 대학을 나와 대학원에서 유명 교수를 지도교수로 하여 연구를 시작한다. 이때 우수한 연구 재능을 나타내어 그 후 대학 교수 등으로 연구생활을 하여 노벨상 업적을 이룬다.

1970년 노벨 의학상 수상자 액설로드(Julius Axelrod). 그는 45세에 시작한 아드레날린 대사 연구로 58세에 노벨상을 받았다. (http://profiles.nlm.nih.gov)

노벨상 수상자가 몇 살에 상을 받았는지 보다는 몇 살에 상을 받을 연구 업적을 내었는지가 중요할 것이다. 아래 설명할 20대의 연구로 상을 받은 로렌스 브래그와 리정다오도 있고 뢴트겐과 액설로드와 같이 4, 50대의 연구로 상을 받은 과학자도 있다. 노벨상의 천재가 우리가 머리에 담고 있는 영재와는 다른 것을 알 수 있다.

줄리어스 액설로드(1912~2004)는 학비가 없는 뉴욕시 대학을 졸업하고 의과대학으로 가려다 유대인이라는 것 때문에 실패하였다. 그는 이 부분을 "당시 유대인이 의과 대학에 들어가기가 어려웠다. 나는 우수한 학생이 아니었으나 만일 이름이 바이겔로였다면 아마도 들어갔을 것이다"라고 표현했다.

그는 1935년에서 1946년까지 뉴욕시 실험실에서 식품 검사와 같은 일을 하였다. 이때 실험실 사고로 눈을 다쳐 왼쪽 눈을 잃었다. 1946년에 골드워터메모리얼 병원의 버나드 브로디 밑에서 약물 대사 연구에 접할 기회가 있었다. 그래서 몇 편의 논문을 발표한 그는 브로디를 따라 1949년 새로 설립된 국립심장연구소(NHI)에 들어가 연구를 할 수 있게 되었다. 그러나 아무리 논문을 발표해도 학위가 없었으므로 승진이 불가능했고 직접 실험실을 운영할 수 없었다.

그래서 액설로드는 40세에 휴직을 하고 박사과정을 시작하여 1955년 42세에 학위를 받고 비로소 국립정신보건연구소(NIMH)로 옮겨 자신의 실험실을 운영하였다. 그의 노벨상 업적은 1958년 45세에 시작한 아드레날린의 생합성, 분해 기전에 관한 것이다. 그리고 58세인 1970년 노벨 의학상을 받았다. 그는 1984년 은퇴를 하고도 무급 연구원으로 남아 연구를 계속했다.

그는 91세에 쓴 글에 46년을 지낸 NHI와 NIMH가 속한 국립보건원(NIH)에 감사의 뜻을 표했다. 자유분방한 성격 때문에 대학에 있었다면 연구비를 받기가 어려웠을 것이라는 것이다. 그는 항상 작은 연구실을 운영했다. 직접 실험대에서 실험을 하며 이들 총명한 3~4명 박사 후 연구원들과 지낸 것이 더 없이 즐거운 추억이었다. 그는 새로운 분야인 뇌 과학의 생화학적 접근에 매료되었고 결과가 따랐다. 그리고 자신의 연구가 통증과 우울증의 치료에 기여했다는 데에 더 없는 만족을 느낀다.

나이가 많아 업적을 낸 옛 과학자를 소개하면, X선 발견으로 1901년 최초의 노벨 물리학상을 받은 빌헬름 뢴트겐(1845~1923)은 50세에 수행한 연구로 상을 받았다. 1888년 뷔르츠부르크 대학의 물리학 교수로 옮겨온 뢴트겐은, 학문의 길로 들어서 스위스 취리히 공과대학의 박사과정 지도교수인 아우구스트 쿤트로부터 철저한 실험 물리학자로서의 태도를 배웠다. 그리고 결정의 열전도 등 물질의 성질을 연구하였고 이 상태로 평범한 과학자가 되었을 것이다. 그러던 그는 50세인 1895년 가을 새로이 기체를 통한 전기 전도에 관한 연구를 하기로 결정했다. 그는 실험에 필요한 장치를 스스로 고안하여 제작하는 능력을 갖고 있었다.

그는 음극선이 방전관의 얇은 창을 통과하여 방전관에서 수cm 떨어진 물체에 형광을 내게 한다는 사실을 들었다. 이 음극선이 혹시 두꺼운 장벽도 통과해서 형광을 낼 수 있을지, 그의 연구 아이디어는 단순했다. 그래서 1895년 11월 방전관을 조심스럽게 판지로 덮고 방안을 어둡게 하였다. 어떤 빛도 판지를 통과하지 못한다는 것을 확인했다. 이렇게 하고 실험했을 때 90cm 정도 떨어진 테이블 위의 백금시안화바륨 종이가 형광을 발하는 것을 발견했다. 음극선에 의해 형광을 내기에는 지나치게 멀리 떨어진 곳이었다. 반복하여 실험했으나 결과는 마찬가지였다. 이 결과는 1895년 12월 발표되었다.

X선의 발견으로 1901년 노벨 물리학상을 수상한 뢴트겐(Wilhelm Conrad Roentgen).
(http://www.gooddy-images.com)

그는 방전관 장치와 형광 스크린(또는 사진 건판) 사이에 어느 정도 투명한 물질을 댈 때에 생성되는 대단히 규칙적인 그림자로 미루어 방전관 벽으로부터 나오는 인자에 '선'이라는 명칭을 사용하였다. 그리고 이 선을 다른 선과 구별하기 위해 X선이라고 불렀다. 그는 X선이 음극선에 의해 방전관 벽에서 발생하며, 빛과 같이 직진하며, 그림자를 던지며, 음극선과 달리 자기장에 의해 휘지 않는 등 성질을 정확히 기술했다. 이것이 노벨상 수상 업적이 된 것이다.

뢴트겐은 대단한 등산가였으나 활동적 성격이라기보다는 수줍고 겸손했다. 이해심이 깊었다. 그리고 항상 조수가 없이 홀로 연구하기를 좋아했다. 부인이 조수의 역할을 했다. 이 부인은 그가 취리히에서 공부할 때 카페 주인의 딸이었다. 그가 과학을 탐구의 목적으로 수행했음은 자신이 발견한 선에 자신의 이름을 붙이기를 꺼려한 것을 보아도 알 수 있다.

뢴트겐은 1900년 뮌헨 대학의 물리학 교수로 부임하였다. 그리고 그곳에는 1909년 베를린 대학에서 플랑크의 조수로 있던 막스 폰 라우에(1879~1960)가 옮겨왔다. 라우에는 조머펠트의 박사 과정 학생이 결정에 광파를 쏘여 줄 때 산란되는 현상을 수학적으로 분석하고 있는 것을 보고 만일 결정격자가 원자로 형성되었다면 더 짧은 파동, 예를 들어 X선에 의해 간섭 현상이 일어 날 것이라는 아이디어를 갖게 되었다.

그래서 1912년 라우에는 X선을 황산동 결정에 쏘이고 그 뒤에 설치한 사진 건판에 나타난 패턴을 관찰한 결과 기대했던 반점 패턴을 발견하여 1912년 6월 발표됐다. 이는 물질 구조를 결정하는 X선 회절법의 출발 사건이다. 라우에는 이 발견으로 1914년 노벨 물리학상을 수상했다.

라우에의 뒤를 이어 X선 회절법의 실용적인 응용을 찾은 사람이 로렌스 브래그(1890~1971)이다. 오스트레일리아 태생인 그는 아버지인 헨리 브래그(1862~1942)가 영국 리즈 대학의 물리학 교수로 옮기자 수학자가 되기로 정하고 케임브리지 트리니티 칼리지에 입학하였다. 그러나 2학년 때인 1912년에는 물리학과로 옮겨 최우등의 성적으로 졸업하고 J.J. 톰슨의 대학원생이 되었다.

로렌스 브래그(William Lawrence Bragg, 오른쪽)와 아버지 헨리 브래그(William Henry Bragg)를 기념하는 스웨덴 우표. 두 사람은 1915년 노벨 물리학상을 받았다. (http://jan.ucc.nau.edu)

연구학생이던 그는 라우에의 X선 파동 증명이 충분하지 못하다고 보아 X선이 입자라고 주장한 아버지를 지원할 요량으로 실험을 반복해 보았다. 그러나 결과는 라우에의 회절이 옳다는 것이었다. 나아가 라우에의 해석보다 훨씬 더 간단히 회절을 분석하는 '브래그 법칙'을 만들어 냈다. 이것은 결정을 X선을 반사하는 원자 평면을 함유한 것으로 함유한 것으로 보아, 보강 간섭 조건의 회절 패턴을 분석하여 브래그 법칙, 즉 $n(\lambda) = 2d \sin(\theta)$ 로부터 원자 격자의 평면 사이의 거리(d)를 구하는 방법이다. 이때 n=정수, λ=X선의 파장, θ=입사선과 산란 평면 사이의 각도이다.

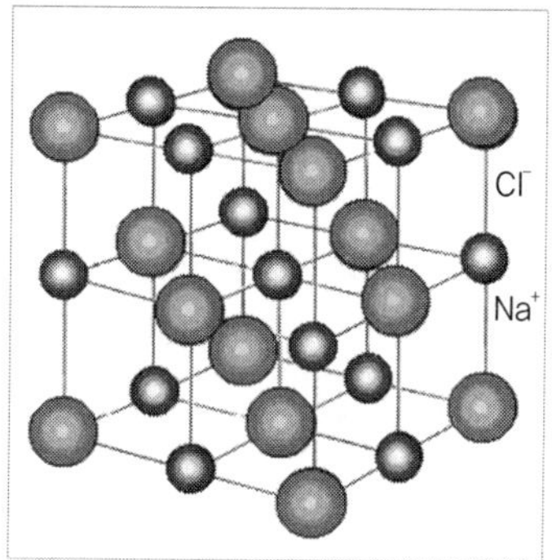

X선 회절법으로 결정된 암염(NaCl)의 결정격자 모양.

당시 로렌스 브래그의 나이 22세였다. 결정 내 원자의 위치를 파악하는 방법을 알게 된 그는 포프 교수가 제안한 암염(NaCl)을 갖고 실험하여 성공적으로 Na와 Cl 이온의 격자를 발견하였는데 개개 나트륨은 여섯 개의 염소 이온과 같은 거리에 그리고 개개 염소는 여섯 개의 나트륨 이온과 같은 거리에 있었다. 이 결과는 1912년 11월에 발표되었다.

이런 연구를 하는 중에도 로렌스 브래그는 단지 J.J. 톰슨의 연구 학생이었다. 실험에 어려움을 느낀 그는 리즈 대학의 아버지에게 가서 부자는 함께 연구하였다. 두 사람은 다이아몬드 등 많은 결정의 구조를 발표하였으며 이 업적으로 공동으로 1915년 노벨 물리학상을 받았다. 로렌스 브래그는 25세의 나이로, 노벨상 역사상 최연소 수상자가 되었다.

로렌스 브래그는 1938년에는 케임브리지 캐번디시 연구소의 어네스트 러더퍼드의 자리를 물려받았다. 그는 사실상 러더퍼드의 핵물리학에 대해서는 전혀 알지 못했다. 아무 것도 모르면서 어떻게 무엇을 발견할 수 있었는지, 유일한 가능한 해답은 그는 자신이 하는 일을 사랑하고 연구가 가장 중요한 일임을 믿고 창의적인 상상력으로 문제를 파악하려고 했다는 데 있었다. 그래서 생물구조 분석의 업적을 남긴 것이다. 그는 대중 강연에도 뛰어났다. 후에 왕립연구소의 소장이 되었을 때 그는 어린 학생에게 과학을 알려주는 크리스마스 강연을 적극적으로 지원하였다.

베타선의 반전성이 보존되지 않는 이론적 근거를 제시하여 1957년 노벨물리학상을 수상한 리정다오(Tsung-Dao Lee, 왼쪽)와 양전닝(Chen Ning Yang). (http://physics.nist.gov)

젊은 나이 순서로 로렌스 브래그 다음에 중국의 리정다오(1926~)가 31세에 35세의 양전닝(1922~)과 공동으로 반전성 비보존 이론을 내어 1957년 노벨 물리학상을 받았다. 핵물리학은 뢴트겐의 X선의 발견에 이은 앙리 베크렐의 1896년 우라늄 방사선의 발견에서 출발한다. 그는 우라늄에서 나오는 새로운 투과성 선(베크렐 선)이 기체를 이온화시키고 전기장 및 자기장에서 휘어지는 점에서 X선과 다르다는 것을 알았으며 퀴리 부부와 함께 1903년 노벨 물리학상을 받았다.

그리고 베크렐 선의 정체를 분명히 밝힌 사람은 로렌스 브래그와 마찬가지로 케번디시 연구소의 J.J. 톰슨 밑에서 연구했던 어네스트 러더퍼드이다. 1898년 러더퍼드는 우라늄 방사선에 알파선(He의 원자핵)과 베타선(전자)이 존재함을 발표했고 맥길 대학에서 프레더릭 소디와 함께 방사선 붕괴이론을 내어 1908년 노벨 화학상을 받았다. 그리고 이 베타선의 반전성이 보존되지 않는 이론적 근거를 제시한 사람이 리정다오와 양전닝이다.

반전성의 문제는, 실세계와 거울상 세계에서 물체와 물체의 과정이 같은 물리 법칙을 따르는지에 관한 것이다. 반전성 보존은 고전물리학에서는 자명한 것으로 받아들여졌고 핵물리학에서도 그런 것으로 생각되었다. 과학자들은 선회하는 코발트 원자핵과 베타 붕괴와 같이 소립자와 상호작용이 거울상 이미지를 갖고 있으며 반전성이 보존된다고 믿은 것이다. 그러나 베타선의 붕괴에서 반전성이 보존되지 않는다는 이론적 근거를 제시한 사람이 리정다오와 양전닝이다.

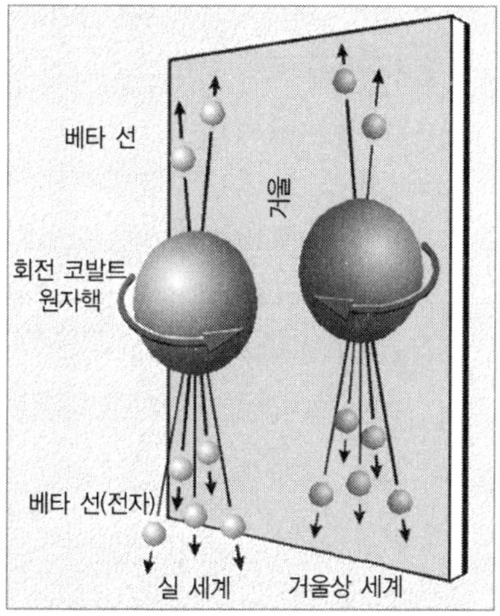

반전성(parity)의 문제는 이 세계와 거울상 이미지의 세계가 같은 물리 법칙을 따르는지에 관한 것이다. 실제는 원자핵의 선회가 반대인 두 세계의 전자의 방출 속도는 모두 아래 검출기에서 크기 때문에 반전성은 보존되지 않는다.
(http://physics.nist.gov)

리정다오와 양전닝은 중국에서 같은 대학을 다녔으며 그리 친하지는 않았고 목례를 할 정도였다. 1946년 두 사람은 장학금을 받아 시카고 대학으로 유학하였다. 그래서 양전닝은 1948년 에드워드 텔러를 지도 교수로 하여 박사 학위를 받고 리정다오는 1950년 페르미 밑에서 학위를 받았다.

그 후 1956년 함께 프린스턴에서 연구할 때에 약한 상호작용에서 반전성 비보존의 이론과 실험 방법을 제시하였다. 그리고 이들의 가설을 실험으로 증명한 사람은 같은 중국인인 컬럼비아 대학의 우친쉥이다. 그는 실험으로 그림과 같이 원자핵의 선회가 반대인 두 세계의 전자의 방출 속도가 모두 아래 검출기에서 크다는 것을 증명했다.

참고 자료

- Forman, Paul, Parity: What' s Not Conserved? http://physics.nist.gov/Genlnt/Parity/parity.html
- Functional Neurology Editorial, "Apprentice to genius" In memoriam of Juli(1912~2004).

http://www.functionalneurology.it/materiale_cid/27_XX_1/185_editorial/

- Garrett, Alfred B., The Flash of Genius, 3, X-Rays: W.C. Roentgen, *J. Chem.* Educ., 39, 360(1962).
- Lipson, Henry S., The Fifth Bragg Lecture: W.L. Bragg-Scientific Revolutionary, *J. Chem.* Educ., 60, 405(1983).
- Myneni, Krishan, Symmetry Destroyed. http://ccreweb.org/documents/Parity/parity.html

3 퀴리 부인의 사생활, 시련의 극복

1921년 퀴리 부인(Marie Curie, 오른쪽에서 두 번째)은 두 딸, 이렌(Iréne, 오른쪽에서 세 번째)와 에브(Eve, 오른쪽에서 첫 번째)와 함께 미국 여행에 오른다. (http://www.aip.org)

마리 퀴리(1867~1934)는 어느 여성 과학자와 마찬가지로 과학자, 아내, 어머니의 역할을 갖고 있었다. 1895년 피에르 퀴리(1859~1906)와 결혼한 마리는 1897년 첫 딸 이렌을 낳았다. 그리고 둘째딸 에브는 마리와 피에르가 방사선 연구로 노벨 물리학상을 받은 다음 해인 1904년 태어났다. 이렌이 태어나자 마리는 과학적인 연구를 포기하지 않고 이 작은 이렌과 가정을 어떻게 돌봐야 하는지 심각한 문제가 생겼다. 그러나 피에르와 가족의 도움으로 그는 에브가 태어나서도 잘 견뎌내었다.

1906년 피에르가 불의의 사고로 사망했다. 마리는 소르본 대학의 피에르의 자리를 계승하는 영광을 얻게 됐고 연구에 바쁘게 지냈다. 이런 가운데서도 그는 두 딸을 키우는 일에 신경을 써야 했다. 이렌은 동생인 에브와는 전혀 달랐다. 그는 아버지를 닮아 지적이며 이성적이며 과학을 좋아했다. 그리고 별로 웃지를 않고 신경질적으로 보였다. 이것은 매력적이며 항상 들떠 있는 동생과는 딴판이었다. 에브는 후에 어머니의 자서전을 쓰기도 한 작가가 되었다.

마리는 프랑스 교육 제도를 좋아하지 않았다. 교육 환경이 나쁠 뿐만 아니라 사고가 아니라 암기 교육이 많았다. 그리고 성격이 색다른 이렌의 교육에 특별히 신경을 써야 했다. 그래서 1907년 이렌이 10살일

·EXCELSIOR·

Journal Illustré Quotidien

프랑스의 우익 언론은 마리 퀴리가 프랑스 과학 아카데미 회원에 입후보하자 심지어 필적과 관상을 근거로 한 야비한 인종차별적 주장으로 공격하였다.
(http://www.aip.org)

때 마리는 동료 교수들과 함께 사설 협동 학교를 운영하기로 뜻을 모았다. 여섯 명의 교수가 각기 매주 한 차례 자신의 집에서 10명의 자녀에게, 장 페랭과 폴 랑제방은 물리화학과 수학을, 마리는 실험 물리학을, 또 누구는 문학과 예술과 어학을 가르치는 식이었다. 이렌은 2년 반 동안 이렇게 교육을 받고 다음에 사립학교에서 고등학교를 마치고 1914년 소르본 대학에 입학하여 화학을 공부하였다.

마리의 생애에 1910년에서 1913년 사이는 '스캔들과 회복' 기간이다. 이 기간의 일들은 그를 산산이 부셔놓은 스캔들보다는 그가 어떻게 회복할 수 있었는지, 마리의 참 모습을 알 수 있는 기회가 된다. 1910년 11월 마리는 물리학자 몫으로 공석이 생긴 프랑스 과학아카데미(과학학술원) 회원으로 입후보했다. 그의 경쟁 상대는 66세의 에두아르 브랑리였다. 그는 무선 전신에 기여했다. 1909년 마르코니가 노벨상을 받았을 때 프랑스 인 중에는 그가 상을 받지 못한 것을 안타깝게 생각하는 분위기였다.

정치적으로 브랑리는 보수 가톨릭의 지지를 받았으며 마리는 진보 그룹에 속해 있었다. 우익 언론은 마리가 유대인이며 진정한 프랑스인이 아니기 때문에 아카데미 회원의 자격이 없다는 온갖 소문을 쏟아냈다. 또한 당시 여성과학자는 차별의 대상이었다. 그러나 1911년 1월 결과는, 두 표 차이로 브랑리가 선임이 되고 마리는 상처를 입었다. 마리는 다시는 아카데미 잡지에 글을 쓰지 않았고 회원으로도 입후보하지 않았다.

그리고 그 해가 다 가기 전에 마리 퀴리의 사생활이라고 부를 수 있는 5세 연하인 동료 물리학 교수 폴 랑제방(1872~1946)과의 스캔들이 신문에 실렸다. 친구로부터 신문을 받아든 이렌은 '러브 스토리. 마담 퀴리와 랑제방 교수' 라는 글을 읽고 얼굴이 하얗게 되어 기절했다. 랑제방 교수는 바로 이렌에게 수학을 가르친 선생님이었다.

그리고 랑제방은 후에 이렌의 남편이 된 프레데릭 졸리오의 스승이다. 랑제방은 1924년 졸리오로 하여금 라듐 연구소를 찾아 마리를 만나도록 하였고 조수로 채용되자 마리는 이렌에게 실험 방법을 가르치는 임무를 맡겼다. 2년 뒤에 결혼한 졸리오 부부는 최초로 인공 방사성 원소를 생성한 업적으로 1935년 노벨 화학상을 받았다. 그리고 후에 졸리오 부부의 딸이 랑제방의 손자와 결혼했다고 하니 마리와 랑제방의 인연을 헤아릴 수 있다.

랑제방은 마리의 남편인 피에르의 학생이었으며 피에르를 존경하였다. 그는 성적 매력이 풍부했고 베푸는 성격이었다. 그러나 1902년 결혼은 행복하지 않았다. 네 명의 자녀를 두었으나 부부간 갈등이 심했다. 심지어 부인과 처가 식구에 의해 구타당한 흔적을 하고 실험실에 나온 적도 있었다. 1910년 7월 중순에는 랑제방이 집에서 나와 살았는데 그 아파트는 마리의 실험실에서 그리 멀지 않았다.

38세에 남편을 잃고 어린 두 아이를 키우던 마리의 빈자리를 채워줄 남성이 필요했으며 폴 랑제방이 그 역할을 했을 것이라고 생각된다. 그러나 마리가 점심때에 폴의 아파트를 방문해서 식사를 지어준 것이 단순한 배려였는지 특별한 관계였는지 둘 사이의 관계를 폭로한 사람이 폴의 부인인 잔이라는 것을 어렵지 않게 추리할 수 있다. 잔이 고용한 사람이 1911년 부활절 경에 누군가의 아파트에 침입하여 편지를 훔쳐내는 데 성공했다. 1910년 마리가 폴에게 보낸 편지에는 잔과 별거하라고 제시한 부분이 있는데 수잔 퀸의 〈마리 퀴리의 생애〉에 다음과 같이 적혀 있다.

"폴에게 잔과의 성 관계에 대해 쓰며 마리는 '우리에 관해 알고 있는 모든 사람이, 아아 이미 많은 사람들이 대단히 심각하게 판단할 것이기 때문에' 잔이 다시 아이를 갖는다면 참을 수 없을 것이라고 적었다. 만일 그런 일이 일어난다면 그것은 '우리 사이의 분명한 결별....나의 인생과 당신에 대한 나의 위치를 위태롭게 할 수 있기 때문에, 그러나 나는 나와 당신과 내가 존중하는 사람들의 면전에서 이 불명예를 받아들일 수 없기 때문에' 결별을 의미할 것이다. 마리는 '당신의 부인이 이를 이해했다면 이 방법을 즉시 사용할 것이다. 그리고 누군가 그것을 그녀에게 말해 주었는지도 모른다' 고 덧붙였다."

이것만으로 마리와 폴의 관계가 간통사건이었는지는 알 수 없다. 그러나 분명히 둘이 예사로운 관계가 아니었음을 느끼게 한다. 편지를 확보한 직후 신문의 편집인으로 있던 잔의 한 친척은 마리를 방문하여 잔이 편지를 확보하였고 스캔들이 곧 터질 것이라고 전해 주었다. 집에서 나온 폴은 잔에게 금전적으로 보상할 목적으로 돈이 필요하여 마리로부터 5,000프랑을 빌렸으나 위협을 막지는 못했다. 단지 시간을 벌었을 뿐이다.

그리고 1911년 11월 4일에 파리의 가장 큰 신문인 〈르 주르날〉에는 이렌이 읽은 대로 '러브 스토리. 마담 퀴리와 랑제방 교수' 라는 기사가 실렸다. 그 첫 대목은 다음과 같이 시작했다. "그렇게 신비스럽게 비추던 라듐의 불꽃이...그렇게 헌신적으로 그 작용을 연구하는 과학자들 중 하나의 가슴에 불을 당겼다; 그리고 이 과학자의 부인과 아이들은 눈물 속에 있다."

마리와 폴의 스캔들은 이미 여름에 소문이 나기 시작한 것이다. 그러나 마리는 이 와중에서도 연구와 활동에 몰두해 있었다. 그는 7월에는 네덜란드의 레이덴으로 여행하여 오네스를 만나기도 했다. 10월 말에는 브뤼셀의 솔베이 학회에 참석하기 위해 파리를 떠났다. 그런데 회

1911년 브뤼셀의 솔베이 학회의 사진. 앞줄 오른쪽 두 번째에 마리가 보인다. 그리고 랑제방(Paul Langevin)이 제일 오른쪽에 서 있고 그 옆에는 아인슈타인의 모습이 보인다.

의가 끝나던 날인 11월 4일 스캔들이 터진 것이다. 마리가 폴과 함께 외국의 학회에 참석한 것에 감정이 상한 잔과 잔의 가족이 신문사에 알려 둘 사이의 스캔들을 기사화 하도록 한 것이다.

마리는 브뤼셀에서 많은 과학자들과 학문적인 토의를 했다는 등 했을 것이지만 파리로 돌아온 마리는 성난 시민들이 집과 실험실에 모여 있는 것을 발견했다. 이들은 잔에 대한 한없는 동정을, 남의 가정을 파괴한 마리에 대한 분노를 갖고 있었다. 이런 일이 있던 1911년 마리는 “나의 과학적 연구와 사생활간에는 아무 관련이 없다고 믿는다.... 나는 과학적 연구의 가치에 대한 인정이 사생활에 대한 중상과 모략에 의하여 영향을 받아야 한다는 아이디어를 원칙적으로 받아들일 수 없다”고 변호하였다.

이때 물리학계는 마리를 구원하기 위해 나서지 않았다. 이들은 마리에 대한 언론의 반응이 지나쳤다고 변호할 수도 있었는데 침묵으로 일관했으며 단지 영국의 아일톤이라는 여성 엔지니어가 은신처를 제공하여 기자와 성난 사람들을 피하도록 했을 뿐이다. 어쩌면 라듐과 폴로늄의 발견 공로로 두 번째의 노벨상을 수상한 것이 마리를 구했는지도 모른다.

1911년 11월 7일, 그러니까 스캔들이 터진 다음에 스웨덴 왕립 과학

아카데미는 마리를 노벨 화학상 수상자로 결정했다. 이들은 노벨상이 사람에게 주는 것이 아니라 연구에 준다는 원칙을 따랐다. 그렇다고 아카데미가 스캔들을 걱정하지 않은 것은 아니었다. 프랑스 주재 스웨덴 대사가 브뤼셀에서 마리가 폴과 함께 있지 않았다는 정보를 제공하자 투표를 결정했다고 한다. 그러나 프랑스 언론은 로이터통신이 11월 7일 수상 결정을 알렸는데도 보도를 미루었다. 마침내 11월 9일 조그맣게 수상 소식이 신문에 나자 비로소 마리의 친구와 동료 과학자들이 마리를 지원하기 시작했다고 한다.

그러나 다른 사건이 터졌다. 11월 23일 앞서 언급한 마리와 폴 사이에 교환했던 편지가 공개된 것이다. 이 편지는 브뤼셀에서 둘이 함께 하였는지가 아니라 둘 사이의 은밀한 관계를 부인할 수 없는 증거였다. 이로 인하여 11월 26일에는 폴과 신문의 편집인 사이에 권총 결투가 벌어졌다. 11월 29일 스웨덴 왕립 과학 아카데미의 위원인 스반테 아레니우스(1859~1927)는 마리에게 편지로 12월 10일 노벨상 수상식에 오지 않는 것이 좋을 것이라고 충고했다. 그 편지에는 다음과 같은 내용도 있다.

"만일 문제의 편지가 사실이라고 아카데미가 믿었다면 절대로 그것이 거짓이라는 적절한 해명이 없이는 상을 주지 않았을 것이다. ...따라서 아우리빌리우스[아카데미의 사무총장]나 나에게 전보로, 오는 것이 불가능하다고....그리고 다음에 편지로 랑제방 공판이 당신에게 주어진 혐의가 절대로 근거가 없다는 것을 증명하기 전에는 상을 받기를 원하지 않는다는 편지를 쓸 것이라고 알려주기를 희망한다."

이는 스웨덴 아카데미 위원이 스캔들이 노벨상 수상 결정에 영향을 미칠 수 있음을 말하고 있다. 이때 마리는 다른 위원에게 "내가 아레니우스를 친구라고 여겼던 적이 있는 것을 아는가"라고 편지를 보냈다. 그리고 아레니우스에게 다음과 같은 편지를 보냈다.

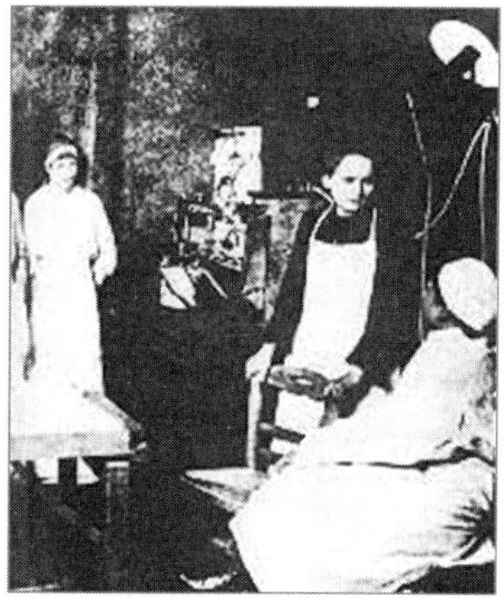

1차 대전이 발발하자 라듐 연구소의 마리 퀴리(가운데 여성)는 150명의 여성에게 X선 기술을 가르친다. (http://www.aip.org)

"아카데미의 의도와 의견을 헤아릴 책임이 나에게 있다고 믿지 않는다. 따라서 나는 내 신념대로 행동해야 한다. 당신이 조언한 행동은 내 측에서 볼 때 중대한 오류인 것으로 보인다. 사실로 상은 라듐과 폴로늄의 발견에 수여된 것이다. 나는 나의 과학적 연구와 사적 생활의 사실들이 관련이 없다고 믿는다. ...많은 사람들이 나와 같은 의견을 갖고 있다고 확신한다. 나는 당신이 같은 의견을 갖고 있지 않은 것을 보고 대단히 슬퍼진다."

마리가 노벨상 수상식에 참석한 것을 그의 가장 용감한 행동이었다고 말한다. 그가 굴복했다면 그 뒤 장래는 어두워졌을 것이라고 말한다. 마리는 1911년 12월 10일 노벨상을 받고 파리로 돌아와 1912년 1월 대부분의 시간을 병원에서 보냈다. 심한 우울증과 콩팥의 문제가 있었기 때문이다. 그리고 3월에는 콩팥 수술을 하고 다시 몇 달을 회복하여야 했다. 이때 그는 파리 근처에 마담 스클로아우스카라는 이름으로 집을 구했다. 그는 이렌에게 조차 마담 퀴리라고 편지를 하지 못하도록 했다. 피에르의 이름을 쓸 자격이 없다고 생각했으리라. 그리고 1912년 12월 3일에 14개월 만에 실험 노트에 기록을 남겼다.

1914년 파리 대학에 라듐 연구소가 완공되고 그리고 1차 대전이 발발하자 그는 이렌의 도움을 받아 간호사에게 X선 진단법을 교육하였다. 그리고 전쟁이 끝나 재정이 어려웠을 때 1921년 두 딸과 함께 미국으로 가서 하딩 대통령을 만났다. 이제 마리의 스캔들은 산산이 흩어지고 그는 다시 영광의 중심 인물이 되었다.

참고 자료

- Quinn, Susan, *Marie Curie: A Life*. Perseus Publishing, New York, NY, 1996.
- Marie Curie and the Science of Radioactivity. http://www.aip.org/history/curie

4 노벨상 연구와 우선권 논쟁

천연물의 구조 결정과 합성에 대한 업적으로 1965년 노벨 화학상을 수상한 우드워드 (Robert B. Woodward).

로버트 우드워드(1917~79)는 여성 호르몬 에스트론(스테로이드) 합성 연구로 1937년 20세에 MIT에서 박사학위를 받고 하버드 대학으로 옮겨 27세이던 1944년에는 조교수로 임명되었다. 그는 하버드에서 키니네, 코르티손, 엽록소, 테트라시클린 등 다양한 생물학적 물질의 구조 규명과 합성에 성공했고, 이 업적으로 1965년 노벨 화학상을 받았다. 그리고 1976년 비타민 B12의 합성은 거의 10년간에 걸쳐 100명 이상의 연구원이 참여한 노력의 결과였다.

우드워드의 합성 연구의 성공은 그가 합성 반응의 해석에, 즉 어떤 반응물을 어떤 조건에서 반응시키면 어떤 경로로 반응이 진행되어 어떤 산물이 생성되는지에 관한 메커니즘적 해석과 예측에 특별한 능력을 지녔음을 의미한다. 그는 비타민 합성 과정에서 고리형협동반응의 반응 경로를 양자역학적으로 해석하여 1965년 우드워드-호프만 법칙으로 발표했다. 1981년 이 분야가 노벨 화학상의 대상이 되었을 때 처음 이 이론에 착안한 일본의 후쿠이와 호프만이 상을 받았다. 우드워드가 살아 있었다면 틀림없이 두 번째의 노벨상을 받았을 것이라고 생각된다.

우드워드-호프만 법칙의 로얼드 호프만은 1958년 하버드 대학에서 대학원 연구를 시작하여 양자역학에 지식을 쌓았다. 그리고 1962년 화학물리학으로 박사 학위를 받고는 하버드에 남아 연구를 계속했다. 이

유기 합성 이론과 방법의 개발 업적으로 1990년 노벨 화학상을 수상한 코리(Elias J. Corey).

때 우드워드와 함께 고리형협동반응의 이론을 개발하여 1965년 5편의 논문으로 발표하였다. 그의 나이 28세 때였다. 이 이론은 그 다음해에 이미 케임브리지 대학의 학부 교과 과정에서 다룰 정도로 중요한 이론으로 인정받았다. 호프만은 1965년 이래 코넬 대학 교수로 연구하였다.

그런데 2004년 하버드 대학의 엘리아스 코리가 미국 화학회의 프리스틀리 상 수상 강연에서 우드워드-호프만 법칙의 아이디어를 낸 사람이 자신이었다고 공개하여 논란이 일어났다. 코리는 프로스타글랜딘 등 여러 복잡한 생체 물질을 합성했고 1990년 유기합성 이론과 방법의 개발로 노벨 화학상을 받은 합성 화학의 대가이다.

MIT에서 박사학위를 받은 코리는 1957년 일리노이 대학 교수로 있던 때에 안식년 휴가를 내어 하버드의 우드워드의 실험실에서 연구하였고 1959년 31세에 하버드 대학의 교수로 부임하였다. 그러니까 우드워드와 코리의 이야기는 함께 하버드의 교수로 있던 때에 일어난 일이다. 코리의 이야기를 정리하면 다음과 같다.

"1964년 5월 4일 우드워드는 코리에게 고리형협동반응의 메커니즘에 대한 의견을 물었다. 코리는 자신이 해석을 갖고 있다고 하고는 반응의 경로가 반응물의 분자궤도함수의 대칭성 성질에 기초한다고 말해 주었다. 그 다음날 우드워드는 코리 앞에서 다른 방문 교수에게 자신의 아이디어인 것처럼 원리를 설명해 주었다. 코리는 아무 말도 하지 않았다. 그는 당시 단지 35세의 교수이었으나 우드워드는 중진 교수였기 때문이다. 코리는 1980년대 초에 이 문제를 호프만을 위시한 몇몇 사람과 토의했으나 반응이 신통치 않았다. 이와는 관련이 없는 주제로 노벨상을 받은 우드워드에게는 이 말을 하지 않았다."

이론 화학에 대한 업적으로 1981년 노벨 화학상을 수상한 호프만(Roald Hoffmann).

이에 대한 호프만의 반응이 나왔다. 1960년대 중반 세 사람 모두 하버드에서 연구하고 있었다. 비타민 B_{12}의 합성을 연구하던 우드워드는 어째서 어떤 반응 산물의 분자 기하학이 이론에 의해 예측되는 것과 반대인지 이유를 찾으려고 했다. 그는 양자역학에 해석이 있을 것이라고 믿고 양자역학을 아는 호프만을 채용하여 이 아이디어를 개발시켰다. 그래서 우드워드-호프만 법칙이 나왔다는 것이다.

호프만은 코리의 주장이 옳지 않다고 하며 1970년대 어느 때인가 코리가 그에게 1964년 대화에 대하여 말했다는 것을 기억했다. 그는 당시 그것을 심각하게 생각하지 않았다. 그리고 1981년 노벨상이 발표되자 코리의 편지를 받았다. 코리는 같은 주장을 반복하며 호프만에게 노벨상 강연에서 자신의 기여를 언급해 줄 것을 요청했다. 그러나 그는 거절했는데, 코리가 자신에게 자기를 위한 주장을 말해달라는 것은 공정하지 못하다는 것을 발견했기 때문이다. 더욱이 우드워드는 사망하여 아무 언급도 할 수 없는 상황에서 요구를 할 수는 없는 것이다.

호프만은 우드워드가 이미 분자궤도함수에 대한 아이디어를 갖고 있었고 코리가 단지 이 아이디어가 정확하다는 것을 확인해 주었을지 누가 아느냐고 말한다. 또한 그가 우드워드에게 코리의 역할을 물은 적이 있는데 우드워드는 없다고 답했다고 한다. 여하튼 호프만은 우드워드가 직접 말할 수 없는 지금 이 문제를 코리가 제기하는 것이 정당하지 못하다고 분명히 한다.

이에 대한 코리의 답변도 있다. 우드워드는 처음에는 자신의 제안을 받아들이기를 꺼려했고 이것이 우드워드가 자신의 아이디어를 취한 증거라는 것이다. 그리고 코리는 호프만에게 자신이 직접 우드워드에게 문제를 제기하지 않은 이유는 하버드 대학에 손상을 주고 싶지 않았고 우드워드가 세월이 흐르면 원숙해져 자신의 양심에 대해 좀 더 예민하게 될 것이라고 생각했기 때문이라고 답했다고 한다.

이 가운데 코리와 같은 기본적인 아이디어는 이미 1961년 우드워드와 호프만도 인용한 문헌에 나와 있다는 이야기도 있으나, 노벨상 수상자 간의 이러한 논의는 갈등이라기보다는 과학의 필수적인 과정이다. 과학자의 윤리에 타인의 공헌을 인정해야 한다고 규정하는 것은 과학이 논문으로 발표된 것이든, 대화중에 나온 것이든 아이디어를 토대로 하고, 아이디어와 연구 결과의 인정이 과학자가 받는 보상의 전부이기 때문이다.

이번에는 노벨상 수상 업적 논쟁을 살펴본다. 2003년 노벨상 수상자가 발표되자, 자기공명영상(MRI)에 대한 업적으로 주어진 노벨 의학상에 자신이 빠졌다고 광고한 레이몬드 다마디안이 단연 화제로 올랐다. 그는 〈뉴욕 타임스〉와 〈워싱턴 포스트〉에 20만 달러나 들여 "부끄럽게도 잘못됐다. 바로 잡아져야 한다"는 광고를 실었다. 분명 노벨상을 받은 로터버와 맨스필드는 상을 받을만하다. 문제는 어째서 자신이 포함되지 않았느냐는 것이다.

MRI는 인체 내의 물(H_2O) 중의 수소 원자핵에 관한 것이다. 수소 원자핵은 강한 자기장에 노출될 때 일종의 질서적인 상태로 배열된다. 여기에 전자파를 가하면 에너지를 흡수하여 원자핵의 상태가 높은 에너지 상태로 변한다. 에너지 상태는 양자화되었기 때문에 상태의 전이를 위해서는 일정한 에너지, 즉 일정한 진동수의 전자파의 흡수가 필요하다. 이 수소 원자 에너지 상태의 변화를 핵자기 공명이라고 부르며 공명 에너지는 수소 원자핵이 놓인 환경에 따라 근소한 차이가 있다.

다시 말하면 MRI에 의해 수소 원자핵이 놓인 환경을 파악할 수 있다. 인체의 3분의 2가 물이기 때문에 조직과 기관에서 물의 운동과 질적 양적 양상의 파악이 가능하다. MRI는 자기장을 이용하기 때문에 인체에 해가 없는 장점이 있다. 또한 인체의 거의 모든 기관에 적용이 가능할뿐더러 특히 뇌와 척수의 자세한 영상을 위해 가치가 있다. 조직과 기관의 병리적 변화에서 물의 함량의 변화가 오기 때문에 이 방법은 다양한 질병의 진단에 적용이 가능하다.

1977년 7월 다마디안(Raymond Damadian, 사진)은 최초로 인간 두개골의 자기공명영상(MRI)을 만들었다.
(http://www.answersingenesis.org)

2003년 노벨상 수상자 폴 러터버는 1973년 뉴욕 주립 대학(스토니 부룩) 화학과 교수이던 때에 주 자기장에 경사도 자기장을 도입하여, 즉 자기장 기울기를 도입하여 2차원의 상을 만들 가능성을 발견했다. 그리고 같은 때 영국 노팅험 대학의 피터 맨스필드는 러터버와 유사한 실험을 통해 검출된 신호를 신속하게 그리고 효과적으로 분석하여 영상으로 전환하는 방법을 개발하였다.

다마디안이 MRI에 기여했음은 틀림없어 보인다. 1960년 알버트 아인슈타인 의과 대학을 나온 의사인 그는 1970년 하버드 대학에 있을 때 MRI에 착안하였다. 그래서 1971년 뉴욕 주립대학 의과대학 교수로 있던 때에 암 조직과 정상 조직이 핵자기 공명에 다르게 반응한다는 논문을 발표하였다. 이어 그는 1974년에는 암을 검출하기 위한 MRI

장치의 설계와 사용에 관한 특허를 획득하였고 1977년에는 최초로 MRI 장치를 사용한 두개골 촬영에 성공하였다.

그는 1978년 MRI 장치를 제조하기 위한 기업을 설립하여 1980년 최초의 제품이 나왔다. 그는 이번 광고에 20만 달러를 사용했으나 부유한 것으로 보인다. 그의 1974년 특허에 대한 무효 소송이 제기됐으나 1997년 미 대법원의 판결로 특허로 확정됐다. 그간에 제네럴모터스(GM)의 특허 침해 소송에서는 1억 2,900만 달러를 배상 받기도 했다.

다마디안이 노벨상을 받지 못한 이유는 그러한 이유를 노벨상 위원회가 공표하지 않는 관례상 정확히는 알지 못한다. 다만 다마디안, 러터버, 맨스필드 세 과학자가 MRI에 기여했지만 다마디안의 이론이 다른 두 사람의 자기장 기울기 아이디어에 비해 떨어지지 않았느냐고 추정할 수 있다. 노벨상 수상에서 다마디안의 MRI에 의한 암 진단 가능성과 조잡한 아이디어가 아니라, 그런 것은 과거에도 있은 새로운 것이 아니며 실제 MRI가 있게끔 한 다른 두 과학자의 공로가 인정받았다는 해석이다.

이러한 학술적 평가 외에도 다마디안의 노벨상 수상에 장애가 될 문제들이 거론되기도 한다. 그가 대학을 떠나 영리적 개발에 치중했고 자신의 발명을 크게 광고한 것이 노벨상 선정 위원들이 그를 기피한 이유일 것이라는 것이다. 또한 다마디안이 창조연구소(ICR)의 기술 자문 위원이었다는 문제를 지적하기도 한다. 창조연구소가 지구가 1만 년 전에 창조됐다고 하는 등 비과학을 전파하는 문제는 과학계에서 심각한 문제로 여기고 있으며 다마디안이 이 반경에 속한다는 사실이 부정적인 영향을 주었음에 틀림없다.

참고 자료

- Abbott, Alison, Nobel laureate dispute made public.
  http://www.nature.com/news/2004/041122/pf/432427a_pf.html

- Borman, Stu, Dispute on Theory's Origins Goes Public, Debate is over credit for initial idea that led to Woodward-Hoffmann rules, *C&EN*, November 29, 2004, p. 8.
- Henry, Celia M., A Nobel Controversy, A bitter feud over this year's medicine prize for MRI erupts into public view, *C&EN*, November 3, 2003, p. 39.
- Verhoeven, Jan W., Corey and Woodward: Round Two, *C&EN*, February 28, 2005, p. 7.

5 황열병과 노구치의 불행

세계적인 미생물학자 노구치(Hideyo Noguchi)의 업적을 기리는 일본 우표.

황열병은 열대 아프리카와 남미의 많은 지역에서 발생하는 전염병이다. 심한 열과 두통에서 시작하여 토해낸 액에는 커피 색깔의 피를 함유하고 잇몸 출혈과 황달 증세가 나타난다. 마침내 저혈압, 쇼크 등으로 사망한다. 미국에서 1793~1822년 필라델피아, 뉴욕, 보스턴 등 항구 도시에서 유행한 황열병으로 1만 명에 이르는 사망자가 발생한 것으로 추정하고 있다. 황열병은 황열병 모기에 의해 전파되는 바이러스 질병인데, 당시는 황열병이 모기에 의해 매개된다는 사실을 알지 못했고, 바이러스의 존재 자체도 모르고 있었다.

1890년대 러시아의 이바노프스키와 네덜란드의 베이에링크에 의해 처음 존재가 알려진 바이러스는 담배 모자이크병 바이러스(TMV)이다. 이들은 담배 모자이크병에 걸린 담배의 즙을 특별한 장치를 사용하여 여과하여 감염을 일으키는 박테리아를 분리 제거하려고 했다. 그러나 아무리 반복하여 여과하고 또 여액을 알코올과 포르말린으로 처리해도 그 액을 담배에 발랐을 때 모자이크병에 감염되어 죽었다. 이 여과되는 병원체를 박테리아와는 다른 바이러스로 알게 된 것이다.

1900년 봄 쿠바의 하바나에 황열병이 유행했다. 그곳에는 스페인과 미국과의 전쟁에서 쿠바를 침공한 미국 군인들로 가득했다. 황열병으로 죽어가는 군인이 늘자 병의 원인과 예방법을 강구하기 위해 월터 리드를 위원장으로 하는 황열병 위원회가 구성됐다. 리드는 당시 77세

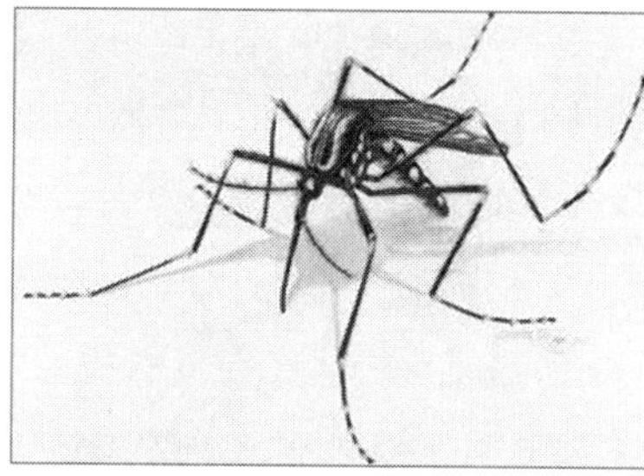

▲황열병 모기(*Aedes aegypti*)
◀황열병이 모기에 의해 매개되는 것을 발견한 쿠바의 의사 핀레이(Carlos Finlay). (PAHO/WHO)

인 쿠바 의사 카를로스 핀레이(1833~1915)를 방문하여 이 병이 모기에 의해 매개된다는 말을 들었다. 위원회는 황열병이 모기에 의해 전염된다는 이론을 증명했고 족구병과 마찬가지로 여과되는 인자, 즉 바이러스의 감염에 의한 것이라고 결론을 지었다.

그러나 황열병 인자가 바이러스가 아닌 박테리아라는 주장도 나와 논란이 있었다. 여기에는 일본인 히데요 노구치(1876~1928)의 이야기가 전해 내려온다. 노구치는 가난한 농부의 아들로 태어나 일본에서 의과대학을 나와 1898년 키타사토 감염 질병 연구소에 들어갔으나 유명 대학 출신이 아니어서 고립되어 생활한다. 그러던 차에 그 연구소를 방문한 미국 연구원의 도움으로 1899년 23세의 나이에 미국으로 가서 록펠러 연구소에서 연구를 하게 되었다. 그는 뱀 독소 연구와 신경 매독 환자의 뇌 조직에서 매독 스피로헤타의 존재를 확인하는 등 매독 균 연구를 인정받아 연구소의 소장 직위에 올랐다.

1915년 일본으로 돌아온 노구치는 세계적 과학자로서 영웅대접을 받았으나 스페인과 전투 중이던 미국을 방문하였을 때 쿠바에서 전쟁보다도 더 많은 사람이 황열병으로 사망하는 것을 보고는 돌아가지 않고 황열병을 연구하게 되었다. 그는 남미에서 황열병이라고 생각되는 환자의 피를 기니피그에 접종하여 황열병과 유사한 증세가 나타나는 것을 관찰하고 그것이 렙토스피라 감염인 것을 증명했다. 황열병의 병원체가 박테리아라는 이 결과는 1918년 발표됐다.

그러나 1927년 록펠러 서아프리카 황열병 위원회에서는 황열병 인자가 여과가 되는 바이러스라고 선언하였다. 노구치는 이 문제를 분명히 하기 위해, 즉 남미 황열병이 서아프리카의 황열병과 어떻게 다른지를 확인하기 위해 아크라로 떠났다. 그는 그곳 실험실에서 박테리아가 병의 인자라는 것을 증명하지 못했다. 그는 자신이 연구하던 남미 황열병과 서아프리카의 황열병이 다른 질병이거나 아니면 자신의 연구에 근본적인 오류가 있었음을 인정해야만 했다.

그리고 노구치는 불행히도 그곳에서 황열병에 걸려 1928년 52세의 나이로 사망하였다. 그는 마지막 "이해할 수 없다"는 말을 남겼다. 후에 노구치의 오류는 황달출혈성 렙토스피라증(와일병)을 황열병으로 잘못 안 것으로 밝혀졌으나 과학은 오류 가운데 발전한다는 점에서 노구치의 오류가 그의 학문적 노력과 업적을 무효화하지는 못할 것이다. 노구치의 이름은 매독 병원균에 관한 연구로 그리고 유명 미생물학자로 미생물학의 역사에 남아 있다.

남아프리카 태생 미국의 미생물학자 타일러(Max Theiler). 황열병 백신 개발 업적으로 1951년 노벨 의학상을 받았다.

노구치의 오류를 수정한 사람은 같은 록펠러연구소의 월버소여(1979~1951)이다. 그는 공중 보건 부문에서 일하다가 1924년 록펠러 재단의 공중 보건 연구소의 소장이 되었다. 1926년 나이지리아에 파견되어 서아프리카 황열병 위원회에서 일을 하였고 1928년에 록펠러 연구소에 작은 황열병 실험실이 설립되자 그곳에서 교차면역 실험을 통해 아프리카와 남미의 황열병 병원체가 유사한 바이러스임을 증명하였다. 그리고 노구치가 와일병을 황열병으로 오진한 문제도 밝혔다.

소여는 다음에 황열병 백신 개발에 관심을 집중하였다. 그는 1930년 하버드의 막스 타일러(1899~1972)를 팀에 합류시켜 약독화된 황열병 바이러스를 황열병에 면역인 사람의 혈청과 섞어 투여하는 방법을 개발했으나 대량 생산에는 면역된 혈청이 필요하였기 때문에 문제가 되었다. 타일러는 1932년에 병아리 배아를 사용한 바이러스 배양법을 개발했고 1936년 말까지 17D라고 불리는 약독화된 균주만의 백신 제조에 성공했다. 그는 이 공로로 1951년 노벨 의학상을 받았다. 그러나 백신 개발의 중요성에 착안하고 공동으로 연구하고 또 백신의 대량 제조와 개발 실험을 수행한 소여에게는 노벨상이 돌아가지 않았다.

참고 자료

- A Short History of Yellow Fever in the US.
  http://www.geocities.com/bobarnebeck/history.html
- Pioneers in Medical Laboratory Science-2.
  http://www.hoslink.com/history2.htm
- The Wilbur A. Sawyer Papers.
  http://profiles.nlm.nih.gov/LW/Views/Exhibit/narrative

6 'DNA의 다크 레이디' 로잘린드 프랭클린

X선 회절 방법으로 DNA의 구조를 연구한 영국의 프랭클린(Rosalind Franklin).

37세의 나이로 사망한 여성 과학자 프랭클린의 일생은 두 편의 전기, 1975년 안 세이어의 〈로잘린드 프랭클린과 DNA〉와 2002년 브렌다 매독스의 〈로자린드 프랭클린: DNA의 다크 레이디〉로 출간됐다. 이들 책은 로잘린드 프랭클린이라는 여성을 통해 과학 세계에서의 여성의 어려움을 그렸으나 페미니스트 작가의 시각이라는 점에서 논란도 있다.

이야기의 무대는 런던 킹스 칼리지의 MRC 생물리학 실험실이다. 이 실험실은 1946년 킹스 칼리지의 물리학 과장으로 부임한 존 랜들이 설립했으며 그는 그곳에서 X선 회절법으로 유전자의 구조를 연구하기를 원했다. 랜들과 함께 킹스 칼리지로 온 모리스 윌킨스(1916~2004)가 1940년대 말부터 이 연구를 수행하고 있었다. 그래서 1950년 여름에 윌킨스는 레이몬드 고슬링과 함께 고순도의 습기를 가미한 DNA를 사용하여 최초로 선명한 결정성 DNA의 X선 사진 패턴을 얻었다.

같은 해에 윌킨스와 알렉산더 스토크스는 이 사진을 해석하여 DNA가 나선형일 가능성을 찾아냈다. 스토크스의 말을 빌리면 1950년 어느 날 윌킨스가 자신을 찾아와 사진이 나선형인지 수학적으로 해석할 수 있는지를 물었다. 그래서 집으로 가는 길에 이 문제를 생각하여 다음 날 아침에 나선의 상승 각도가 40도 정도인 그림을 보여주었다. 그러나 당시 나선형일 것이라는 외에는 모든 것이 불확실했으므로 발표하지 않고 좀 더 자세한 근거를 찾으려고 했다.

이 킹스 칼리지의 장면에는 1951년 1월 프랭클린이 나타난다. 로잘린드 프랭클린(1920~58)의 아버지는 부유한 유대인으로 1930년대 나치 독일에서 피난 온 유대인을 돕는 활동을 폈다. 어려서부터 과학자가 되기를 원했던 프랭클린은 1942년 케임브리지 대학을 나와 1945년에는 그곳에서 석탄의 구조에 관한 연구로 박사 학위를 받았다. 그리고 1947년에는 파리로 옮겨 X선 결정학을 배워 석탄 연구에 적용하였다. 그리고 1951년 1월부터 킹스 칼리지로 출근한 것이다.

1962년 DNA의 X선 연구로 노벨 의학상을 수상한 영국의 윌킨스(Maurice Wilkins).

랜들 실험실에서 프랭클린은 여러 갈등을 겪었다. 견디기 어려웠던 것은 프랑스와는 다른 남성 위주의 대학 분위기였다. 여성은 다른 과학자들과 공식적인 관계만을 가졌고 모든 사교적 행사에서 제외됐다. 그리고 같은 연구실의 윌킨스와 알력이 심했다. 처음에 이들은 따로 연구를 하면서도 가끔 함께 외출하여 식사를 하기도 했다. 그러나 두 사람 관계는 점차 회복되기 어려운 파국을 맞았는데 성격상의 문제로 보인다. 프랭클린은 논쟁을 좋아한 반면 윌킨스는 갈등을 피하는 성격이었다. 그리고 두 사람의 알력은 연구를 세밀히 구분하지 않은 랜들에게도 문제가 있었다.

이런 가운데 프랭클린과 고슬링은 습도를 변경해 가며 DNA 섬유의 X선 사진을 찍어 분석했다. 이들은 1952년 1월까지 DNA가 A형과 B형의 두 가지 다른 형으로 존재함을 발견했다. A형은 윌킨스와 고슬링이 이미 발견한 것이고 '사진 51' 이라고도 불리는 B형 사진은 높은 습도에서 얻은 것이다. '사진 51' 의 패턴이 나선형인지는 처음에는 분명하지 않았다. 일면 윌킨스도 새로운 사진 촬영법을 설계하여 허버트

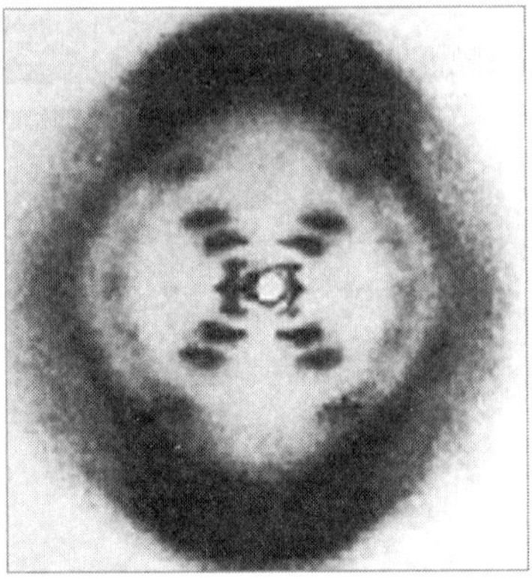

로잘린드 프랭클린의 '사진 51'로 불리는 B형 DNA의 X선 패턴.

윌슨과 함께 연구하여 어디에서 얻은 DNA이든 같은 형태의 X선 패턴을 보인다는 것을 알았다.

1951년 11월 킹스 칼리지의 학술발표회에 참석했던 케임브리지의 왓슨은 프랭클린, 윌킨스, 스토크스의 발표 내용을 참고하여 단백질의 나선형 구조에 경험을 가진 크릭과 함께 DNA의 모형을 만들어 보았다. 그러나 1951년 말, 이 모형을 본 윌킨스와 프랭클린은 즉시 잘못됐다고 지적했다. 그리고 왓슨과 크릭은 1953년 1월 소위 윌킨스가 프랭클린에게 알리지 않고 왓슨에게 보여준 '사진 51'에서 정확한 나선형의 힌트를 얻어 1953년 초에 새로운 모형을 만들 수 있었다. 왓슨과 크릭은 1953년 2월 프랭클린의 MRC 보고서에서 자세한 수치적 자료를 얻었다.

윌킨스가 왓슨에게 '사진 51'을 보여준 때는 프랭클린이 런던 베크벡 칼리지로 떠나기 직전이었다. 다른 항목에 기술한대로 윌킨스의 자서전에는 고슬링이 복도에서 그 사진을 전달했을 때 윌킨스는 프랭클린이 갖고 참조하라고 한 줄 알았다고 한다. 그리고 왓슨을 만났을 때 윌킨스는 프랭클린은 불확실하다고 하나 이것이 나선형이 아니고 무엇이냐고 말하기 위해 보여주었다고 한다.

여하튼 1953년 1월 프랭클린은 버크벡 칼리지로 옮겼다. 윌킨스와의 알력 등 참을 수 없는 연구 분위기 때문이었다고 한다. 그는 파리로 돌아갈 생각으로 접촉하기도 했으나 가능하지 않았다. 버크벡에서 담배모자이크병 바이러스에 관해 연구하였다. 1956년 가을 그는 암에 걸렸다는 것을 알게 되었으나 연구를 포기하지 않고 끝까지 소아마비 바이러스와 같은 위험한 연구를 하였다. 1958년 4월 37세의 나이로 사망했다.

일면 버크벡 칼리지로 옮기기로 결정한 프랭클린은 그 동안의 DNA 연구 결과를 정리하는 과정에서 B형 패턴이 중요하다는 것을 알았다. 1953년 2월의 미발표 연구 노트에는 DNA 구조가 나선형이라는 것을 알았음을 의미하는 것이 들어 있다. 그리고 1953년 3월 12일 경 윌킨스가 케임브리지를 방문했을 때 왓슨과 크릭의 새로운 모델을 보았는데 그것은 모든 것이 자신과 프랭클린의 자료와 부합되는 것이었다.

왓슨(James Watson, 왼쪽)과 크릭(Francis Crick)과 DNA 이중 나선형 모형.

이것이 바탕이 되어 1953년 4월 25일 〈네이처〉에 왓슨과 크릭의 DNA 논문이 발표되었다. 그곳에는 나사선 축 거리, 나사선의 직경, 회전수가 나와 있으나 이들은 어디에서 자료를 얻었는지 명기하지 않았다. 다만 감사의 말에 "윌킨스, 프랭클린 그리고 이들의 공동 연구자들의 미발표 실험과 아이디어의 일반적 성격의 지식에 의해 자극받았다"고 적어 놓았다. 같은 잡지에는 이 논문과 나란히 킹스 칼리지의 두 편의 논문, 즉 윌킨스 등의 논문과 프랭클린 등의 논문이 실렸다.

킹스 칼리지의 윌킨스와 공동 연구자들은 그뒤 7년간 왓슨과 크릭의 가설적 모형을 시험하고 검증하기 위해 노력했다. 이들은 B형과 A형의 모형을 만들었고 향상된 X선 회절 패턴을 만들어 냈다. 윌킨스가 노벨상을 받은 것은 그의 이러한 모든 DNA의 X선 결정 연구가 보상을 받았다고 보아야 하겠다. 그리고 킹스 칼리지는 워털루 캠퍼스의 가장 큰 건물에 '프랭클린-윌킨스 빌딩' 이라는 이름을 붙여 프랭클린을 기리고 있다.

1975년 세이어는 프랭클린을 1962년 노벨 의학상을 받은 남성, 즉

런던 대학 킹스 칼리지(King's College London)의 프랭클린-윌킨스 빌딩(The Franklin-Wilkins building). (http://www.kcl.ac.uk)

윌킨스, 왓슨, 크릭과 흑백 구도로 나타내어 가부장적 사회의 억압을 받는 여성으로 부각시켰다. 2002년 매독스는 포스트페미니스트의 입장에서 세이어보다는 객관적으로 기술하려고 했고 또 그의 종교와 성 등을 포함시켰으나 페미니스트의 회색 구도라는 평을 받고 있다. 이들은 프랭클린에 대한 억압을 연구 업적의 도난으로 극적으로 나타내고 있다.

세이어는 1970년 윌킨스를 면담하여 이 문제에 대한 그의 의견을 구하였다. 윌킨스는 "아마도 나는 프랭클린의 허가를 얻었어야 했다. 그러나 그렇게 하지 못했다. 당시 모든 것이 아주 어려웠다. 어떤 사람들은 허가 없이, 적어도 상의 없이 이렇게 한데 대해 내가 잘못했다고 말한다. 아마도 내가 잘못했다고 생각한다"고 대답하였다.

그러나 과학과 과학자의 윤리에는 자유롭고 공개적인 토의가 과학의 발전에 필수적 요소로 규정돼 있다. 프랭클린이 자신의 자료를 흥미를 가진 누구에게나 자유롭게 공개했다면 다른 사람들이 그것을 간접적으로 구할 필요는 없었을 것이다. 윌킨스의 상황을 부추긴 것은 당시 프랭클린의 적대적 태도가 지나쳤다고 보는 견해가 있다. 프랭클린 자신도 폐쇄적이고 적대적인 성격의 문제에서 자유로울 수 없다는 지적이다.

그렇다고 왓슨과 크릭이 논문에 프랭클린을 분명히 인용하지 않은 부분이 인정되는 것은 아니다. 이것은 과학의 윤리에서 표절에 해당한다. 그러나 이 부분도 과학자 개인의 윤리 위반으로 볼 문제이지 남성과 여성의 문제로 보는 데는 한계가 있다고도 할 수 있다. 이것은 근본적으로 프랭클린이 페미니스트의 모델이라는 문제와 관련이 있다. 이념적 객관성의 훼손은 결국 프랭클린의 과학자로서의 모습을 왜곡하는 요인이 된다.

또한 DNA의 이중나선 해석이 '프랭클린의 자료와 사진에 자신들의 지식을 약간 보태어' 라고 말할 수 있는지는 다른 문제이다. 왓슨과 크릭은 당시의 모든 DNA 자료를 바탕으로 하여 '창조적 상상' 에 의해 DNA 이중 나선을 구성할 수 있었을 것이다. 때문에 왓슨과 크릭이 프랭클린의 자료를 도둑질하여 노벨상을 받았다든가, 프랭클린이 노벨상을 도둑맞았다는 표현은 적절하지 않다. 또한 프랭클린이 살아 있었다면 노벨상을 받을 수 있었겠는지, 받지 못했을 것이라는 추정은 논의 자체가 부질없다.

매독스의 〈로잘린드 프랭클린: DNA의 다크 레이디〉의 '다크 레이디' 는 셰익스피어의 소네트에 나오는 다크 레이디이다. 프랭클린 주위의 남성들이 어떤 의미로 그를 다크 레이디라고 불렀는지는 차별받는 유대인을 나타낸 것인지, 시기하고 질투해서인지, 단순한 비하인지 분명치 않다. 다만 매독스의 '다크 레이디' 는 그가 이제까지 가려져 있던 프랭클린의 모습을 잘 나타냈다는 의미의 '가려져 있던 여성' 이 적절하지 않을까 생각된다.

참고 자료

- Henry, Celia M., The Enigmatic Rosalind Franklin. *C&EN,* May 19, 2003, p. 56.
- Julian, Maureen, Rosalind Franklin: From Coal to DNA to Plant Viruses. *J. Chem. Educ.*, 60, 660(1983).
- King' s College London, DNA at King' s-the continuing story. http://www.kcl.ac.uk/depsta/ppro/dna/role.html
- King' s College London, Rosalind Franklin. http://www.kcl.ac.uk/175/story/biog3764.html

- Rapoport, Sarah, Rosalind Franklin: Unsung Hero of the DNA Revolution.
  http://www.historycooperative.org/journals/ht/36.1/rapoport.html
- Rose, Hilary, In the shadow of the men, The Guardian, June 15, 2002.
  http://books.guardian.co.uk/review/story/0,12084,737337,00.html
- Stasiak, Andrzej, Another strand to the DNA story.
  http://www.nature.com/embor/jpurnal/v5/n1/full/7400062.html

7 에밀 피셔와 전쟁의 고통, 램지와의 우정

당, 푸린 등의 구조 결정과 합성 업적으로 1902년 노벨화학상을 수상한 독일의 피셔(Emil Fischer).

학생들이 배우는 포도당, 과당, 갈락토오스 등 당의 구조는 독일의 에밀 피셔(1852~1919)가 처음 결정한 것이다. 피셔는 당과 카페인 등 푸린의 구조 결정과 합성 업적으로 1902년 노벨 화학상을 받았다. 그는 당 분해 효소에도 관심을 가져 효소 작용의 열쇠-자물쇠 이론을 내기도 했다.

피셔의 아버지는 교육을 받지 못했으나 상업에 재간이 있는, 실생활에 풍부한 경험을 가진 사람이었다. 피셔는 아버지의 낙천적 성격과 술을 좋아하는 기질을 물려받았다. 그러면서도 뛰어난 학문적 자질을 갖고 있었고 외골수 연구 파였다. 그의 스승은 1905년 염료의 구조 결정과 합성 업적으로 노벨 화학상을 받은 아돌프 폰 베이어이다. 제자가 먼저 노벨상을 받은 셈이다. 피셔는 여러 대학을 거쳐 마지막으로 1892년 이래 베를린 대학 교수로 있었다.

전쟁과 국가적 민족적 증오가 팽배한 가운데 과학자가 취하는 행동은 여러 가지일 수 있다. 피셔는 위대한 과학자이면서 진정으로 과학정신이 무엇인지 보여준 사례가 된다. 그럼에도 전쟁의 고통 속에서 자살로 생을 마감한 불행한 과학자였다. 그의 인물됨을 설명하려고 한다.

1893년 피셔가 독일 화학회의 차기 회장으로 선임되었을 때에 프랑스 화학자인 베르틀로와 프리델을 명예 회원으로 임명하자는 제안이 있었다. 이때 독일의 영원한 적인 프랑스 학자를 회원으로 받아들이는데 대하여 반대가 있었고, 화학회 이사회는 이 회가 둘로 갈라질 수밖에 없다고 위협하였다. 이때 피셔는 직권 결정하여 1894년 두 프랑스 학자뿐만 아니라 러시아의 바일슈타인과 멘델레예프를 명예회원으로 위촉하였다. 그는 비관용과 민족적 편견을 인정하지 않겠다는 의지를 표명한 것이다.

그리고 1차 대전이 발발하였다. 1914년 보스니아 사라예보에서 오스트리아-헝가리 황태자의 암살 사건이 일어났다. 7월 28일 오스트리아는 세르비아에 대한 선전포고를 하였고 독일 제국은 오스트리아를 지지하고 나섰다. 반면 프랑스, 러시아, 영국은 세르비아와 벨기에를 구하기 위해 참전하였다. 독일과 러시아, 프랑스와의 민족적 알력은 새삼스러운 것이 아니었으나 문제는 중립인 벨기에였다.

1914년 8월 벨기에 왕은 프랑스 북동 전선에 침투하기 위해 도로와 철도를 사용하려고 한 독일의 요구를 거절했다. 그 다음날 독일군은 벨기에 국경을 넘어섰고 이때 독일은 벨기에에 대해 가혹한 행위를 자행했다. 이것은 자연히 연합군의 비판의 대상이 되었다. 독일은 가혹한 행위를 인정했으나 이것은 독일군의 후방을 공격하는 벨기에 시민 유격대를 제압하는 과정에서 발생한 것이라고 변명했다.

이때 양측의 지식인들도 자신의 정부를 지지하고 나섰다. 1914년 10월 플랑크, 뢴트겐, 레나르트, 빈, 피셔, 하버, 베이어, 에를리히, 오스트발트, 네른스트 등 독일의 지도적 과학자 93인 선언이 발표되었다. 이들은 영국, 프랑스, 벨기에가 지적한 독일에 대한 혐의를 조목조목 반박하였다. 이에 대하여 거의 모든 프랑스 대학과 연구소들이 반

1915년 1차 대전으로 폐허로 변한 벨기에의 루뱅(Louvain).

박 성명을 내었고 램지, 헨리 브래그, 레일레이, J.J. 톰슨 등 117명의 영국 학자들도 성명을 내었다. 이들은 루뱅 도서관과 성당을 폭격하여 파괴한 것은 큰 잘못이라고 독일을 성토하였다.

1차 대전 전 독일과 영국 학회는 우호적인 관계를 유지하였다. 1914년 7월, 전쟁 발발 전 영국의 J.J. 톰슨, 램지를 포함한 과학자들은 영국과 독일간의 전쟁은 문명에 반한 죄악이라고 성명하였다. 그러나 전쟁 발발과 함께 영국의 과학 관련 단체는 독일 학자를 축출하기 시작했으며 특히 서명학자들이 앞장섰다. 물론 독일에서도 영국 학자들을 축출해야 한다는 분위기가 팽배하였다.

이 때 대표적인 반독일인으로 지목된 윌리엄 램지(1852~1916)는 여러모로 독일과 관련이 깊었다. 그는 1870년 하이델베르크 대학의 분젠 밑에서 연구했고 박사학위는 튀빙겐 대학의 피티히의 지도로 받았다. 마지막으로 1887년 이래 런던 유니버시티 칼리지의 교수로 있었다. 그는 공기 중 비활성 기체의 발견과 주기율표상의 위치를 결정한 업적으로 1904년 노벨 화학상을 받았다.

피셔는 독일 화학회 회장으로 있던 1898년 램지를 베를린으로 초청하여 강연을 들었다. 이때 램지는 피셔의 집에 머물렀다. 이것이 두 사람 인연의 시작이다. 그 후 램지는 몇 차례 더 독일을 방문하여 강연하였다. 이와 같이 1898년 독일 화학회 명예 회원으로 선임된 램지는 그의 친독일 성향 때문에 독일 학자들은 그가 정치와 과학을 구분하리라고 기대하였다. 그러나 그는 "과학적 사상의 가장 큰 진보는 독일 인종에 의해 만들어진 적이 없으

비활성 기체의 발견 업적으로 1904년 노벨 화학상을 수상한 영국의 램지(William Ramsay).

며 초기의 과학의 적용은 그 기원이 독일에 있지 않다"고 하며 전체 독일 과학과 독일 인종을 공격하였다.

그래서 독일 화학회에서는 램지를 대표적인 반독일 인물로 지적하여 제명을 주장하는 분위기가 지배적이었다. 그러나 피셔는 이 제명 행위가 램지가 독일을 공격하는 것만큼 이해받기 어렵다고 생각했다. 1915년 4월 26일 개최된 독일 화학회 총회에서 피셔는 타협안을 내 놓아 다수의 동의를 얻었다. 그것은 제명보다는 전쟁이 끝나 평화가 찾아왔을 때 램지가 자신의 행동이 옳았다고 입증할 기회를 주자는 것이다.

피셔는 전쟁 기간 중의 증오와 부정적 분위기가 팽배한 가운데 회원을 축출하는 것과 같은 중요한 결정을 내리는 것은 현명하지 못하며, 이러한 분위기는 램지를 희생양으로 만들뿐이라고 생각한 것이다. 피셔는 램지의 명예 회원 위촉이 불멸의 과학에 대한 공헌 때문이며 이것은 민족적 고려의 대상이 돼서는 안 된다고 믿었다.

그러나 램지에게 이런 기회는 없었다. 그는 1915년 여름 병으로 사망했다. 전쟁이 발발하자 피셔와 램지 사이의 서신 연락은 스웨덴의 아레니우스를 매개로 하여 계속됐다. 1915년 6월 아레니우스는 램지에게 영국 과학학회에서 독일인의 축출에 대해 놀라움을 표시하며 에밀 피셔가 많은 전쟁 포로의 형을 덜어주기 위해 얼마나 바쁜지 잘 알고 있다고 적었다. 그리고 램지는 죽기 전에 아레니우스에게 편지를 보내 두 국가를 분리한 모든 것에도 불구하고 존경하고 사랑하는 피셔를 특별히 생각한다는 메시지를 부탁한다.

그리고 램지가 사망한 뒤인 1915년 8월 피셔는 아레니우스에게 램지의 사망이 깊은 감정을 불러일으킨다고 하며 램지 부인과 자식들에게 위로를 전해주기를 바란다고 하였다. 두 사람은 가족적으로도 알고 지냈다. 램지의 딸 엘스카는 1915년 4월 피셔에게 편지를 보내 할레에서 전쟁 포로로 갇혀 있는 친구가 폐결핵으로 위독하니 요양소로 보내 달라고 도움을 청했다. 1915년 5월 피셔는 그 친구의 병이 위독하지는 않고 만일 증세가 나빠지면 자신이 할 수 있는 대로 도와주겠다고 답하며 가족의 안부를 물었다. 전쟁 후 두 가족 간에는 우정이 계속됐다고 한다.

1차 대전 중 수많은 어린이가 기아와 영양실조로 죽었다.

이런 가운데 피셔의 삶에의 고통도 치열하였다.

그는 가정적인 면에서 1895년 부인이 33세의 나이로 중이염에 기인한 뇌막염으로 사망하였다. 그리고 1916년 11월 아들 발터는 우울증으로 자살하였다. 그리고 1917년 3월 막내아들인 알프레트는 장티푸스로 사망했는데 그는 야전 병원의 군의관 조수로 있었다.

당시 친구에게 보낸 편지에 피셔는 “이것은 독일과 온 유럽에 슬픔과 비참을 가져온 미치광이 전쟁이다. 수백만의 부모와 마찬가지로 나는 이 엄청난 불행을 초래한 미친 환경과 사람들에 대한 쓰디쓴 감정을 갖지 않을 수 없다”고 하였다. 또한 1917년 딜스에게 보낸 편지에서도 피셔는 “직업 군인, 군수물자 생산 기업, 정치적 바보들을 제외하고는 아무도 이러한 미친 전쟁을 계속하는데 흥미를 갖고 있지 않다”고 말하여 전쟁의 염증을 표현하였다.

1918년 11월 전쟁이 종결되자 피셔는 유럽 과학계를 재건하는데 앞장섰다. 이 가운데 그는 1919년 4월 아레니우스에게 보낸 장문의 편지에서 프랑스 과학계의 독일 과학에 대한 가혹한 처치를 비난하였고, 연합군의 1918~19년 봉쇄 정책에 의해 여성과 어린이를 포함한 수많은 독일인이 기아와 영양실조에 의한 병으로 죽어가고 있음을 지적했다.

피셔의 위대성은 이 모든 것에도 불구하고 벨기에와 관련된 사건에 대한 독일 과학자 선언의 옳고 그름을 분명히 하려고 한 데 있다. 그는 1919년 4월 아레니우스에게 보낸 편지의 끝에 다음과 같이 93인 선언이 잘못됐음을 시인하고 시정하려고 했다.

"나는 93명의 독일 학자와 예술가들이 문명 세계에 대한 〈그것이 사실이 아니다〉라는 선언이 잘못됐음을 인정한다. 우리 서명자들이 옳다고 했던 벨기에와 관련된 사실은 이미 지탱할 수 없는 것이다. 우리는 전쟁의 첫 해에 이미 정부가 우리를 속였다는 것을 알았기 때문이다. 살아있는 서명자들이 서명을 철회하도록 하는 것이 가능할지는 아직 모른다. 나는 이미 이 사실을 가까운 동료 과학자들과 이야기 하였으며 부활절 후에 곧 베를린 아카데미에서 만나 좀 더 확대된 모임으로 그것에 대해 논의할 의도를 갖고 있다."

이때 쯤 피셔는 이미 장암이 진전되어 고통을 받았으나 1914년의 93인 선언을 정정하기 위한 노력을 계속하였다. 그는 1919년 6월 15일 청산가리를 먹고 자살하여 67세의 생을 마감했다. 피셔는 아들의 사망에 대한 슬픔과 나쁜 건강 그리고 전후 독일 상황에 대한 우울증이 겹쳐 결국 지탱하지 못한 것이다.

참고 자료

- Kauffman, George B. and Priebe, Paul M., The Emil Fischer-William Ramsay Friendship, *J. Chem. Educ.*, 67, 93(1990).

8 과학자와 서클, 슈반의 불행

1839년 슐라이덴(Matthias Schleiden)과 함께 세포설을 창시한 슈반(Theodor Schwann).

인간 생명은 예사롭게 보이지 않는다. 그 안에는 무엇인가 생명 특유의 기운, 즉 생기가 들어 있는 것처럼 보인다. 중세기 내내 인체 내 혈액의 운동은 갈렌이 제시한 대로 생기에 의해 운영되는 것으로 보였다. 그러던 것이 17세기 윌리엄 하비(1578~1657)가 혈액의 온몸 순환을 심장의 펌프 작용으로 이해했다. 이제 인간 생리를 신비한 생기를 개입시키지 않고 물리적 메커니즘으로 해석하기 시작한 것이다.

그러나 18세기에도 예를 들어 질병을 조직의 이상으로 본, 조직 병리설의 창시자 비샤(1771~1802)도 생기력을 믿고 생명이란 생기력과 물리적 힘의 투쟁에 지나지 않는다고 하였다. 19세기로 들어와서야 사변적인 생기에 대한 비판이 실험 생리학자를 중심으로 나타났다. 프랑스의 프랑수아 마장디(1783~1855)는 생기 유형의 사변적 추론을 거부하고 엄격한 실험에서 나온 결과만을 믿어야 한다고 주장한 실험 생리학의 창시자이다. 그의 제자 클로드 베르나르(1813~78)는 인체 개개 기관이 서로 연결되어 총체적 생명 기능을 수행한다는 것을 실험으로 밝히고 이제 생명체의 총체적 현상을 과학적 법칙으로 환원할 수 있다고 주장하였다.

그리고 1839년 마티아스 슐라이덴(1804~81)과 태오도르 슈반(1810~82)에 의해 '식물이건 동물이건 모든 살아 있는 것은 세포와 세포의 산물로 이뤄져 있고, 모든 세포는 개체적으로 자신의 생명 기능

독일의 생리학자 뮐러(Johannes Müller).

을 수행할 수 있고, 세포는 이미 존재하는 살아 있는 세포로부터 유래한다'는 세포설이 나왔다. 세포설은 인체 기능을 최소의 세포 단위의 법칙으로 환원할 가능성을 제시한 것이다.

그러나 세포설이 나와 생기론이 부정된 것은 아니다. 19세기 내내 많은 과학자들은 살아 있는 세포의 생기를 믿었다. 세포설의 창시자인 슐라이덴과 슈반의 스승인 요하네스 뮐러(1801~58)만 해도 인체 생리를 기계론적으로 연구했으나 생명 과정에는 기계론적인 해석이나 물리적 측정이 되지 않는 어떤 것이 남아있음에 틀림없다는 견해를 가졌다. 이 때문에 그는 신경 흥분 속도의 측정은 불가능할 것이라고 보기도 했다.

슈반은 본 대학 의과 대학 시절 뮐러의 강의를 들었다. 그리고 1834년에서 1838년까지 4년간 베를린 대학의 뮐러의 조수로 일했다. 이때인 1838년 세포설로 이어진 동물 세포를 관찰했는데, 금세공업으로 출발하여 인쇄업을 하던 아버지의 손재주를 물려받은 것으로 보인다. 동물 세포는 식물과는 달리 조직이 연하며, 부패하기 쉽고, 구조가 뚜렷하지 않으며, 다양성을 보이기 때문에 관찰에 어려움이 있다.

그 이전인 1836년에 슈반은 소화를 연구하는 과정에서 위에서 펩신을 분리했는데 이것은 동물에서 분리된 최초의 효소이다. 그는 나아가 1836년에서 1837년 사이 당 발효를 연구하였다. 당으로부터 알코올을 제조하는 이 발효에는 효모가 필수적이다. 현재 효모가 단세포 곰팡이라고 누구나 알고 있지만 당시는 생명체인지 화학 물질인지 분명치 않았다. 따라서 발효가 생명체가 개입된 생기력의 작용이라는 주장과 산소를 필요로 하는 화학적인 분해 과정이라고 보는 견해가 대립되어 있었다.

프랑스에서는 발효의 생기력 설이 우세하였으며 프랑스 과학아카데미의 의뢰로 문제를 검토한 피에르 투르팽은 1838년 "당을 함유한 액체에서 자랄 능력이 있는 살아있는 유기적 구형 물질의 존재가 없이는 알코올 또는 아세트산 발효는 일어난 적이 없다"고 결론지었다. 발효의 생기론적 견해를 지지하는 이 결론에 대해 화학적 해석을 지지하는 학자들의 반론이 제기된 것은 당연하다.

독일의 화학자 리비히(Justus von Liebig).

그 중심 인물은 독일의 화학자 유스투스 폰 리비히(1803~73)와 프리드리히 뵐러(1800~82)이다. 이들은 발효가 생명체의 작용이라면 그 생명체는 마치 작은 동물과 마찬가지로, 당을 섭취하여 소화시켜 알코올을 배설하는 것이 아니겠느냐고 풍자하였는데 당시는 슈반도 분리한 적이 있는 효소(enzyme)와 세포내에 존재하는 발효를 촉진하는 발효인자(ferment)가 동일하다는 사실을 알지 못했다. 발효인자는 그대로 생기력을 의미하기 때문에 현미경에 나타난 생명체를 동물로 비유한 것은 생기론자들을 향한 풍자적 의미를 가진 것이었다.

당시 발효에 온전한 세포가 필요하다는 생기론의 대표는 프랑스의 루이 파스퇴르(1822~95)였으며 슈반은 파스퇴르와 유사한 견해를 가졌다. 그리고 독일의 강력한 기계론자 리비히와 뵐러는 파스퇴르와도 다툼을 벌였다. 이때 뮐러의 조수라는 위치, 그리고 생리학자의 배경을 갖고 있었던 슈반은 프랑스의 파스퇴르보다는 낮은 위치의 학자였다. 그는 독일의 지도적인 과학자 리비히, 뵐러와 논쟁 대상이 되지 못했다. 슈반은 독일에 자리를 잡지 못하고 1838년 벨기에로 이민, 루뱅의 가톨릭 대학의 교수가 된다.

이때부터 슈반의 과학적인 천재성은 줄어든 것으로 보인다. 점차 외국에서 고독하고 외로워하며 연구와 멀어졌다고 기록되어 있다. 루뱅의 가톨릭 대학에 있던 10년간 그는 답즙의 역할에 관한 단 한편의 의미 있는 논문을 내었을 뿐이다. 그리고 1848년 리에주 대학으로 옮겨서도 마찬가지였다. 당시의 해부학과 생리학의 진보를 관심 깊게 관찰했으나 그 자신 과학에는 활동적인 역할을 하지 못했다.

그는 작은 실험실에서 좀 더 발명가의 역할을 하며 생리학 장치를 향상시키고 설계하는 일에 몰두하였다. 그는 독실한 가톨릭 신자였으나 실존적 의문의 고통 속에 빠지기도 했다. 그가 신비주의에 빠진 것은 신경적 문제로 볼 양상도 있으며 우울증에 시달리게 되었다. 그는 세포설에서 시작하여 뇌 기능과 심리학, 그리고 신학적 고려까지 포함한 방대한 논문을 구성하기도 했다.

1878년 벨기에에서는 슈반의 40년간의 교수 생활을 기리는 행사를 가졌다. 그의 주위에서는 슈반을 기념하는 의미에서 유럽 등의 여러 관련 학자들로부터 서명이 든 사진을 받았다. 이렇게 모아진 263개의 사진이 든 사진첩에 '세포 이론의 창안자에게, 현대 생물학자들' 이라고 써서 슈반에게 증정했다고 한다. 그의 진정한 창조적인 4년간의 연구 생활과 40년간의 교수 생활은 대조적으로 보인다. 과학자는 한 순간의 단 한 개의 발견으로 과학의 역사에 이름을 남기는 것이리라. 슈반은 1882년, 은퇴 3년 후에 사망하였다.

참고 자료

• 강건일, 신과학 바로알기, 가람기획, 1999.

9 여성과학자 마이트너와 핵분열 발견

핵분열 발견으로 1944년 노벨 화학상을 수상한 하안(Otto Hahn. 제일 왼쪽)과 공동 연구자였던 마이트너(Lise Meitner, 중간). 제일 오른쪽은 플랑크(Max Planck)의 쌍둥이 딸 중의 하나이다.
(http://homepage.mac.com/dtrapp/people/Meitnerium.html)

1944년 노벨 화학상은 핵 분열을 발견한 오토 하안(1879~1968)에게 돌아갔다. 그는 영국군에 의해 전쟁 포로로 억류당해 있었기 때문에 1946년에야 상을 받을 수 있었다. 하안의 공동 연구자였던 리세 마이트너(1878~1968)가 어째서 노벨상을 수상하지 못했는지 여러 시각의 의문들이 제기됐다. 1996년 스웨덴 왕립 과학 아카데미가 당시의 노벨상 심사 기록을 공표했을 때 몇 몇 과학사학자들은 〈네이처〉에 기고한 글에서 다음과 같이 말하기도 했다.

"이 자료를 보아 분명히 노벨상 수상자 결정에 과오가 있었음에 틀림없다. 이 자료는 학제간 발견의 평가에 어려움이 있었고 이론 물리학 분야에 전문 과학적 식견이 부족했음을 분명히 나타내고 있다. 또한 2차 대전 중 스웨덴이 과학적으로, 정치적으로 고립되어 있었으므로 마이트너의 공헌을 이해하는데 장애가 되었음을 알 수 있다."

마이트너의 이야기는 프레데릭 졸리오와 이렌 졸리오-퀴리에 의한 인공 방사능의 발견에서 시작된다. 졸리오 부부는 1934년 붕소, 마그네슘, 알루미늄에 알파 입자로 충격을 주었을 때 방사능을 띤다는 놀라운 결과를 발표했다. 이 중에 붕소 과정은 아래 식과 같이 질소의 방사성 동위원소와 중성자가 생성되며 이 질소의 동위원소가 양전자를 방출하며 탄소로 변환됨을 나타낸다. 졸리오 부부는 이 업적으로 1935년 노벨 화학상을 받았다.

$$^{10}B_5 + {}^4He_2 \longrightarrow {}^{13}N_7 + {}^1n_0$$

$$^{13}N_7 \longrightarrow {}^{13}C_6 + e^+$$

이때 생성되는 중성자의 존재는 졸리오 부부도 거의 확인 단계에 있었으며 1932년 러더퍼드의 제자인 채드윅에게 발견의 우선권을 놓쳤다. 그리고 이제 알파 입자가 아닌 중성자의 조사에 의해 다량의 방사성 원소를 만들어낸 사람이 엔리코 페르미(1901~54)이다. 페르미의 1938년 노벨 물리학상 업적에는 중성자 원에서 나온 빠른 중성자를 물이나 파라핀과 같은 수소가 풍부한 매질에 통과시켜 주위 물질과 열평형 상태로 만들어 느린 중성자를 만들어낸 업적이 포함됐다.

페르미에 이어 우라늄과 토륨을 중성자로 충격했을 때 이들 중원소가 두개의 중간 질량을 가진 2개의 원소로 나누어지는, 1939년 핵분열의 발견자는 카이저빌헬름연구소의 오토 하안과 그의 조수 프리츠 슈트라스만으로 알려져 있다. 그리고 이 글은 이때 하안과 공동으로 연구하여 핵 분열의 발견에 공헌한 여성 물리학자 마이트너의 공로가 제대로 인정받지 못하여 노벨상을 받지 못한 이유에 관한 것이다.

1901년 마르부르크 대학에서 화학 박사 학위를 받은 하안은 램지와 러더퍼드의 연구실에서 방사성 물질에 대한 경험을 쌓고 1906년 베를린 대학의 화학 연구소로 왔다. 연구소의 소장인 에밀 피셔가 방사선 실험실을 만들 목적으로 그를 불러온 것이다. 그리고 1907년에는

1905년 빈 대학에서 물리학 박사 학위를 받은 마이트너가 막스 플랑크의 강의를 청강하기 위해 베를린에 도착했다. 이때 교수의 주선으로 마이트너는 화학 연구소의 하안과 함께 방사선 연구를 하게 되었다.

1920년경 오토 하안(왼쪽)과 리세 마이트너. 1918년 마이트너와 하안은 공동으로 프로트악티늄(protactinium)의 발견을 발표하였다.

이렇게 해서 하안과 마이트너의 공동 연구는 1938년 마이트너가 독일을 떠나기까지 계속됐다. 둘은 호흡이 맞는 연구 동료였으며 또한 가까운 친구였다. 1916~1918년 하안이 군에 복무하던 때에도 마이트너는 잠시 짬을 내어 베를린을 방문하기도 하던 하안과 주로 서신으로 의견을 주고받으며 연구하여 1918년 논문에 하안, 마이트너 순서로 이름을 넣어 프로트악티늄의 발견을 발표하기도 했다.

처음 마이트너의 지위는 취약했다. 그는 화학 연구소의 무급 연구원이었다. 1912년 하안과 마이트너는 카이저빌헬름연구소로 옮겨 연구하였고 마이트너는 1918년까지 일부 플랑크의 조수로 일했을 때는 해당 봉급을 받았으나 연구원으로서의 봉급은 없었다. 그는 아버지가 보내주는 돈으로 생활을 했다. 그러다가 1918년에 방사성 물리학과의 책임을 맡아 비로소 직위를 갖고 연구팀을 이끌게 됐다. 하안은 직책에서 앞서 있었다.

핵 분열의 발견으로 이어지는 우라늄에 대한 중성자 조사 실험은 1934년 마이트너가 처음 착안하여 하안과 1929년 이래 이들의 파트너였던 슈트라스만이 참여했다. 마이트너는 이 연구에 지도적 역할을 했다. 그러나 독일의 정치적 상황은 마이트너에게 나쁘게 돌아갔다. 그는 유대 혈통을 가졌으나 처음에는 플랑크와 하안이 독일을 떠나는 것을 만류하였다. 다음에 히틀러가 오스트리아를 합병하자 그는 독일인 유대인으로 분류되어 박해를 받게 되었다.

1938년 9월 마이트너가 독일을 떠나던 때 마이트너와 하안은 60대에 들어섰으며 거의 30년간 친구 사이로 있었다. 하안과 연구소의 데바이(1936년 노벨 화학상 수상자)는 마이트너의 탈출을 도와주었다.

하안은 할머니의 다이아몬드 반지를 건네며 필요하면 경비병에게 뇌물로 주도록 했다. 그리고 그에게 연구 결과를 알려주겠다고 약속하였다. 스웨덴에 도착한 마이트너는 닐스 보어의 도움으로 정착하였으며 스톡홀름의 노벨재단에 자리를 얻었다.

그 후 하안과 마이트너는 며칠에 한 차례씩 편지를 교환했다. 1938년 11월 13일에는 코펜하겐의 보어 연구소에서 만나기도 했다. 이때 마이트너는 하안에게 우라늄의 붕괴산물로 발견된 라듐 동위원소의 정체를 좀 더 분명히 할 것을 조언했다. 베를린으로 돌아온 하안은 슈트라스만에게 마이트너가 다시 한 번 라듐을 검증해 볼 것을 간청했다고 했다. 그래서 이들은 곧 라듐이 바륨의 동위원소임을 발견했다.

$$^{235}U_{92} + {}^{1}n_{0} \longrightarrow {}^{141}Ba_{56} + {}^{92}Kr_{36} + 3\,{}^{1}n_{0}$$

1938년 12월 19일 하안은 마이트너에게 편지하여 라듐의 동위원소가 바륨과 같이 행동하며 이것은 무서운 결론이라고 하며 이 발견의 해석을 부탁했다. 12월 21일 하안의 편지를 받은 마이트너는 "이 결과는 이상하지만 핵물리학에서 이미 이상한 일을 많이 경험한 만큼 핵분열이 완전히 불가능하다고 할 수 있는 것이 아니다"라고 답했다. 그의 답신은 12월 23일 베를린에 도착했다. 12월 27일 하안은 자신의 논문 교정본에 핵 분열이 가능할 것임을 시사하는 문구를 집어넣었다. 이 바륨 생성 논문은 1929년 1월 6일 발표됐다.

일면 마이트너와 그의 조카인 물리학자 오토 프리슈는 스웨덴 예테

보리 근처의 마을에서 크리스마스를 축하하고 있었다. 함께 눈을 걸으며 두 사람은 원자핵을 불안정한 액체 방울로 모형화한 핵 분열의 최초 이론을 완성했다. 이 액체 방울은 지극히 작은 표면장력에 의해 유지되어 있으므로 언제든지 퍼질 수 있고 약간의 자극에 의해서도 두개의 조각으로 나누어지며 엄청난 열을 방출한다. 1939년 1월 16일 마이트너와 프리슈는 원고를 〈네이처〉에 보냈고 수일 후 논문 사본이 하안과 슈트라스만에게 보내졌다. 이 논문에는 여러 실험적으로 검증될 수 있는 사실들이 포함되었는데 바륨과 함께 나타날 분열 산물은 크립톤일 것이라는 시사도 있었다.

1978년 리세 마이트너를 기념하는 오스트리아 우표.

바륨 생성 논문이 발표됐으나 하안은 해석을 찾을 수 없어 계속하여 검증 실험을 반복하였다. 그러던 때 마이트너의 논문 사본이 도착하자 하안은 크립톤을 찾을 수 있었다. 이제 핵 분열이 증명되었다. 그러나 나치의 정치적 분위기는 하안의 연구 성과를 요구했다. 그는 마이트너와 프리슈가 실험 이전에 크립톤 생성을 시사했다고 분명히 하지 않은 채 마이트너-프리슈 원고를 제일 마지막에 언급하는 것으로, 자신의 실험에 비해 이들의 이론적 토의는 의미가 없는 것으로 보이게 논문을 작성하여 발표하였다.

마이트너의 실망을 컸다. 이제 핵 분열 관련 연구에 대한 이제까지의 노력은 인정을 받지 못하게 됐고 후속 연구에 대한 아이디어를 갖고 있었으나 실험을 할 수 있는 처지도 아니었다. 그후 하안은 마이트너의 입장에 대해 인간적으로는 동정적이었으나 과학적으로는 핵 분열의 발견이 자신의 화학적 연구의 결과라는 선을 그었다. 그는 크립톤의 생성 가능성에 대해서도 여러 사람에게서 말을 들었다고 했다. 전쟁 후에도 하안은 마이트너의 공헌을 돌려주지 않았다. 그리고 자신의 과학자로서의 명성을 독일의 재건을 위해 도움이 되는 방향으로 노력하였다.

이러한 마이트너의 생애는 루스 사임의 1996년 〈리세 마이트너: 물리학에서의 생애〉에 그려져 있다. 사임은 하안은 1944년 단독으로 노벨상을 수상했으며 계속 핵 분열의 발견이 화학적인 발견인 점을 강조하며 물리학자의 공헌을 드러내지 않으려고 노력했다고 적었다. 이 경우 하안이 단독으로 수상한 것은 노벨 위원회의 잘못이라고 판단될 수 있으며 하안이 화학적인 발견임을 강조한 이유는 당시 물리학의 이론으로는 중성자의 충돌에 의해 작은 핵 변화가 예측되지 핵 분열과 같은 핵의 커다란 변화를 상상하기 어려웠다는 뜻일 수도 있다.

또한 사임은 페미니스트 작가의 입장에서 여성의 차별을 기술하기도 했다. 처음 화학 연구소에 왔을 때 마이트너는 연구소 밖의 공작실에서만 연구가 허용됐다는데, 만일 여성에 대한 차별이 있었다면 시대적인 한계로 볼 것이 있다. 당시 연구소에 여성을 채용하지 않았고 1년 뒤에나 독일 대학에서 여성을 법적으로 허용했다고 한다. 이보다 에밀 피셔가 분젠 버너를 사용하는 화학연구소에서 여성의 머리에 불이 붙을 것을 염려해서 안전하게 공작실에서 연구를 하는 것이 좋겠다고 했다는 이야기도 설득력이 있다.

사임은 핵 분열의 발견에 마이트너의 공헌이 제대로 알려지지 않은 것을 안타깝게 생각했다. 앞서 기술한 내용 외에도 하안/슈트라스만 축하 심포지엄에서와 같이 마이트너의 이름은 없고 때로 마이트너는 엷게 나타났다가 장면에서 없어졌다고도 했는데, 마이트너가 하안과 슈트라스만과 함께 1966년 미국 원자력 위원회가 수여하는 엔리코 페르미상의 수상자라는 점을 상기하는 것이 좋겠다. 당시 87세였던 마이트너는 영국 케임브리지에 살고 있었고 같은 나이의 하안은 독일 괴팅

겐에 있었다. 그리고 64세의 슈트라스만은 마인츠 대학 무기 핵화학 연구소의 소장으로 있었다.

참고 자료

- Sime, Ruth Lewin, Lise Meitner and the Discovery of Nuclear Fission, *Scientific American*, January 1998, p. 58.
- Sime, Ruth Lewin, The Discovery of Protactinium, *J. Chem. Educ.*, 63, 653(1986).

10 공업화학자 미즐리와 케터링 이야기

연료 첨가제를 시험하는 엔진 앞의 미즐리 (Thomas Midgley).
(http://www.timelinescience.org)

'아이디어 맨' 토머스 미즐리(1889~1944)는 유연 휘발유의 성분 테트라에틸납의 발명자이며 냉각제 프레온의 발명자이다. 그는 코널 대학에서 공학 박사 학위를 받고 1916년 데이톤 엔지니어링 회사(델코) 실험실에 들어갔다. 찰스 케터링(1876~1958)이 1909년 설립한 델코에서는 농장에 전기를 공급하는 엔진 발전기를 생산하였다.

1916년 케터링은 회사를 제너럴 모터스(GM)에 매각하며 연구실은 그대로 자신이 운영하였다. 미즐리는 케터링 실험실에서 휘발유 엔진의 노킹 문제를 해결할 과제를 맡아 1921년 12월 테트라에틸납을 찾아내었다. 우리도 1990년대 초까지 옥탄가를 높이기 위해 테트라에 틸납을 첨가한 유연(有鉛)휘발유를 사용했다.

휘발유는 공기와 함께 압축된 다음에 점화 플러그의 불꽃에 의해 점화된다. 만일 충분히 압축되기 전에 점화되어 폭발하면 금속성 음(노킹)이 나며 이 노킹 현상은 엔진에 손상을 줄뿐만 아니라 연료 효율을 떨어뜨린다. 휘발유는 탄소 수 6~10개 정도의 탄화수소의 혼합물이다. 구성 성분과 비율에 따라 질이 다른데 흔히 옥탄가로 등급을 매긴다. 휘발유 질을 결정하는 옥탄가 방법도 미즐리의 고안품이다. 압축성능이 가장 뛰어난 옥탄을 100으로, 가장 나쁜 헵탄을 0으로 하여 예를 들어 옥탄 80%, 헵탄 20%의 성능을 가진 휘발유를 옥탄가 80으로

정한 것이다. 옥탄가가 낮을수록 노킹이 일어나기 쉽다.

미즐리가 테트라에틸납을 발견하기 전인 1917년 케터링은 에탄올의 우수한 노킹 억제 효과를 발견하였다. 이들은 에탄올의 사용 가능성도 검토하여 우수한 노킹 억제제라는 결론을 내렸으나 제품으로 개발하기에는 결함이 있었다. 에탄올은 특허가 불가능했다. 수익 면에서도 독점이 가능한 테트라에틸납만 못했다. 따라서 GM 주식의 36%를 가지고 있던 듀퐁의 중역진이 테트라에틸납의 개발을 최종 결정했다고 한다. 1923년 이래 GM과 듀퐁 등에 의해 테트라에틸납이 생산, 공급되었다.

미즐리(Thomas Midgley)와 함께 테트라에틸납, 프레온 등을 개발한 케터링(Charles Kettering). 그는 슬로언-케터링 암 연구소(Sloan-Kettering Institute for Cancer Research)의 공동 설립자이다.

납의 인체에 대한 해독은 2000년 전 그리스인들도 알고 있었다. 테트라에틸납은 독일 과학자에 의해 1854년 최초로 합성되었으나 납의 독성을 고려해서인지 실용적 물질로는 사용되지 않았다. 따라서 이 물질을 노킹 억제제로 개발 시에 독성을 검토했을 것이다. 1924년 GM 의학위원회가 독성을 경계하는 보고서를 내었으나 정부 광산국의 연구 결과는 건강에 위해가 없다는 쪽으로 나와 휘발유 첨가제로 사용이 허가됐다고 한다.

만일 이때 테트라에틸납이 휘발유에 첨가됐을 시의 독성 문제가 제기됐다면 아마도 에탄올이 실용화됐을 것이라고 추정된다. 그렇다면 유연 휘발유의 문제는 처음부터 생기지 않았을 것이다. 그 후도 기업체가 이 첨가제의 해를 최소화하거나 부인할 수 있었던 것은 독성에 대한 정량적 분석이 어려웠기 때문이다. 그러나 환경에 관한 한 잠재적 위험성만으로도 위험 쪽에 비중을 두어야 할 이유가 있기 때문에 이런 인식을 갖지 못한 기업적, 정치적 상황은 교훈으로 삼아야 할 것이다.

물론 자동차 공업에 미즐리의 공헌을 부인하기도 어렵다. 테트라에틸납이 있었기 때문에 값싼 휘발유로 자동차를 굴릴 수 있어 이 만큼 자동차 공업이 성장했다고도 볼 수 있다. 하지만 거시적으로 산업 발전보다 어떤 어려움이 있더라도 인간에게 해가 될 가능성을 피해야 한다는 원칙이 중요하다. 이런 면에서 테트라에틸납 대신에 무연 휘발유에 넣는 메틸 t-부틸 에테르(MTBE) 문제를 유심히 볼 필요가 있다.

휘발유에 첨가되는 MTBE는 1990년대 미국에서 가장 많이 생산되는 화학 제품의 하나였다. 그런데 휘발유 저장 탱크 등에서 유출된 MTBE가 지하수를 오염시키는 문제가 심각하다. 식수에서 "악취가 난다"는 것 외에 건강에 미칠 여러 잠재적 위험성이 제기되었다. 그래서 지난 5년간 미국의 20개에 가까운 주에서 MTBE의 사용을 금지하고 에탄올로 대체하고 있다. 2005년 9월 옥수수 발효에 의한 에탄올이 미국의 에너지 정책에서 승자라고 보도되고 있듯이 앞으로 노킹 억제제는 에탄올로 대체될 것이다. 처음부터 테트라에틸납이 아닌 에탄올이 노킹 억제제제로 개발됐다면 하는 아쉬움이 있다.

미즐리는 또한 프레온의 발명자이다. 1937년 미국 화학회 모임의 넋을 잃은 청중 앞에서 미즐리는 이염화불화탄소($CHCl_2F$) 증기를 폐 속 깊이 들어마신 다음에 뿜어내어 촛불을 껐다. 그것은 최초의 염화불화탄소류(CFCs) 냉각제였다. 그는 청중에게 7년 전 GM에서 자신이 만든 이 물질은 독성이 없고 비가연성이라고 말했다. 당시의 냉각제로 쓰이던 암모니아, 염화메틸, 이산화황과 같은 물질은 불이 붙거나 독성이 심했다. 이렇게 하여 듀퐁의 상품명 프레온으로 세상에 나온 CFCs는 냉장고, 에어컨 등에 냉각제로 사용돼 왔다.

그러던 것이 1970년대 CFCs의 탄소에 붙은 염소 원자가 오존층 파괴의 주범으로 밝혀졌다. 염소를 줄인 수소화염화불화탄소류(HCFCs)도 낮은 대기권에서 산화되고 남은 것이 성층권으로 이송되어 오존층을 파괴한다. 이제 수소화불화탄소류(HFCs)가 오존 친화성 냉각제로 나왔으나 지구에 스며든 과거의 흔적을 지우기 위해 세계는 바삐 움직이고 있다.

미즐리라는 공업 화학자 개인으로 보아 그는 1944년 사망할 때 테트라에틸납이나 프레온의 문제를 알지 못했다. 그의 발명품의 혜택을 고려한다면 "세월이 흐르면 옛 것은 안락하지 못하게 된다"는 진리로 받아들여야 할지는 각자 생각 나름일 것이다. 미즐리는 역사를 공부하고, 음악을 사랑하고 시를 지을 정도로 다정다감했다. 그러나 그의 사망은 비극적이다. 51세의 나이에 소아마비에 걸려 다리를 절단해야 했던 그는 침대에서 일어나기 위해 몸을 지탱해 주는 장치를 만들어 사용했는데 그 장치가 목에 걸려 숨을 거두었다.

미즐리의 발명품은 폐기됐으나 그의 이름은 미국 화학회에서 제정한 '토머스 미즐리 상'에 남아 있다. 이 상은 1994년 에틸사의 기금으로 제정되었다. 에틸사는 GM 부사장인 찰스 케터링이 스탠더드 오일과 1923년 합작하여 설립한 회사이다. 에틸사라는 이름은 1942년 생겼다. 미즐리의 발명품은 사실상 케터링과의 공동 연구 개발의 결과라고 볼 정도로 둘은 떼어낼 수 없는 관계이다. 그리고 이 케터링은 GM 회장인 앨프레드 슬로언과 함께 1945년 슬로언-케터링 암연구소를 세웠는데 현재 미국의 유명한 암 연구소의 하나이다.

참고 자료

- Hess. Glenn, Ethanol Wins Big in Energy Policy, *C&EN*, September 12, 2005, p. 28.
- Hileman Bette, Ozone treaty: Sucessful, but pitfalls remain, *C&EN*, September 15, 1997, p. 24.

- Hileman, Bette, Tetraethyllead Versus Ethanol: A Precautionary Tale, *C&EN*, April 17, 2000, p. 29.
- Kovarik, Bill, Charles F. Kettering and 1921 Discovery of Tetraethyl Lead In the Context of Technological Alternatives. http://www.radford.edu/~wkovarik/papers/kettering.html

11 우울증의 고통을 겪은 유명 과학자

왓슨, 크릭과 함께 노벨 의학상을 수상한 모리스 윌킨스의 자서전 〈이중 나선의 세번째 인물〉이 2003년에 출간됐다. 그 책에는 윌킨스가 왓슨에게로 잘린드 프랭클린의 X선 사진(사진 51)을 보여준 장면이 나타나 있다. 1953년 1월 복도에서 만난 고슬링이 그 사진을 전달해 주었을 때 윌킨스는 버크벡 칼리지로 떠나게 된 프랭클린이 필요하면 참고하라고 준 것으로 이해했다. 며칠 뒤 왓슨이 방문했을 때 복도에서 그에게 사진을 보여주었는데 그 이유는 프랭클린이 당시 나선형 아이디어에 반대했으므로 이것이 나선형이 아니고 무엇이냐고 왓슨에게 말하기 위해서였다는 것이다.

1962년 노벨 의학상 수상자 윌킨스(Maurice Wilkins)의 자서전 〈모리스 윌킨스, 이중 나선의 세번째 인물〉 표지.

윌킨스는 왓슨을 알게 된 내력도 적었다. 케임브리지 대학에서 박사학위를 받은 윌킨스는 1944년에 캘리포니아 대학(버클리)으로 가서 맨해튼 프로젝트에 참여한다. 그리고 1946년 물리학과 과장이 된 랜들을 따라 런던 킹스 칼리지로 들어와 MRC 생물리학 연구실에서 연구한다. 그는 랜들의 지시에 따라 1951년 나폴리 학회에 참석하여 최초의 선명한 DNA X선 사진을 발표했다. 그곳에서 인디애나 대학의 루리아 밑에서 동물학 박사 학위를 받은 왓슨을 만났다. 왓슨은 이를 계기로 핵산과 단백질의 구조를 연구하겠다고 생각하고, 1952년 루리아는 왓슨을 케임브리지 캐번디시 연구소의 켄드루 밑으로 보냈다.

우리 주위에 우울증의 고통을 겪는 사람은 흔하고 과학자라고 예외

1969년 노벨 의학상 공동 수상자 루리아(Salvador Luria). 왓슨(James Watson)이 그의 밑에서 박사 학위를 받았다. (http://www.spartacus.schoolnet.co.uk)

가 아니다. 윌킨스는 자서전에 2차 대전 중 미국에 체류하던 때의 일을 담담하게 적었다. 그곳에서 미국 여학생을 만나 사귀어 임신이 되자 결혼했다. 그러나 결혼 2~3 개월 뒤에 이혼 했고 곧 아이가 태어났다. 그는 이혼 뒤에 극심한 우울증으로 자살할 생각을 했다는 것이다. 그는 오랫동안 정신치료를 받았고 결혼 실패의 충격에서 헤어나기 위해 재혼하려고 했으나 1959년 42세가 돼서야 학교 교사와 결혼했다. 그는 킹스 칼리지 생물리학 연구실의 젊은 여성들에 관해서도, 이들은 남성들과 친밀했으며 결혼으로 이어지기도 했는데 자신은 성공하지 못했다고 적었다.

왓슨의 지도교수인 살바도르 루리아(1912~91)는 이탈리아 토리노 대학에서 의학을 공부하고 유대인에 대한 박해를 피해 파리로 탈출하여 라듐 연구소에서 연구했다. 그리고 1940년 미국으로 이민하여 인디애나 대학에서 학생을 가르쳤다. 이곳에서 왓슨을 지도한 것이다. 그는 허시, 델브뤼크와 파지 그룹을 결성하여 파지의 복제 메커니즘과 관련된 연구 등으로 1969년 노벨 의학상을 수상했다.

루리아는 정치적으로 진보주의적, 사회주의적, 평화주의적 성향을 갖고 사회 문제에 적극적으로 참여했다. 1951년에는 사회주의적 견해로 인해 여권이 거절되어 외국 학회에 참석할 수 없었다. 1960년대에는 베트남전 반대 운동에 적극적으로 참여했고 노벨 상금의 상당 부분을 평화주의 단체에 기부하였다. 이런 루리아는 MIT 암 연구 센터 소장으로 있던 1984년 출간한 자서전에 한때 우울증으로 정신치료를 받은 적이 있다고 적어 놓았다.

우울증은 부끄러운 병이 아니다. 윌킨스나 루리아뿐만 아니라 링컨 대통령, 처칠 수상과 같은 정치인 등 역사상 많은 유명 인사도 우울증을 앓았다. 우울증은 인체 생리의 이상이며 좋은 치료제가 개발된 지금 누구나 정상으로 회복될 수 있다.

현대 운동 역학의 창시자 뉴턴(Isaac Newton). (http://students.cup.edu)

과학의 역사상 아인슈타인도 훨씬 못 미치는 2등에 불과하다고 하는, 으뜸가는 천재가 아이작 뉴턴(1643~1727)이다. 그는 히피와 같았다고 하는데 실제 모습이 그렇게 보인다. 뉴턴의 전기 작가들은 그가 주기적으로 고양된 기분의 조증에서 정상으로 그리고 다음에는 우울증에 빠지는 조울증이었던 것으로 분석하고 있다.

1665~1666년 전염병이 유행하여 대학이 문을 닫자 고향으로 돌아와 지내던 '기적을 이룬 해'에 뉴턴은 색이론, 중력이론 등 이후 연구의 토대를 완성했다. 당시 주위에서는 그가 미쳤다고 의심했다. 때로 잠을 자지 않고 먹지도 않고 목욕을 잊은 채 밤낮으로 연구에 몰두하였다. 그러나 때로 뉴턴은 불면증, 식욕부진, 기억력 상실 등 우울증 증세를 보였다. 두 차례 우울증의 위기가 기록돼 있다.

첫 번째는 어머니가 사망한 1679년, 그는 연구를 중단하고 사람을 피해 고향에서 지냈다. 자신만의 세계로 빠져든 것이다. 1684년 다시 케임브리지의 생활로 돌아왔으나 그동안 연금술과 신학에 몰두했던 것으로 드러났다. 그리고 두 번째, 1693년에 50세의 나이로 대학과 연구를 떠나던 때, 그는 이성을 잃었다고 하며 불면증을 호소하였다. 그러나 몇 년 후에 정부의 직책을 맡고 또 왕립학회의 회장 등으로 왕성한 활동을 한다.

통계 역학을 확립한 오스트리아의 볼츠만 (Ludwig Boltzmann).
(http://www-groups.dcs.st-and.ac.uk)

뉴턴이 우울증의 고통에서 벗어나기 위해 어떤 노력을 했는지 알지 못하나 진정 수면 효과가 있는 약초와 신앙생활의 기도가 도움이 되었을 것이다. 과학의 역사에는 우울증에서 헤어나지 못하고 자살로 생을 마감한 과학자가 기록돼 있는데 아직 과학적 치료법이 나오지 않았던 때이다.

오스트리아의 루트비히 볼츠만(1844~1906)의 과학적 업적은 여러 가지이나, 그는 1869년까지 온도에 따른 기체 분자의 운동 속도 확률 분포를 나타내는 맥스웰-볼츠만 분포로 불리는 공식을 유도하였다. 그는 1877년에는 열역학적 엔트로피를 분자 배열의 확률과 관련짓는 방정식을 내어 엔트로피의 증가가 분자의 무질서도의 증가에 해당하는 것을 보여 주었다. 이들은 지금 학생이 배우는 내용이다.

볼츠만은 1869년 25세의 나이에 그라츠 대학의 수학 및 물리학 교수로 임명될 정도로 우수했다. 그러나 그는 이상하게도 한 곳에 오래 머물지 않고 대학을 옮겨 다녔는데 이러한 방황을 볼츠만 자신은 반 농담으로 축제의 마지막 날(마르디 그라스) 밤 시간에 태어났기 때문이라고 말하곤 했다고 한다. 이 말은 실제 급격히 행복과 슬픔 사이를 오가는 자신의 기분을 표현한 것으로 해석할 수 있다.

그는 어머니가 사망한 1885년에는 거의 연구를 하지 않고 깊은 우울증에 빠져 있었다. 그 후로 대학을 자주 바꾸었다. 그라츠에서 빈 대학으로 그리고 다시 그라츠로 돌아왔던 그는 1889년 뮌헨 대학으로 갔다가 1894년 빈으로 옮긴다. 그러나 새로 부임한 원자론을 부정하는 마흐를 싫어하여 1900년 라이프치히 대학으로 갔다가 그곳의 마흐를 따르는 오스트발트와의 논쟁을 참지 못하고 마흐가 병으로 은퇴하자 1902년에는 다시 빈으로 돌아온다.

그는 라이프치히에 있을 때 한 차례 자살을 기도했고 다시 빈으로 돌아와서는 미국 대학을 방문하여 강연을 하기도 했으나 1906년 휴가 여행 중에 목을 매어 자살하였다. 볼츠만은 열역학을 미시적 분자적 관점에서 연구하고 있었다. 그러나 당시 물리학계에서는 원자론을 인정하지 않는 분위기였다. 모든 것이 우울증 때문이나 이들의 공격에 대한 방어의 심적 부담이 자살을 재촉한 원인일 수도 있다.

나일론의 발견자 카러더스(Wallace Hume Carothers).
(http://www.chemistry.msu.edu)

월리스 카러더스(1896~1937)는 하버드 대학의 화학 강사로 있다가 1928년 듀퐁에 들어갔다. 이 화학 기업체는 기초 연구부터 시작하여 인공 소재를 개발할 계획을 갖고 그를 연구 책임자로 채용한 것이다. 그래서 카러더스 팀은 1931년 인조 고무 네오프렌을 개발하였고, 이어 인조 섬유 연구를 시작하여 1935년 나일론을 발견하였다. 그는 나일론이 제품으로 생산되기 전인 1937년 자살하였다.

카러더스는 오랫동안 우울증을 앓았다. 1920년대부터 독약이 든 병을 휴대하고 다녔다고 한다. 그는 1936년 기업체 유기화학자로는 최초로 과학학술원 회원이 될 정도로 성공했으나 스스로는 실패한 과학자라는 병적 심리에 빠져 있었다. 1936년 누이동생이 사망하자 병 증세가 심해졌고 곧 특허 부서에 근무하던 여성과 결혼했으나 몇 개월 후에 병원에 입원한다. 얼마간 치료를 받고 퇴원하여 알프스 여행을 하기도 했으나 1937년 독약을 마시고 생을 마감한다.

그는 듀퐁에 들어와 기초 연구와 제품 연구를 병행했다. 그러나 나일론이 발견되자 새로 부임한 선임자는 상업적으로 이용 가능한 연구를 강조하였다. 그는 나일론이 최종 개발 물질로 선정되는 과정에서도 카러더스에게 압력을 행사하였고 개발 단계에서 카러더스를 제외시켰다. 이러한 주변 상황이 그의 자살을 재촉한 원인이라는 해석도 있다.

카러더스 당시에는 한계적인 정신치료 외에 우울증에 듣는 약이라고는 없었다. 항우울제는 1950년대 항결핵제로 합성한 물질에서 우연히 항우울 효과를 발견한 것이 최초이다. 그리고 이 물질이 뇌의 노르아드레날린, 도파민, 세로토닌 등 신경전달물질의 효소에 의한 파괴를 막아 작용을 나타내는 것을 알게 되었다. 그로부터 신경 전달을 보강할 수 있는 여러 아이디어가 시험되어 효과적인 약들이 개발되었다.

참고 자료

- Bagnato, Andrew, MIT's Salvador Luria, Activist and Nobel Lauriate, Keeps His Two Roles Separate.
  http://www.boston.com/globe/search/stories/nobel/1984/1984v.html
- Celebrity Meltdown.
  http://cms.psycologytoday.com/articles/pto-19991101-000035.html
- Flamm, Dieter, Boltzmann: a disordered genius.
  http://physicsweb.org/articles/review/12/4/1
- Isaac Newton biography. http://sshpower.net
- Wallace Hume Carothers(1896-1937) synthesised polychloroprene and polyesters.
  http://www.plastiquarian.com/carothers.htm
- Wilkins, Maurice, *The Third Man of the Double Helix: The Autobiography of Maurice Wilkins*, Oxford University Press, Oxford, 2003.

12 과학의 미덕, 맥린과 샤츠의 경우

1968년 노벨 물리학상 수상자 루이스 알바레스(Luis Alvarez, 왼쪽)와 아들 월터(Walter). (http://www.pbs.org)

1956년 제이콥 브로노우스키는 〈과학과 인간 가치〉에서 과학자에 대해 다음과 같이 적었다. "학자들은 이상하게도 미덕이 있다. 이들은 과장된 주장을 하지 않고, 속이는 일이 없고, 수단을 가리지 않고 설득하려는 일도 없고, 편견이나 권위에 호소하지 않고, 가끔 자신의 무지에 대해 솔직하고, 이들의 알력은 상당히 단정하고, 이들은 무엇이 인종, 정치, 성, 연령으로 논쟁되고 있는지를 혼동하지 않는다. 이것은 일반적으로 학문의 미덕이며 특징적으로 과학의 미덕이다."

실제 과학의 세계에서 이 과학자의 미덕은 존재하는가. 백악기-제3기(K-T)에서의 생물체의 멸종에 관한 이론에서 화산설을 낸 듀이 맥린은 1988년 2월 알바레스의 부당한 공격을 비난하는, 알바레스에게 보내는 공개 편지에 '브로노우스키의 미덕'을 넣었다.

루이스 알바레스(1911~88)는 고에너지 물리학 분야의 공헌으로 1968년 노벨 물리학상을 받은 캘리포니아 대학(버클리)의 핵물리학자이다. 그는 여러 방면에 흥미를 갖고 있었다. 1965년에는 물리학 전문가로 소립자를 사용한 밀도 계산으로 이집트 기자 피라미드의 숨겨진 방을 찾기 위한 고고학적 탐험에 참여하기도 했다. 방을 찾지는 못했으나 이를 계기로 그는 버클리의 지질학 교수인 아들 월터와 함께 지질학적 연구를 시작하게 됐다.

인도 데칸 트랩(Deccan Trap)의 용암 유출 모양. 데칸 트랩은 1백만 평방킬로미터의 용암을 포함한다. (Anne-Lise Chenet/IPGP)

그래서 알바레스와 월터는 1980년 6500만 년 전 K-T 경계에서 지구 생물체의 60% 이상이 멸종된 원인에 대해 우주 물체, 즉 소행성이나 혜성의 지구 충돌설을 내었다. 이 이론은 이 경계 부위에서 우주 물체에 풍부한 높은 농도의 이리듐을 발견한 것이 근거가 됐다. 그러나 이것은 가설일 뿐 아직 확증은 아니다. 우주 물체 충돌만으로 광범위한 생물체의 멸종을 설명할 수 있을지의 문제가 있다.

알바레스와 같은 때에 지질학자 맥린에 의한 화산설이 나왔다. 같은 시기의 지구 전역의 화산 활동과 관련짓는 이 설에서 인도 데칸 지역의 데칸 트랩(암석)이 주요한 근거가 된다. 맥린이 K-T 멸종에 관심을 가졌던 것은 1960년대 말 스탠퍼드 대학의 박사과정 학생 때였다. 그는 K-T 경계의 시간인 6500만 년 전에 커다란 탄소 순환의 교란이 있었다는 사실에 착안하여 1979년 이것을 데칸 트랩의 맨틀 융기 화산 활동과 연관시켰다.

맥린은 이 이론을 1981년 5월 캐나다 오타와에서 열린 학회에서 발표했을때 알바레스 팀이 보여준 행동에 당혹감을 가졌다. 당시 그는 버지니아 공과대학 교수였고 알바레스는 버클리의 노벨 물리학상 수상자였다. 맥린에 의하면 알바레스는 대단히 불쾌한 감정을 나타냈다. 그는 처음 커피 시간에 맥린을 다른 사람이 들리지 않는 곳으로 안내하여 자신의 소행성 충돌설을 공개적으로 반대할 의사가 있는지 알기를 원한다고 요구하였다. 맥린은 자신의 연구가 그렇게 나온 이상 다른 선택이 없고 이 분야의 연구를 계속하겠노라고 했다. 그러자 알바레스는 맥린에게 "경고하고자 한다. 나에게 반대하려는 사람, 내가 끝을 냈을 때 과학계는 아무 관심도 두지 않는다"고 하며 "내가 너에게 경고했다"고 말을 끝냈다. 그날 오후 알바레스의 아들 월터는 "숫자를 세 보니 24명이 우리 편이다. 당신은 혼자다. 우리를 계속 반대하면 당신은 지구상에서 가장 고립된 인간이 될 것이다"라고 말하였다.

맥린은 자신의 연구가 인정받는데 방해가 되는 사람에게 심지어 침묵하라고 협박하는 알바레스 주위에 당황해 할 수 밖에 없었다. 대학의 분위기도 나쁘게 돌아갔다. 그 동안 지질학과 학과장은 맥린의 연구를 지지해 왔다. 그러나 알바레스와 같은 노벨상 수상자가 그를 노골적으로 비난하자 일종의 위기감을 가졌다. 그리고 알바레스의 동조자가 과에 들어와 노골적으로 맥린의 연구가 갈 곳이 없다거나 맥린의 장래가 좁은 시야 내에서 펄럭인다고 할 정도가 됐다. 그래서 부학장은 맥린에게 K-T 멸종에 대한 연구를 중단하도록 강요하였고 학과장은 연구의 방향을 바꾸도록 종용하였다.

이러한 상황을 좀 더 나타내면, 알바레스는 1984년 한 과학학술원 회원에게 보낸 위협적인 편지에서 "그래서 듀이는 현재 이 분야에서 잊혀진 사람이거나 듀이가 기억될 때 그가 없는 모임의 끝에 칵테일파티에서 단지 한 두 차례 웃어버릴 일이다. 나는 지금 미안하지만 당신이 듀이 맥린의 노선을 따라 패배하려고 하는 것을 본다"고 말했다. 1988년 〈뉴욕 타임즈〉에 실린 글에는 알바레스의 다음과 같은 말도 있다. "내가 그 대학의 총장이라면 그래서 듀이 맥린에 대해 어떻게 생각하는지 묻는다면 그가 쓸모없는 사람이라고 말할 것이다. 나는 그가 야구 경기에서 볼로 나가고 단지 사라졌다고 생각한다. 아무도 그를 학술 회의에 초대하지 않기 때문에 그렇다."

이제까지 알바레스의 거대한 권위에 의해 맥린의 과학이 유린되는 모습을 그렸으나 다른 유사한 예로 거대한 왁스먼에 대항한 샤츠의 운명을 소개하고자 한다. 앨버트 샤츠(1920~2005)는 농부가 되겠다는

스트렙토마이신을 발견한 미국의 미생물학자 샤츠(Albert Schatz). 1945년 연구하는 모습.

생각으로 럿거스 대학 농과 대학에 입학하였으나 토양에 관심을 갖고 1942년 6월에 셀먼 왁스먼(1888~1973)을 지도 교수로 대학원 과정을 시작하여 항생물질과 발효 연구를 하였다. 이때 그는 한 달에 40달러의 봉급을 받았다. 온실의 작은 방에서 기거하며 그 방세는 온실 일을 도와 해결하였다.

얼마 지나지 않은 1942년 11월 그는 징집되어 군 병원에서 근무했다. 당시 페니실린이 나오기 시작했으나 군인만이 사용했으며 그것은 그람 양성균에만 효과가 있었다. 그래서 군병원의 의사들은 환자가 들어오면 그람 음성, 양성을 가렸고 그람 음성 균에 감염된 환자는 치료 받지 못하고 감염으로 죽어갔다. 그는 근무 외의 시간에 플로리다 토양에서 균을 분리하여 시험해 보기도 했다. 그람 음성균을 억제하는 일부 균 배양물은 왁스먼에게 보내기도 했다.

샤츠는 1943년 6월에 제대하자 대학원 연구를 다시 시작했다. 이때 왁스먼은 푸마르산 발효 연구를 바랐으나 그는 군에서 하던 대로 새로운 항생물질을 찾는 연구를 하고 싶다고 하여 승낙을 받았다. 그리고 곧 메이오클리닉 의사들에 의해 항결핵제의 아이디어가 나왔다. 그러나 왁스먼은 이 주제의 연구를 꺼렸다. 연구 과정에서 당시 치명적인 결핵에 감염될 위험성이 컸기 때문이다. 결국 왁스먼은 연구를 허락하며 자신의 사무실에 가까이 있던 실험실을 지하실로 옮기도록 지시했다. 그리고 절대로 배양액을 사무실로 갖고 오지 못하도록 하고 자신도 지하 실험실을 방문하는 일이 없었다.

이렇게 하여 샤츠는 1943년 10월 스트렙토마이신을 발견했다. 스트렙토마이신이라는 이름도 그가 붙였다. 이 발견은 두 편의 논문으로 발표됐는데 주 저자는 모두 샤츠로 됐고 왁스먼의 이름이 그 다음에 들어갔다. 1944년 2월 메이오클리닉은 스트렙토마이신의 독성 시험을 시작했다. 샤츠가 시험용 물질을 공급하기 위해 대량 생산에 몰두해 있는 사이 왁스먼은 스트렙토마이신의 전망을 알리는 강연에 바빴다. 잡지와 신문에는 왁스먼의 발견이 대서특필됐다.

1952년 스트렙토마이신의 발견으로 노벨 의학상을 수상한 왁스먼(Selman Waksman).

샤츠는 1945년 박사 학위를 받고 대학을 떠났다. 그리고 1946년에는 왁스먼의 요청으로 공동으로 출원했던 특허의 권리를 럿거스 재단에 양도했다. 후에 외국 특허도 마찬가지로 양도했다. 그는 양도 서류에 서명을 할 때 그나 재단이 이 발견에서 어떤 이익도 취하지 않는 것으로 생각했다. 단지 스트렙토마이신이 어떻게든 빨리 시장에 나와야 하며 그것도 싼 값으로 나와 널리 쓰이는 것이 중요하다고 생각했다.

그러나 샤츠는 나중에 왁스먼이 재단과 또 하나의 계약을 하여 20%의 로열티를 받기로 한 것을 보고 놀랐다. 물론 왁스먼이 개인적으로 이 돈을 사용한 것은 아니지만 샤츠로서는 스트렙토마이신의 발견에서 발견자의 이름도 아무 것도 얻은 것이 없었다. 그래서 1950년 3월에 왁스먼과 럿거스 재단을 상대로 로열티 지분과 발견자 인정을 요구하는 소송을 제기했다. 왁스먼이나 대학으로서 당황해 할 수 밖에 없는 일임에 틀림없었다.

결국 합의하여 샤츠는 일정한 액수의 로열티와 발견자 권리를 찾았다. 그러나 그의 앞에 과학계의 문은 닫혀 버렸다. 모두가 내용의 진실을 알아보려고 하기 보다는 세계 일류의 왁스먼을 공격했다는 감정이 앞섰다. 그래서 50개 이상의 대학과 연구소에 이력서를 보내 직장을 구하려고 했으나 한 작은 농업 대학 외에는 직장을 주겠다고 하는 곳이 없었다. 모두가 그가 가장 충분한 자격을 가진 지원자라는 것에 동의했으나 소송을 좋아하는 인물이라는 거부감을 갖고 있었다.

그리고 마지막으로 커다란 충격이 왔다. 그것은 1952년 10월 왁스먼이 스트렙토마이신의 발견으로 노벨상 수상자가 됐다는 발표이다. 샤츠는 자신이 스트렙토마이신의 발견자라는 편지를 노벨상 위원회에 보냈으나 허사였다. 왁스먼은 수상 강연에서도 샤츠를 언급하지 않고 단지 우리라는 말을 썼다. 그리고 1958년 회고록에서도 왁스먼은 샤츠라는 이름을 쓰지 않고 대학원생이라고만 언급했다.

샤츠는 1960년대 초 미국에서 직장을 얻기 어려워 남미로 이주하여 칠레 대학의 교수가 되어 일생을 그곳에서 지냈다. 그는 자신의 기여는 1994년 럿거스 대학이 스트렙토마이신 발견 50주년을 기념하여 그에게 럿거스 메달을 수여한 것으로 보답을 받았다고 생각한다. 그것은 샤츠가 이미 74세가 된 때이며 그는 2005년 84세의 나이로 사망하였다.

참고 자료

- Mclean, Dewey, The Deccan Traps Volcanism-Greenhouse Dinosaur Extinction Theory. http://filebox.vt.edu/artsci/geology/mclean/Dinosaur_Volcano_Extinction
- Mistiaen, Veronique, Time, and the great healer, Guardian, November 2, 2002.
- Raber, Linda, Landmark Honors Selman Waksman, *C&EN*, June 27, 2005, p. 53.

4장

과학기술과 환경 그리고 정치

1 과학의 상보성 원리

'리스본, 1755'라는 제목이 붙은 1820년 경 독일의 판화.
(http://nisee.berkeley.edu)

2004년 12월 인도양 쓰나미는 15만 명의 귀중한 생명을 앗아갔다. 지진학을 탄생시킨 1755년 리스본 지진을 상기시킨다. 위엄을 자랑하던 포르투갈 제국의 리스본은 지진과 화재 그리고 쓰나미로 폐허로 변했다. 리스본에서만 25만 인구 중에 6만 명 이상이 사망했다. 이 지진은 죄를 지은 인간에 대한 신의 벌로 치부되었고 교회는 속죄를 강요하였다. 이때 인간이 스스로의 힘으로 버티고 일어서겠다는 용기를 갖게 된 것은 바로 자연은 자연 법칙을 따르는 자연 과정에 의해 작동한다는 자연주의적 과학의 기운이었다. 과학은 지진이 자연 현상임을 일깨워 주었다.

이들은 베이컨, 뉴턴의 전통을 따라 과학적 방법으로 지진을 연구하기 시작하였다. 과학은 인간과 신의 관계뿐만 아니라 사회에도 변화를 가져왔다. 과학적 방법의 근본은 정직성과 객관성이다. 자료 하나 하나가 정직하고 객관적인 사실적 근거에 바탕하고 자료의 일반화와 가설의 예측성은 논리적 오류가 없이 객관적으로 추리돼야 한다. 이 사실적 근거와 오류가 없는 추리라는 과학적 사고는 또한 사회의 온갖 미신, 편견, 무지를 깨우쳐 인간이 인간답게 하는데 기여하였다.

과학은 무엇보다 과학기술을 낳았다. 기술은 인간이 삶을 향상시키기 위해 사용하는 기술적 수단을 말한다. 과학은 과학적 방법이 탄생하여 시작됐으나 기술은 인간의 역사와 함께 한다. 갈릴레오 갈릴레이(1564~1642)의 망원경에 의해 천문학적 측정이 향상되고 이것이 태양중심 설에 기여한 것을 보아도 과학은 기술의 도움을 받는다. 이보다 과학에 의해 기술이 어떻게 달라질 수 있는지는 갈릴레오의 1638년 〈두 신과학에 대한 대화〉에 적절하게 기술돼 있다.

갈릴레오는 물질의 강도에 관한 척도 효과와 관련하여, 기계나 도구를 만드는 기사들 중에서 어떤 사람은 경험에 의해, 어떤 사람은 스스로의 관찰에 의해 자신들의 일을 설명하는데 매우 전문적인 식견을 가졌음이 틀림없으나, 이들이 많은 일을 알고 있더라도 진정한 과학자는 아니라고 말하고 있다. 그들은 수학을 모르기 때문에 이론으로 발전시킬 능력이 없다. 그는 예를 들어 개개 부분의 강도를 고려한 일반화된 원리를 도출하여 튼튼한 기계를 설계할 수 있음을 말하였다.

이와 같이 객관적인 이론과 예측의 과학은 기술에 접목되어 폭발적으로 증가한 인구의 식량, 에너지, 보건 문제를 해결해 왔다. 그럼에도 많은 이들은 과학기술의 발전이 이 사회에 어떤 혜택을 주었는지 이해하기 어려워한다. 노벨상 수상자 레온 레더만의 말대로 이 사회에는 해결하기 어려워 보이는 빈곤, 도시의 퇴락, 범죄, 증오, 그리고 전반

1988년 노벨 물리학상 수상자 레더만(Leon Lederman).
(http://www.achievement.org)

적 불평등이 존재한다. 이 불평등은 분명 과학기술의 부와 권력을 만드는 특성에 기인한 것으로 보인다. 레더만은 이 문제의 해결책은 과학적 사고라고 하며 교육에 비판적 사고의 중요성을 다음과 같이 말했다.

"전략적 비전은, 만일 점점 더 많은 수의 시민이 과학적으로 사고하고, 과학자들이 그렇게 많은 부를 창조할 수 있었던 비판적 방법을 이해하도록 가르친다면, 민주적인 맥락에서 이들 시민은 목소리를 높인 흠집이나 편협함에 참지 못할 것이며, 국가 자원의 적절한 분배를 요구할 것이며, 사업과 투자 사이의 균형을 주장할 것이며, 과학과 기술의 산물은 장기적인 다수의 혜택을 위해 배치되어야 한다고 주장할 것이며, 또한 사회 · 경제 · 문화적 맥락에서의 지식의 역할을 이해할 것이라는데 있다."

나아가 과학기술은 영을 상실한 물질적 인간상, 환경 문제, 그리고 핵무기 공포를 초래했다고 비난받는다. 그래서 이들 위험을 인식한 사람 중에는 과학의 필요성에 의문을 품고 "자연으로 돌아가자"고 주장하는 이도 있다. 노벨상 수상자 맥스 페루츠(1914~2002)는 이 주장은 중국의 문화 혁명에서 이미 시험되었다고 하며 과학자들이 쟁기를 메고 밭을 갈고 연구소가 문을 닫거나 정치적 목적을 위한 토의장으로 바뀌었을 때의 일을 상기시켰다. 그는 "문화혁명이 중국인을 루소의 이상, 오늘날 서구 젊은이들의 이상인 자연과 조화를 이룬 고결한 남녀의 사회로 돌아갔는지"를 물었다. 그것이 아

1962년 노벨 화학상 수상자 페루츠(Max Perutz).
(http://news.bbc.co.uk)

니라, 과학이 없이는 의식주, 보건, 국방 문제를 해결할 수 없기 때문에 중국은 경제 붕괴의 직전에 들었다고 말했다.

페루츠는 "이는 새로운 문제가 계속 해결을 구하기 때문만이 아니라 기존에 갖고 있는 지식도 지적으로 활용할 수 없기 때문이다. 진보된 과학적 훈련이 없이는 문제가 무엇인지 성안조차 할 수 없다"고 하며 과학을 떠나보내기를 원해서는 안 되며 그것을 최대한 인간에게 이익이 되도록 활용해야 한다고 했다. 그러나 과학과 사회 간에는 근본적인 딜레마가 있는데, 페루츠는 위험과 혜택을 함께 안고 살아야 한다며 다음과 같이 말했다.

"과학은 가끔 대가를 요구한다. 대부분 기술적 진보는 닐스 보어가 파동과 입자가 물질의 이중적 양상이라는 것을 설명하기 위해 구성한 상보성 원리의 적용을 받는다. 이 원리에 의하면 혜택과 위험은 개개 기술적 진보의 상보성 양상이다. 사회는 둘 중에 하나를 선택해야 하지만 그러한 판단은 도덕적 가치도 과학적 사실도 우리로 하여금 분명한 결정으로 인도하지 못한다는 고통스러운 선택의 문제에 부닥칠 것이다."

노벨상 수상자 닐스 보어(1885~1962)는 1928년 빛이나 전자, 즉 양자와 관련된 개념적 문제를 해결하기 위해 '상보성 원리'를 제시했다. 양자는 실험 방법에 따라 입자 또는 파동으로 측정된다. 그런데 입자는 일정한 공간에 잡아 둘 수 있는 국지성인 반면 커다란 공간으로 퍼져 나가는 장(場)인 파동은 비국지성이다. 입자와 파동은 분명 배타적이다. 하지만 논리적 모순이 없이 두 성질을 사용하여 양자의 실재를 기술할 수 있다.

보어는 소포클레스의 안티고네 인물들을 예로 들어 이를 설명하였다. 안티고네의 동생은 왕을 몰아낼 기도를 하던 중에 살해됐다. 그는 왕과 사회에 대한 충성심을 가졌으므로 동생은 배척해야 할 반역자임에 틀림없다. 하지만 그는 가정에 대한 의무가 있다. 때문에 동생의 시체를 묻고 그의 추억을 영예롭게 해야 한다. 이때 안티고네의 왕과 사회에 대한 의무와 가정에 대한 의무는 도덕적으로 배타적이다. 그러나 안티고네를 이해하기 위해 두 의무는 보완적이다. 과학의 혜택과 위험은 분명 배타적이다. 그러나 어쩔 수 없는 과학의 두 얼굴이다.

이를 환경 문제를 놓고 살펴보자. 19세기 위대한 화학자 유스투스 폰 리비히(1803~73)는 "우리가 발견할 수 있는 모든 것은 농부에 비해 중요성이 없는 것 같이 보인다"며 인간의 존재 상황을 개선하기 위한 화학자의 역할을 강조했다. 이렇게 해서 나온 농약과 살충제야말로 그 많은 인구의 식량을 해결해 왔다. 그런데 이들에게서 환경오염 위험이 발견됐다. 이때 우리 주위에는 과학을 '사악한 과학' 이라고 불러 증오의 대상으로 광고하는 사람이 있고, 그렇지 않더라도 위험만을 전부인 양 말하는 극단적 환경론자와 이들에 힘을 실어 주는 언론이 있다.

농약과 살충제가 한계를 초과하여 환경에 심각한 위험이 되는 것은 틀림없으나 만일 이들이 없었다면 식량 문제는 물론, 경작지를 넓히기 위한 산림의 훼손 등 또 다른 환경 파괴를 초래했을 것이다. 그리고 지금도 농약과 살충제의 부족으로 기아를 겪고 있는 개발도상국이 있다. 이들을 환경 파괴의 사악한 과학의 산물로 보아서 안 될 분명한 이유가 있다. 이들을 수용하면서 환경 파괴를 줄일 방법을 찾을 책임이 대중과 과학자 모두에게 있을 뿐이다.

1981년 노벨 화학상 수상자 호프만 (Roald Hoffmann).
(http://www.chemistry.msu.edu)

화학 비료와 살충제 문제만이 아니다. 핵 발전, 유전자 변형 식품, 부작용이 많은 현대 의약품 등 생태 진보 반경의 과학 공격이 거셀수록 과학과 과학인의 위상은 낮아지고 있다. 그렇다고 이해 집단 간의 다툼 형식을 빌려 이들 주장에 내포된 일부 허구성을 지적하는 것으로는 항상 그렇듯이 국민의 설득에 실패할 것이다. 어떤 경우에도 정직하고 객관적인 과학적 사고에 기초한 접근만이 유효하다.

과학인은 과학기술에 필연적으로 동반하는 혜택과 위험의 상보성을, 그리고 과학자의 위험을 줄이기 위한 노력을 알려줄 필요가 있다. 그래서 현재까지 연구된 혜택과 위험 자료를 가감 없이 제시하고, 여기에 당장 과학적 근거는 없지만 추리할 수 있는 잠재적 위험을 포함하여 국민의 판단을 구하자. 이때 국민은 어떤 선에서 위험을 감수하고 혜택을 취할 것인지, 어떤 경우에 미래 세대를 위해 잠재적 위험까지 고려하여 어떠한 어려움이 있더라도 가능한 대안을 수용할 것인지 결정할 것이다.

노벨상 수상자 로얼드 호프만은 다른 말로 "보통 사람이 그리고 그들의 대표자에게 유전 공학, 폐기물 폐기 장소, 위험하고 안전한 공장, 어떤 중독성 약을 통제할 것인지 아닌지에 관한 결정을 내릴 권한이 주어져야 한다고 깊게 믿는다"고 하였다. 하지만 국민에게는 과학 무지라는 민주적 절차에 장애를 초래하는 문제가 있다. 호프만은 과학자의 역할이 전문가로서 결정을 내리는 것이 아니라 이때 국민에게 과학이 말하는 것이 무엇인지 정확히 알려줄 책임밖에 없다고 "책임성 외에는 아무 선택이 없다"는 말로 나타내었다. 전체적으로 "교육과 민주주의에 대한 책임 외에는 아무 선택권도 없다"는 것이다.

참고 자료

- Lederman, Leon M., A Strategy for Saving Science, *Skeptical Inquirer*, November/December 1996, p. 23.
- Perutz, Max, *Is Science Necessary?*, Oxford University Press, Oxford, 1991.

2 레이첼 카슨의 DDT

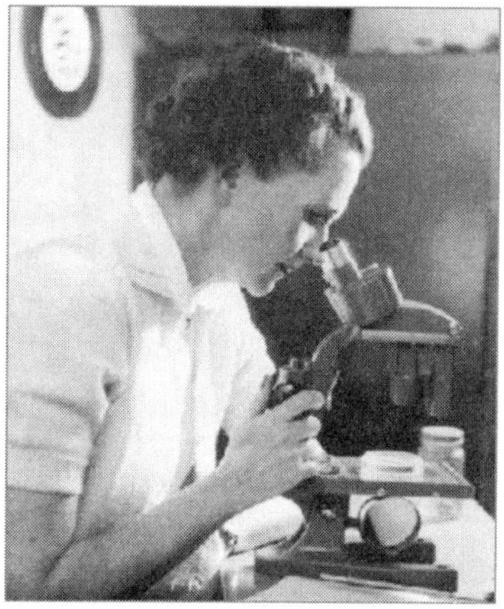

현대 환경 운동을 출발시킨 카슨(Rachel Carson). (Lear/Carson Archive)

레이첼 카슨(1907~64)은 1932년 존스 홉킨스 대학에서 해양 동물학 석사학위를 받았으나 학문적 연구자라기보다는 일생을 자연의 관찰자로 살았다. 그리고 어려서부터 문학적 재능을 나타낸 작가라고 불릴 여성이다. 1936년 공무원 시험에 합격하여 방송 대본 작가로 어업국(어류 및 야생생물 국)에 취직하여 과학 관련 글을 쓰며 편집 일을 했다.

그는 생계에 보태기 위해 잡지에 글을 게재하기 시작해서 1941년 해양 생물의 생존 경쟁을 그린 〈바다-바람 밑〉을 지어냈다. 이 책은 문학적으로 그리고 과학적으로 주목을 받았으나 진주만 폭격으로 책 판매가 저조하여 700달러도 못되는 인세를 받았을 뿐이다. 그리고 1951년 지구, 달, 해양의 형성 과정을 묘사한 〈우리 주위의 바다〉가 베스트셀러가 되어 경제적으로 큰 보탬이 됐다. 그는 전업 작가로 집필에 전념하기로 결심하여 1952년 직장을 사직하였다. 1955년에 나온 〈바다 기슭〉은 다양한 해양 생물의 삶을 정교하게 묘사한 책이다.

그리고 마지막으로 1962년 카슨을 진정으로 유명하게 만든 〈침묵의 봄〉이 나왔다. 그는 수많은 화학 물질이, 매해 500개나 되는 살충제 등이 새로 만들어져 뿌려지는 문제를 지적했다. 효과적으로 곤충을 죽이는 물질의 개발에만 전념하는 사이, 같은 물질이라도 내성이 생긴 곤충을 죽이기 위해 점차 많은 양을 뿌리는 사이, 새와 고기가 죽고 토양의 생물 종은 파괴된다. 이들은 한 번 뿌려지면 쉽게 제거되지 않고 끈질기게 남아 자연의 생명을 위협한다. 인간은 목전의 이익만을 생각할 뿐 자연 생명계가 파괴되어 결국 인간이 살 수 없는 지구가 된다는 것을 잊고 있다.

카슨은 살충제가 인간 보건에 미칠 영향도 제시했다. 개개 물질이 안전한 수준이라고 할지라도 합해질 때, 만성적으로 노출될 때 문제를 초래할 수 있다. 안전성에 대한 지식이 증가함에 따라 현재 안전한 것도 내일은 안전하지 못한 것이 될지도 모른다. 그는 DDT가 암과 백혈병을 유발할 가능성도 말했다.

이것도 중요하겠지만 진정으로 카슨이 말하려고 한 것은 자연 생명계가, 자연의 아름다움이 파괴되고 있다는 메시지이다. 카슨은 이 책의 의미에 대해, 사망하기 직전 친구에게 보낸 편지에 "내가 구하려고 애써 온 생명계의 아름다움이 항상 먼저 떠올랐다. 그 다음에 그것에 가해진 무분별한 잔인한 일들에 대한 분노…지금 적어도 약간은 내가 도움을 주었다고 믿을 수 있다"고 하였다.

카슨의 책이 나오자 화학 물질 제조 기업체의 비판을 받았음은 물론이다. 이들은 "인간이 카슨의 가르침을 따라야 한다면 곧 암흑시대로 돌아갈 것이다. 곤충과 질병과 벌레는 지구를 다시 차지할 것이다"라고 말했다. 40년이 지난 지금도 "DDT에 부과한 주요 혐의(즉, 조류 군에 대한 해, 발암 가능성, 먹이 사슬에서 생물 농축, 그리고 생물학적 분해성의 결핍)에 반대되는 확고한 충분한 정보가 있다"고 말하는 학자가 있는 것을 보아도 당시 카슨의 주장을 반박하기에 증거가 부족함이 없었을 것이다.

카슨의 뜻을 이해한 것은 과학자가 아니라 일반 대중이었다. 한 독자의 "당신은 우리로 하여금 이 세계에서의 우리의 위치를 이해하도록 만들었다"고 한 반응으로 알 수 있듯이 직접적으로는 DDT 등 독성 화학 물질의 문제였으나 전체적으로 환경에 대한 인식이었다. 갑자기 이들은 주위를 둘러보고 모든 곳에서 자연이 파괴된 증거를 발견했다. 이 뜻이 미국 의회 지도자들과 대통령에게 전달됐음은 물론이다. 1970년에 설립된 환경청(EPA)도 카슨 그늘의 연장선상이었다. 그리고 지금도 EPA로 하여금 인간이 만든 물질의 환경 영향을 최소화하도록 압력을 넣는 것은 카슨이 씨앗을 뿌린 국민의 환경 인식이다.

자연의 관찰자 카슨(Rachel Carson). (Lear/Carson Archive)

카슨의 영향은 1972년 DDT의 사용 금지로 나타났으나 지금도 이 결정이 과학적 증거에 기초했기보다는 정치적이었다는 등 논란이 있다. 사실상 카슨의 DDT는 자연을 파괴하는 탐욕적 인간의 목적물로 형상화된 대상일 뿐 DDT가 새를 침묵시켰는지에 대한 완벽한 답을 제공하려고 한 것은 아닐지 모른다. 그럼에도 카슨은 과학적인 통찰력을 가진 인물이었다. 자연의 생명체에 축적되는 인공적 이방 물질의 해악은 자명하기 때문이다.

지금 세계는 카슨이 일깨워 준 방향으로 진행되고 있으며 유엔환경프로그램(UNEP)이 중요한 역할을 하고 있다. 2001년 '잔류성 유기오염물질(POPs)' 에 대한 스톡홀름 회의에서는 다이옥신, PCBs, 푸란, DDT 등 12종 POP 물질의 사용 금지가 결정됐다. 이때 DDT만은 예외로 개발도상국에서 계속 사용이 허용됐는데 아직 23개 개발도상국에서 농업용 살충제로 그리고 질병 통제 목적으로 DDT가 사용되고 있다.

이들 국가에서 DDT는 매해 5억 인구가 걸려 대부분 어린이와 여성인 270만 명의 목숨을 앗아가는 말라리아의 통제에 가장 효과적인 값싼 물질로 인정받고 있다. 때문에 이 결정이 있기까지 중도적 입장의 과학자들조차, 성장기에 100에이커의 목화밭에 800kg을 뿌리는 농업용 사용과는 달리 400~600g으로 커다란 집의 내벽을 도포하여 일 년에 6개월간 모기를 통제하는 식의 DDT 사용도 금지해야 하겠느냐는 간곡한 논평을 싣기도 했다.

이것이 받아들여졌으나 카슨이라면, 대안적 방법이 성공적으로 도입된 후에야 DDT 금지가 가능하다고 현실적 보건 문제를 강조한 말라리아 재단과 2007년까지 시한을 못 박아 금지해야 한다는 세계자연보호기금(WWF) 가운데 어느 입장을 지지했을 것인지 궁금하다. 카슨에게서 환경 운동가적 모습을 발견하나 자연 생명계의 파괴에 대한 분노만큼이나 풍요의 세계에서 빈곤과 질병의 고통 속 인구의 문제에도 무엇을 말할 것 같은 느낌이 든다. 그는 이들의 고통을 몸으로 느끼며 자신의 의견을 말했을 것이다.

1990년대의 레이첼 카슨이라고 불리는 테오 콜본은 말 그대로 카슨과 빼어 닮은 인물이다. 그는 1996년 〈우리의 도둑맞은 미래〉에서 내분비교란물질, 즉 환경호르몬의 문제를 처음 제시했다. 그는 럿거스 대학에서 동물학을 전공한 후에 양 목장을 경영한 약사의 아내로 평범하게 살다 50세가 넘어 1978년 대학에서 환경학을 공부하고 1985년 58세의 나이에 위스콘신 대학에서 동물학 박사 학위를 취득한 특이한 경력을 갖고 있다.

환경 호르몬에 대한 경각심을 일으킨 콜본(Theo Colborn). (WWF)

콜본은 60세가 된 1987년 WWF가 관련된 대 호수(그레이트 레이크스) 프로젝트에 참여하여 DDT, PCBs 등 독성 화학 물질이 지극히 소량일지라도 생명체 내에서 호르몬을 닮은 작용을 나타내거나 호르몬의 작용을 차단할 수 있을 것이라고 생각하여 그 후 증거를 수집하여 1996년 70세가 거의 다 돼서 책을 지어낸 것이다. 책의 세부적인 내용에 대해서 카슨의 〈침묵의 봄〉 때와 마찬가지로 즉시 논란이 벌어졌으며 전 세계 언론은 환경호르몬의 잠재적 위험성을 크게 부각시켰다.

콜본이 말한 모든 것이 확정적이고 정확한 것은 아니다. 미 과학학술원(1999년 8월)과 영국 왕립학회(2000년 6월)의 보고서에 있듯이 환경 호르몬은 야생 생물과 실험 동물에서 생식과 발생에 부정적 영향을 나타냈으나 인간에 끼치는 영향에 대한 자료는 결핍돼 있다. 정자 수 감소만 해도 지역에 따른 차이가 환경적 요인인지 다른 요인인지, 실제 정자 수가 감소되는지 등을 검토할 필요가 있다. 또한 환경 호르몬이 고농도에서는 분명 보건과 환경에 영향을 주지만 환경 중에 존재하는 정도의 농도에서 해가 되는지에 관해서는 아직 거의 알지 못한다.

그러나 환경 호르몬에 대한 확실한 자료가 없다고 해서 직접적인 근거가 확립될 때까지 방치해도 된다는 것은 아니다. 대중이 관심과 염려를 표현하는 이상 그리고 잠재적 위험성이 분명한 이상 예비적인 규제 조처를 마련하며 관련 분야의 연구를 촉진할 필요가 있다. 현재 환경 호르몬에 대해 취하는 입장은 바로 콜본의 메시지에서 시작된 것이다.

참고 자료

- Bremer, Michele, Rachel Carson's World, *C&EN*, February 23, 1998, p. 75.
- Budwig, Lisa, Breaking Nature's Silence, Pennsylvania's Carson.
  http://www.dep.state.pa.us/dep/PA_Env-Her/rachel.htm
- Lewis, Jack, The Birth of EPA.
  http://www.epa.gov/history/topics/epa/15c.htm
- Our Stolen Future. http://www.ourstolenfuture.org

2 과학과 프록스마이어의 황금 양털 상

낭비적인 정부 지원 프로그램에 '황금 양털 상'(Golden Fleece Award)을 수여한 것으로 유명한 프록스마이어(William Proxmire) 상원의원(중간). 아침에 청소원들과 대화하고 있다. (Journal Sentinel Files)

'황금 양털 상' 은 윌리엄 프록스마이어 미 상원의원이 1975년 3월부터 은퇴하기 전 1988년 12월까지 매달 낭비적인 정부 지원 프로그램을 선정하여 수여한 유명한 상이다. 황금 양털은 그리스 신화 〈이아손과 아르고선 사람들〉이라는 이야기에 나온다. 테살리아의 국왕 펠리아스는 조카인 이아손을 콜키스 왕국으로 보내 황금 양털을 가져오도록 한다. 이때 펠리아스는 이아손에게 거짓말로 황금 양털을 가져오면 왕좌를 물려주겠다고 약속한다. 이아손은 아르고선 사람들 등의 도움을 받아 황금 양털을 찾아 손에 넣었다. 그러나 펠리아스는 그에게 왕좌를 물려주지 않았다. 이아손은 사기를 당한 것이다(Jason got fleeced). 다시 말해서 '황금 양털 상' 은 '황금 사기 상' 이라는 의미가 아닐까 생각된다.

이 상은 2000년 프록스마이어를 명예 회장으로 추대한 '상식을 위한 납세자' 라는 단체가 부활시켰으나 프록스마이어 때의 명성과는 전혀 다르다. 그런데 2003년 미국 언론에는 황금 양털 상의 복귀를 염려하는 보도들이 나왔다. 패트릭 토미 하원 의원이 이미 연구 승인이 난 국립보건원(NIH)의 다섯 가지 연구 과제를 제외시켜 160만 달러의 예산을 절감하는 제안을 내었다는 것이다. 이 제안은 212대 210으로 부결됐으나 이들 연구가 성적 행동 연구라는 점에서 프록스마이어가 황금 양털 상을 수여한 주제와 유사하다. 그리고 과학 연구를 정치인의 개인적 가치로 통제하려는 행위이기 때문에 비판을 받고 있다.

프록스마이어의 황금 양털 상은 단지 미국 정부가 연방 예산을 낭비한 사례가 아니라 미국인 대부분이 노할만 하다거나 낭비적이라고 동의하는 연방 프로그램에 주어졌다. 예를 들어 프록스마이어는 MX 미사일이 예산의 낭비라고 믿었지만 이 프로그램에 상을 주지 않았다. 그리고 이 상은 예산 낭비의 규모가 아니라 책임 있는 정부 예산의 원칙을 위배했다고 판단되는 것에 주어졌다. 또한 이 상을 받기 위해서는 정부 낭비의 사례가 국내 언론에 보도된 적이 없어야 한다.

예산 감시 활동으로 상징되는 황금 양털 상을 수상한 프로그램은 지원이 삭감되거나 중단되었다. 프록스마이어가 이러한 상을 수여할 수 있었던 것은 그 자신 귀감이 될 요소를 갖추고 있었기 때문일 것이다. 그는 스스로 근검한 모범을 보였다. 해외 여행 시에도 정부 돈을 쓰지 않았고 보좌관 경비를 절약하여 100만 달러를 국고에 반납하기도 했다. 뿐만 아니라 마지막 1976년과 1982년의 두 차례 상원 의원 선거에서는 어떤 형태의 헌금도 받지 않고 각 선거에 단지 200달러로 당선되었다.

프록스마이어가 은퇴하던 1988년 동료 의원들이 쏟아 낸 찬사를 보아도 그의 국민 세금 낭비에 대한 감시 활동이 얼마나 인정을 받았는지 알 수 있다. 그런데 이런 프록스마이어가 미 과학계에서는 악명이 돼 있는 것은 아이러니이다. 그의 150개 이상의 황금 양털 상 가운데 의미가 있는 것이 있었다고 하더라도 과학에 수여한 20여 개가 과학자의 분노를 샀기 때문이다.

노벨 물리학상 수상자 레온 레더만은 반(反)과학 정치인의 하나로 프록스마이어를 꼽으며 "국민의 세금을 보호한다고 위장한 싸구려이자 무식한 인기 수단인 윌리엄 프록스마이어 상원의원의 지겨운 황금 양털 상이 있었다"고 표현하였다. 리처드 아트킨슨 캘리포니아 대학 총장은 프록스마이어가 "레이첼 카슨의 '침묵의 봄'이 불러온 과학의 순수성 의심과 월남전 직후의 예산 삭감에 따른 과학자들의 불만 등 과학에 가졌던 당시 국민의 불안감을 이용한 인물이다"라고 평하였다.

국립과학재단(NSF)에도 있었던 아트킨슨은 프록스마이어가 과학에 대해 어떤 일을 했는지 기록하였다. 그가 초기에 수여한 상 가운데는 〈검정 파리의 성적 행동〉이라는 과제가 있었다. 이 상은 제목의 성적 표현 때문에 상당한 관심을 받았다. 그는 사회과학 분야에서 NSF의 지원을 받는 과제를 들추어, NSF는 1975년 3월 인간이 사랑에 빠지는 이유에 관한 84,000달러 프로젝트가 낭비로 지목되어 최초의 상을 받았다.

이들이 학문적 정당성을 가진 과제임에도 불구하고 학문을 알 리가 없는 과학에 대해 불신을 가졌던 국민은 환성을 질렀다. 이를 계기로 언론은 NSF 연구비 목록에서 사랑과 관련된 과제를 찾기에 혈안이 됐다. 당시 〈내셔널 인콰이어러〉는 이런 과제를 찾아오는 프리랜서 작가에게 500달러의 상금을 주기도 했다. 마찬가지로 〈시카고 트리뷴〉도 〈네킹 행위에 대한 이론〉이라는 과제를 보도하기도 했다. 그러나 네킹(necking)은 이들이 의미하려는 '애무'가 아니라 건축물의 기둥 목 부분 몰딩 장식을 의미하는 용어였다.

이러한 상황은 NSF의 이미지에 심각한 타격을 주었고 의회와의 관계가 좋을 리가 없었다. 과학과 과학자가 이렇게 조롱감이 된 때는 없었다. 과학자의 분노도 컸다. 칼라마주 시 정신 병원의 연구소장인 심리학자 로널드 허친슨은 1975년 4월 자신의 연구를 지원한 NSF, NASA, 그리고 해군연구실(ONR)에 상이 주어졌을 때 프록스마이어를 상대로 명예 훼손 등 소송을 제기했다. '프록스마이어 대 허친슨' 판례로 알려진 소송 전말을 소개한다.

허친슨은 동물의 이를 가는 행동 등 패턴에 집중하여 공격성의 객관적인 척도를 찾는 연구를 해 왔다. 그는 이 연구에 3개 기관으로부터 7

년간 50만 달러를 지원 받았다. NSF 외에도 이 연구는 우주나 해저에서 오랜 기간 격리 생활하는 사람의 문제 해결에도 도움이 된다고 판단되어 NASA와 ONR에서도 지원했다. 그런데 프록스마이어는 이 연구가 가치가 없는 난센스이며 심지어 허친슨이 이 연구비를 받음으로써 큰돈을 벌었다고 비난했다는 것이다.

소송에 대한 법적 절차의 초점은 프록스마이어가 상원의원으로서 공인에 대해 헌법에 보장된 '발언과 토론 조항'에 위배됨이 없이 행동을 했는지에 관한 것이었다. 이에 대해 하급 법원은 프록스마이어의 손을 들어주었으나 미 대법원은 상원의원이 뉴스레터나 언론 보도문으로 발표한 내용은 상원의 토의나 토의 과정에 필수적이 아니기 때문에 소송에서 면제되는 것이 아니라고 했다. 또한 허친슨은 자신의 입장을 공인적 행위로 표명한 적이 없으며 매체에 정규적으로 계속적으로 접근하지도 않았으므로 공인이라고 할 수 없다고 판결하였다. 이에 허친슨과 프록스마이어는 최종 판결 전에 합의하여 프록스마이어는 공개사과와 함께 25,000 달러를 배상했다.

프록스마이어가 외계지적생명체탐사(SETI)에 황금 양털 상을 수여한 다음 1981년에는 법적으로 NASA의 SETI 개입을 막은 사건이 잘 알려져 있다. 칼 세이건의 행성학회에서는 "그가 이렇게 한 이유는 지나치게 자주 UFO 추적에 관여된 괴짜들과 전 세계의 SETI 프로젝트에 대한 정당한 과학적 지지를 혼동한 때문이었다"고 평하고 있다. 만일 많은 미국인이 믿는 UFO를 연구하겠다는 프

캘리포니아 버클리 근처의 외계지적생명체탐사 연구소(SETI Institute)에 설치할 1,000개 이상의 위성 안테나의 모형도. (CNN)

로젝트라면 그가 어떤 태도를 취했을 것인지 알 수는 없다.

미국 의료계에서는 프록스마이어의 국민 보건에 끼친 영향을 거론한다. 프록스마이어는 1973년 〈당신도 할 수 있다! 프록스마이어 상원 의원의 운동, 식사 그리고 이완 계획〉을 지어낸 자가 건강법의 옹호자이다. 그는 매일 아침 빠짐없이 100회의 팔굽혀펴기, 4마일 달리기를 한 것으로 알려져 있다. 건전한 자가 건강법이라면 무어라고 할 필요가 없으나 그의 문제는 책에 '미국에서 가장 많은 피해를 준 거짓된 영양 정보의 원천' 으로 주목되는 데이비스라는 영양과학자에 대한 예찬이 들어 있는 것으로 알 수 있다.

이런 데이비스를 예찬하며 스스로 자가 건강법 책을 지은 프록스마이어가 보건에 대해 과학적인 식견을 갖고 있을 리가 없다. 그의 이 문제가 반영된 것이 1976년 소위 프록스마이어 비타민 법이다. 1938년 미국에서 연방식품의약품화장품법이 제정될 때 식품 보충제에 해당되는 것은 '특별한 식품적 사용', 즉 유아나 병약자의 영양적 필요를 위해 사용하는 식품 제품으로 규정하여 식품 카테고리에 두었다. 이에 따라 비타민과 미네랄은 식품으로 간주되었다. 그러던 것이 1966년 미 식품의약품안전청(FDA)은 비타민과 미네랄을 규제하는 제안서를 내었다. 건강 주장을 나타내서는 안 되며 하루 권장량(RDA)의 150%를 초과할 경우에는 약으로 규제해야 한다는 것이다.

이 법안이 확정될 경우 식품 보충제 제조 업계의 위기는 불 보듯 뻔하다. 이 법안은 공청회를 거쳐 1973년 확정 서명되었으나 식품 보충제 업계는 무효 소송을 내어 1975년까지 새로운 법안을 마련한다는 판결을 받아 내었다. 이 가운데 의회가 개입하여 프록스마이어 수정안이 1974년 상원을 통과하였으나 하원에서는 비타민, 미네랄 기타 식품 성분은 판매 전에 안전성 승인을 받아야 한다는 키로스 법안이 통과되어 두 법안 가운데 하나가 선택돼야 하는 상황에 이르렀다.

비타민과 미네랄이 양적으로 많이 함유됐다고 해서 약으로 규제할 수 없도록 한 프록스마이어 수정안은 식품 보충체 기업의 이해를 대변하는 것이었다. 또한 과학과 인권을 혼동하여 자유로이 원하는 약을 사용할 수 있다고 주장하는 소위 보건 자유를 옹호하는 소비자 단체의 지지를 받았다. 이들은 100만 통이 넘는 편지를 의회로 보냈는데 결국 1976년 존슨 대통령은 프록스마이어 수정안이 포함된 법안에 서명하였다.

FDA 청장 알렉산더 스미트가 '사기꾼의 꿈'이라고 평한 프록스마이어 수정안이 확정된 것이다. 이제 미국인은 가치가 없는 식품 보충제에 엄청난 돈을 사기 당하게 되었고 현재 건강식품 문제는 심각하다. 이 문제의 근원이 과학에 대한 지식이 부족한 프록스마이어이며 프록스마이어의 예로 우리는 정치인의 과학 무지가 과학과 과학자 그리고 사회에 얼마나 큰 부정적 영향을 끼칠 수 있는지 알 수 있다.

참고 자료

- Atkinson, Richard C., The Golden Fleece, Science Education, and U.S. Science.
  http://www.aps-pub.com/proceedings/1433/Atkinson.pdf
- Irion, Robert W., What Proxmire's Golden fleece Did For and To--Science, *The Scientist* 2[23]:17, Dec. 12, 1998.
- Jarvis, William, Dangerous Fleece, The Scientist 3[3]:11, Feb. 06, 1989.
- Lehrman, Sally, Return of the Fleece, *Scientific American*, December 2003, p. 13.

4 위험성 커뮤니케이션, 광우병 프리온 사례

프리온(prion)의 발견으로 1997년 노벨 의학상을 수상한 미국의 프루지너(Stanley Prusiner). (http://pub.ucsf.edu)

노벨상 수상자 루이스 알바레스의 '물리학에는 민주주의가 없다'는 말이 알려져 있다. 알바레스는 과학에서의 권위자를 옹호하는 입장에서, 만일 물리학 이론 중 어떤 것이 맞는지를 투표로 결정한다고 하면 페르미와 일반인이 같은 표를 행사하는 것은 상상할 수 없다는 의미로 이 말을 한 것이다. 일반적으로 이 말은 과학이 무엇인지는 정치가나 일반인이 아니라 실제 과학자가 잘 아는 문제인 만큼 과학자의 결정에 맡기는 것이 합리적이라는 뜻도 될 것이다.

그러나 어떻게 보면 이것은 상아탑 속 학자의 이상론일 따름이다. 과학은 사회의 울안에서 구성원과 함께 숨 쉬며 존재한다. 더욱이 과학을 이뤄지게 하는 연구비는 복잡한 과학을 알 리가 없는, 그러면서도 나름대로 견해를 갖고 있는 일반 국민의 주머니에서 나온다. 이들이 과학적 관심사에 자신이 믿는 바를 반영하고 싶은 것은 당연하다.

과학자들은 적극적으로 국민 곁으로 다가가 과학이 무엇인지, 자신이 무엇을 하고 있는지, 과학이 말하는 것이 무엇인지 이해할 수 있는 평이한 말로 알려주어야 한다. 이것이 로얼드 호프만이 말한 과학자의 교육과 민주주의에 대한 책임이다. 이렇게 하는 것이 과학적 문제에 국민의 판단을 돕고 과학의 가치를 널리 알려 과학 불신의 시대에 과학의 입지를 지킬 수 있는 길이기도 하다.

오늘만큼 과학이 불신을 받는 시대도 없다. 인간을 굶주림과 질병에서 헤어나게 하던 살충제 등 화학 물질은 생태계를 파괴하는 물질로 낙인 찍혔다. 이를 극복하기 위한 유전 공학도 유전자 조작 식품, 인간 복제와 함께 프랑켄슈타인을 연상시킨다. 추위를 막아 주고 산업의 원동력이던 화석 에너지는 지구 전체에 재앙을 몰고 올 온난화의 주범이 됐다. 핵에너지, 핵 폐기물 장소도 끔찍한 재해를 가져올 공포의 대상이다. 이것이 과학의 모습이란 말인가.

이러한 왜곡된 과학 이미지 형성에 일정 부분 언론의 책임을 부정할 수 없다. 혜택을 적극적으로 강조한 화학, 생명 산업체에 근원적 잘못이 있지만 이에 맞선 언론이 국민의 관심을 끌기 위해 일부 과학적 근거를 무시하면서까지 위험을 부각시킨 때문이다. 이 때 국민에게 혜택과 위험을 바로 알려 스스로 결정하도록 도와주지 않은 과학자의 책임은 물론 크다. 국가적으로 과학 커뮤니케이션의 중요성을 영국의 광우병을 사례로 위험성 커뮤니케이션의 점에서 살펴본다.

1957년 미 국립보건원(NIH)의 대니얼 가이듀섹은 파푸아 뉴기니 원주민들의 전염성 신경병인 쿠루가 진행이 느린 바이러스, 즉 슬로 바이러스에 의해 발생하며 이 병이 쿠루로 사망한 자의 뇌를 먹는 의식에 의해 확산된다고 보고했다. 그 후 슬로 바이러스는 양의 스크래피, 소의 광우병(BSE), 인간의 크로이츠펠트-야콥병(CJD) 등 뇌가 스펀지처럼 구멍이 나는 전염성 해면양 뇌병증(TSEs)의 원인 병원체로 알려지게 되었다. 가이듀섹은 이 공로로 1976년 노벨 의학상을 공동 수상했다.

그런데 1982년 캘리포니아 대학(샌프란시스코)의 스탠리 프루지너는 스크래피 등 TSE의 감염 인자가 핵산을 함유한 바이러스가 아니라 단백질성 감염 입자(프리온)라는 논문을 발표하였다. 그 후 프루지너는 프리온이 뇌 등 동물의 조직에 존재하는 정상 프리온 단백질(PrP)을 자신의 형태로 바꾸어 증식한다는 사실을 알아냈다. 그는 또한 프리온 병이 PrP 유전자의 돌연변이에 의해 생겨 유전될 수 있다는 사실도 입증했는데, 이와 같은 감염성, 유전성 질병은 이제까지 의학에 없었다.

프루지너가 이 업적으로 1997년 노벨 의학상을 받던 때 영국인은 큰 충격에 휩싸여 있었다. 1996년 3월 광우병 프리온에서 유래한 변종 크로이츠펠트-야콥병(vCJD) 환자가 발견됐기 때문이다. 이들은 1980년대 중반부터 나타난 BSE의 인간 전염 가능성을 무시했다. 1988년 정부의 공무원이 가능성을 제시했음에도 불구하고 그 후 8년간 모두가 위험성이 없다고 주장했다. 감염 소고기 식용의 위험을 전혀 고려하지 않은 것이다.

그간에 영국 정부는 1988년 가축에 대한 식육을 금지시키고 1989년 소의 뇌와 내장 등 하치 식용을 금지시켰지만 이 조처에 대한 감시가 엄격히 지켜지지 못했고 그 이전의 감염 소의 식용을 고려하건대 수백만의 영국인이 BSE 프리온을 섭취했을 것이라고 추산되었다. 그렇다면 최악의 경우 앞으로 수십만 명이 사망할지도 모른다는 공포를 가질 수밖에 없었다.

2000년 10월 영국에서 광우병 필립스 보고서가 발표되었다. 이를 다룬 과학계 뉴스는 BSE의 인간 전염성 오판의 배경에 모아져 있었다. 이들은 BSE가 소의 사료에 혼합된 양고기의 스크래피 인자에서 시작됐다고 보았으며 인간이 스크래피에 감염되지 않는 이상 BSE의 인간 전염 가능성을 고려하지 않았다. 그런데 실제 BSE가 거의 확실히 한 마리의 소에서 돌연변이에 의해 나타났거나 다른 종으로부터 전이된 때문에 이런 문제가 생겼다고 말하고 있다.

그런데 영국 정부에서는 vCJD 환자가 발생하기까지 BSE의 인간 전염 가능성을 인정하지 않으려고 했다. 그 이전에 이미 BSE 프리온을 다른 포유류의 뇌에 주사하면 전염된다는 사실, TSE가 고양이, 동물원의 동물에까지 나타나는 데도, 이것이 육식 사료에 기인한다는 것을

2000년 영국의 광우병(BSE) 보고서를 작성한 필립스(Lord Phillips). 그는 BSE의 인간 전염 가능성에 대한 정부의 은폐를 비판하였다. (http://news.bbc.co.uk)

알고도, 이것이 종간 장벽을 돌파하는 문제를 나타나는데도 BSE의 인간 전염 가능성을 소고기 산업에 미칠 영향만을 고려하여 위험성이 없다고 강조했다는 것이다.

조사 보고서가 발표되자 언론은 정부의 비밀주의 문화에 초점을 맞추거나, 좁혀 정부 과학자들이 과학의 공개성을 외면한 문제를 비판하기도 했지만 '위험성 커뮤니케이션' 문제의 지적이 적절하다. 위험성 커뮤니케이션이 제대로 되었다면 영국이 광우병 파동으로 입은 막대한 정신적 물질적 손실의 상당 부분을 감소시킬 수 있었을 것이다.

위험성 커뮤니케이션의 두 가지 필수적인 요소는 전달자에 대한 신뢰성과 위험성에 대한 지각이다. 위험성 지각은 가치 체계가 개입돼 있기 때문에 대중과 전문가 사이에 일치되지 않는다. 전체적으로 학자들은 국민이 느끼는 위험성(risk)은 실제 위험성(hazard)에 감정적 반응(outrage)이 합해진 것이라고 말한다. 실제 위험성이 왜곡돼서는 안 될 뿐만 아니라 국민은 위험성의 정체와 확률적 가능성을 정확히 알거나, 경우에 따라서는 신뢰감만으로도 감정적 반응을 누그러뜨릴 수 있다. 모든 것을 있는 그대로 국민에게 공개하는 것이 바람직하다는 것이다.

영국 과학계와 언론도 자신이 국민에게 위험성의 존재와 불확실성의 상태를 정확히 전달하지 못했을 뿐만 아니라 가장 치명적인 '위험성이 없다'(No Risk)는 메시지를 전달하기에 급급했다는 잘못을 인정하고

'위험성 커뮤니케이션' 능력의 결핍을 반성하며 "모두가 배우는 길밖에 없다"고 말하였고 행동으로 보여주고 있다.

처음부터 프루지너가 제시한 스크래피 양에 존재할지도 모르는 BSE 프리온의 가능성은 누가 그 가능성을 말해도 강력한 적대적인 반응을 받았다. 양 고기 산업에 미칠 영향 때문이다. 그러나 지금 영국 정부에서는 양에 들어 있을지도 모르는 BSE 프리온의 문제를 공개하고 있다. 2005년에는 양과 유사한 염소에서 BSE 프리온이 검출됐다는 것이 공식적으로 확인됐다. 그리고 영국 식품 표준국은 양에 BSE 프리온이 혼재한다면 이론상 얼마나한 위험성이 있는지 연구한 보고서까지 발표하고 만약의 위험성을 고려하여 지라 등 일정 부분을 제거한 양고기 식용 안을 만들고 있다. 이렇게 함으로써 이들은 위험성 커뮤니케이션이 예측한 대로 국민의 동요가 없음을 확인하고 있다.

2004년까지 영국에서는 142명이 vCJD로 사망했다. 그러나 아직 얼마나 많은 사람이 이 병으로 사망할지를 예측하기는 어렵다. 이를 확인하기 위한 연구에서 12,674개의 맹장과 편도 시료를 분석하여 그 중 3개에서 vCJD의 원인 프리온을 발견했다. 이것을 영국의 인구 전체로 외삽시키면 3,800명의 영국인이 이 병을 갖고 있을지도 모른다. 이렇게 보면 아직 정확히 얼마나 vCJD로 사망할지 알 수 없다. 그리고 2003년 vCJD가 수혈로도 발생한 것으로 확인됐기 때문에 문제는 복잡하다.

영국 등 국가가 광우병 프리온에 대처하는 위험성 커뮤니케이션의 수준을 보면 과연 우리나라에 광우병이 발생할 경우에 어떤 일이 생길지 우려되는 점이 있다. 2001년 소위 광우병 파동이 일어났을 때 우리 과학자의 태도는 어떠했는가. 우리 과학자는 국민의 과학 이해를 돕는 일에 큰 관심이 없다. 공개적 비판을 생명으로 삼아야 하는 이들은 정부의 대책에 침묵하기만 한다. 그런데 정부에서 쏟아 낸 보도 자료는 용어, 지식, 논리성 모두에 결함이 있는, 국민을 향한 정부의 입장이라고 하기에는 정리가 부족하다. 그러면서도 안전성 강조 일색이다. 이러한 상태에서 야기될 국민의 감정적 반응과 국가적 혼란은 불 보듯 뻔하다.

참고 자료

- Health Risk Communication Principles and Practices. http://www.atsdr.cdc.gov/HEC/primer.html
- Hileman, Bette, Mad Cow Disease, *C&EN*, May 31, 2004, p. 21.
- Prusiner, Stanley B., The Prion Diseases. http://www.cyber-dyne.com/~tom/prionSP.html
- The BSE Inquiry. http://www.bseinquiry.gov.uk/

5 환경 철학, 가이아, 환경 테러

인류의 미래에 환경만큼 중요한 문제가 없다.

1962년 레이첼 카슨의 〈침묵의 봄〉은 현대 환경 운동을 출발시켰다. 이 운동은 1972년 산업가와 과학자의 모임인 로마 클럽의 〈성장의 한계〉가 발표되어 가속화되었다. 이 보고서는 앞으로 100년 동안의 어떤 단계에서 성장이 한계에 도달하여 산업 지수는 전(前) 산업 수준으로 내려앉고, 식량 생산은 급격히 떨어지고, 사망률은 치솟을 것이라고 예측했다.

또한 보고서는 어떤 방법으로도 성장의 한계를 제거할 수 없으며 붕괴에 이르기 전에 지구 균형의 조건을 지속시키는 길뿐이라고 했는데, 이는 인구를 줄이고, 자원을 고갈시킬 소비를 억제하고, 생태계를 보존하는 것 외에 살아남는 길이 없다는 것을 의미한다. 그러나 이 세계는 모형과 같이 움직이지는 않았다. 인구 증가는 둔화됐으며, 과학과 기술의 진보에 의해 식량 생산과 자원 문제도 예측했던 대로는 아니다. 그러나 자기만족에 도취해 있어서는 안 된다는 경고라고도 할 수 있다.

그간에 다양한 집단의 환경에 대한 철학 내지 입장도 정리되었다. 환경 철학은 생태계에 대해 취하는 입장으로 보아 1970년대 초 노르웨이의 철학자 아르네 네스의 '얕은' 또는 '깊은' 철학으로 나눌 수 있다. 얕은 철학은 단기적, 인간 중심적 철학이며 깊은 철학은 장기적, 생태 중심적 철학에 해당한다.

인간 중심주의는 인간이 우주의 중심이며 궁극적 목적으로 간주하고, 모든 것을 인간의 경험과 가치로 보거나 해석한다는 의미를 갖고 있다. 이는 환경을 인간의 도구로 생각하는 도구주의와 관련되었다. 도구주의적 접근에서 인간은 미래 세대를 위한 자원 고갈을 염두에 두지 않고 제한 없이 자연을 착취하거나, 자원의 한계를 인정하고 보존하며 개발하거나, 자연의 인간을 위한 도구적 가치를 강조하여 자원 보존의 목적으로 그 중 일부는 변형하지 않고 남겨 두는 방법이 있다.

생태 중심적 철학도 여러 가지로 나타난다. 지구 상 모든 감각을 가진 생명체의 내재적 가치를 말하기도 하고 감각 이전에 동식물을 망라하여 자가 번식하는 생명체를 그 자체 목적으로 보기도 한다. 이들은 생명체가 인간의 목적을 위한 수단이 될 수 없다고 말한다. 또 다른 생태 중심적 철학은 지역 생태계와 지구 생태계가 어느 면에서 살아 있는 시스템이며 그 자체 내재적 가치를 갖고 있다고 본다. 이 외에도 비인간적인 존재가 어떤 우주적 이해(진화 또는 신의 본질 또는 목적)의 표현이라고 보아 가치를 두기도 한다.

인간 중심적 환경 철학이라고 해서 생태계 보존을 외면하는 것은 아니다. 이들은 반환경주의자가 아니라 환경의 문제를 과학적 평가와 예측에 바탕을 두어야 한다는 시각을 가진 보수적 환경주의자이다. 그러면서도 이들도 과학이 미래 예측에 완전하지 못하다는 것을 인정한다. 생태 중심적 철학을 말하는 진보적 환경주의자도 극단적 환경주의자가 아니라면 인간과 환경의 어디에 좀 더 비중을 두어야 할 것인지 주장의 문제이지 과학적 접근을 도외시하자는 것은 아니다.

정치 지도자의 환경 철학은 국가의 정책에 반영된다. 진보적 환경주의자로 알려진 미국의 앨 고어 전 부통령은 2004년, 2005년에도 부시 대통령의 환경 정책을 비판하고 있다. 부시 대통령이 에너지 기업의 지지를 받는 대가로 지구 온난화 교토 의정서에 서명하지 않으며 대기

스쿼미시 족(Squamish Tribe)의 지도자 시에틀라 추장(Chief See-at-la). (http://www.markings.bc.ca)

오염물질의 제거에도 소극적이라는 것이다. 달에 인간을 보내려는 우주 정책 대신에 그 돈을 지구에 미래세대에 살 수 있는 환경을 만들어주어야 할 것이라고 한다. 이에 대해 부시 대통령 측은 그가 정확하지 않은 자료에 기초하여 말로만 비판한다고 대응하고 있다.

앨 고어의 환경에 대한 입장은 그가 1992년 〈균형의 지구〉에서 전개한 깊은 환경 철학으로 알 수 있다. 그는 환경 문제가 인간과 자연을 분리시킨 기독교와 관련이 있음을 말하여 대신 미 원주민을 영적 모델로서 제시했다. 그는 책에 1971년 환경 영화에 나오는 1855년 시애틀라(시에틀) 추장의 다음과 같은 말을 인용하였다.

"우리가 우리의 아이들에게 가르쳐온 것을 당신은 당신의 아이들에게 가르칠 것인가? 땅이 우리의 어머니라는 것을? .....우리는 안다: 땅이 인간에 속한 것이 아니라 인간이 땅에 속한다는 것을. 우리 모두를 결합시키는 피처럼 만물은 연결돼 있다."

환경 철학은 사회의 지침이 될 때 진정한 철학적 목적을 달성한다. 앨 고어의 접근은 윤리적인 것이 아니라 본체론적인 것으로 보인다. 윤리적 접근은 환경 파괴를 잘못된 가치 판단으로 여겨 생물체에, 동물에, 지각 기능을 가진 동물에, 또는 고통을 인지하는 포유동물에 내재적 가치를 부여하는 접근이다. 지구를 살아 있는 가이아로 볼 경우에 이 가치는 무생물계까지를 포함한다. 그래서 스스로 깨달음을 통해

이 가치를 구현하도록 하는 방법이 윤리적 접근이다.

본체론적 접근은 환경 철학을 단순히 윤리적 규범으로 설정하는 것이 아니라 인간의 행동에 영향을 주는 세계관에 영향을 주려는 접근이다. 이 경우 대부분 환경 위기의 원인이 근본적으로 이 세계에 대한 잘못된 해석, 즉 육체와 마음, 물질과 정신의 이원론적 본체론에 기인한다고 본다. 따라서 본체론적 접근에서는 이 세계가 별개가 아니라 한 개의 그물임을 강조한다.

윤리적, 본체론적 접근보다는 세 번째의 사회적 접근이 설득력이 커 보인다. 많은 국가에서 경제적 성장보다는 환경 보호를 강조한 사회에 살기를 원하나 경제적 성장이 아직 절대적으로 중심 위치에 있다. 이 경제적 성장은 환경 파괴의 소비를 만족시키기 위한 상품의 생산과 관련이 있다. 인간은 상품으로 영적, 상징적, 사회적 필요성을 만족시키려고 하지만 결코 성공하지 못한다. 따라서 계속 상품을 찾는다. 이 기만은 무엇이든지 원하는 것을 할 수 있다는 자유의 환상 때문이다. 이때 사회적 환경 철학은 이 비극적인 상황이 사회적 시스템의 문제임을 일깨운다.

깊은 환경 철학의 하나로 제임스 러브록의 가이아 가설이 널리 알려져 있다. 러브록은 20년 동안 런던의 국립 의학 연구소에서 일하며 DNA 이중 나선 구조 등 역사적 발견을 목격하고도 흥분하기보다는 생명을 이와 같이 쪼개서 이해할 수 있는지, 과학의 환원론적 방법론에 회의를 품게 됐다. 생명은 부분의 합으로 말할 수 없는, 좀 더 큰 무엇이 아닐까?

전일론적 믿음을 가진 그는 일상 '톱-다운' 사고에 익숙해 있었다. 1960년대 미 항공우주국(NASA)에서도 화성의 생명체를 찾기 위해 탐사선이 현미경적으로 토양을 뒤지기 보다는 전체적으로 대기를 분석하는 것이 바람직하다고 보았다. 만일 생명이 존재한다면 이산화탄소와 산소가 평형상태에서 멀리 떨어져 있을 것이라고 생각했기 때문인데, 그는 화성 대기가 이산화탄소가 산소보다 압도적으로 많은 완전 평형 상태, 즉 사망상태이기 때문에 화성에는 생명이 없으리라고 보았다.

가이아 가설의 러브록(James Lovelock).
(http://www.ecolo.org/lovelock)

이를 계기로 러브록은 지구의 대기가 화학적으로 지극히 불안정한 비평형상태임에도 불구하고 유지된 이유를 생각하게 됐다. 곧 기후도 일정 범위에서 변화가 없었다는 것을 알게 된 그는 생명체가 환경을 자신에 적합하도록 조절한다는 생각에 도달했다. 1972년 러브록만의 아이디어로 그리고 1973년에는 생물학자 린 마굴리스와 함께 그는 조절계로서의 가이아 아이디어를 제시했다. 1973년까지 가다듬어 잡지에 발표된 가이아 가설은 생명계와 환경계로 구성된 지구를, 생명체와 같은 항상성 메커니즘을 가진 하나의 살아 있는 유기체로 보는 가설이다.

과학자들은 생명계가 환경에 영향을 주는 것은 사실이지만 이 영향이 되먹임되어 돌아와 생명계를 풍요롭게 한다는 근거는 아직 희박하다고 말한다. 특히 가이아 가설은 생명체가 환경에 적응하여 선택될 뿐만 아니라 환경을 자신에 맞추어 적응시킨다는, 즉 생명과 환경의 공동 진화를 통한 총체적 유기체 가이아의 진화를 의미한다. 가이아 가설에 대해 옥스퍼드의 도킨스는 '심한 오류의 이설'이라고 규정했는데 다윈의 진화론을 넘은 가설이 이론으로 인정받기까지 넘어야 할 험난한 장벽을 상상할 수 있다.

생태 중심적 환경 철학인 가이아 가설은 환경 운동의 윤리적 접근에 쓰인다. 러브록은 "모든 생명이 동등한 가치가 있는가?"라는 질문에 "가이아에 관한 한 인간은 특별하지 않다. 우리는 단지 하나의 다른 종일뿐이다"라고 답한다. 모든 생명의 내재적 가치를 인정한다는 입장이다. 이는 우리의 환경운동가가, 환경 운동을 "모든 생명체는 동등한 권리를 갖고 있다고 생각하는 운동이다"라고 하는 곳에서 발견한다.

또한 가이아 가설은 환경 운동의 본체론적 접근에 쓰인다. 가이아 가설에 의하면 지구의 공기 · 물 · 바위 · 생명 모두가 연결되어 생명체 지구의 항상성에 역할을 한다. 인간의 행동이 타 생물계 구성과 환경계에 끼친 영향이 그대로 인간에게 돌아올 뿐만 아니라 인간의 영향은 가이아를 위험에 처하게 할 수 있다. 우리의 환경 운동가가 인간을 "욕망을 가진 동물이다"라고 하듯이 실로 인간은 가이아의 암세포이다. 이 암세포를 환경 인식을 가진 신경 세포로 변환하거나, 아니면 가이아와 함께 사망하는 길밖에 없다.

러브록은 생명을 파괴하는 자가 자신의 행동을 정당화하기 위해 가이아의 항상성 기능이 이를 회복시켜 줄 것이라고 이론을 왜곡한다고 안타까워 하지만 러브록이 지구를 살리기 위한 어떤 실질적 처방도 내리지 않은 채 인간에게 행동 하나 하나에 대한 죄 의식과 죄 값만을 강요한다는 비판을 어떻게 보고 있을지 궁금하다. 그리고 가이아 가설이 아니라도 생태 중심적 환경 철학에 감명 받은 극단적 환경주의자가 암세포를 제거하기 위해 환경 테러를 자행할 줄은 꿈에도 생각하지 못했을 것이다.

환경 보호 명분의 폭력 행위를 환경 테러라고 부른다. 그 동안 환경 테러는 지구해방전선(ELF)이나 동물해방전선(ALF)와 같은 극단적 환경주의자에 의해 저질러졌으나 점차 확대되고 있다. 미국에서는 1976년 이래 환경 테러 범죄 행위는 1,100 건, 이로 인한 손실은 1억 1000만 달러로 추산하고 있다. 이들은 삼림과 동물 보호를 구실로 내세워 벌목장, 스키장, 모피 공장, 야생 동물 통제 기관 등에 방화했고 연구소의 동물실을 습격하였다. 그리고 생태계를 파괴할 가능성이 있는 유전자 연구도 이들의 테러 대상이다.

이들 환경테러분자는 외형상 환경 훼손에 대한 경고와 정부 정책의 변화를 유도하기 위해 단지 폭력을 행사하는 것처럼 보인다. 그러나 이들의 행위는 기존 환경주의자와는 근본적으로 다른 바탕을 갖고 있다고 분석하고 있다. 이들은 "원시 자연이 내재적 가치를 갖고 있다면 인간의 가치는 하찮은 것이다"라고 하며 자연을 정복하는 인간을 "내재적으로 낮은 악마적 존재이다"라고 한다. 그리고 자연의 일부인 인간이 "어디에서인가 도처에서 계약을 파기하고 암이 된다. 우리는 우리 자신에게 그리고 지구에게 전염병이 된다"고 말한다.

정리하면, 환경 테러를 자행하는 극단론자는 모성적 자연에 대한 신앙, 즉 자연은 인간이 범할 수 없는, 인간의 가치에 의해 결정될 수 없는 내재적 가치를 지녔다는 신앙적 믿음을 갖고 이를 행동으로 전달하는 것이라고 볼 수 있다. 이들이 믿는 환경 철학은 깊은 환경 철학에 속한다. 그러나 폭탄을 터뜨리거나 방화를 하는 부류는 단지 자신들의 무정부주의적 증오에 대한 도덕적 정당성을 환경주의에서 찾는다고도 볼 수 있다.

참고 자료

- Campbell, Bradley, U.S. Senate Committee on Environment & Public works Hearing Statements.
  http://epw.senate.gov/hearing_statements.cfm?id=237828
- James LOVELOCK. http://www.ecolo.org/lovelock/
- Three Approaches to Eco-philosophy.
  http://gamma.nic.fi/~otammile/3-appro.htm

6 유기 농산물, GMO 갈등

미 농무부(USDA) 지속성 농업 정보 사이트의 농촌 풍경. (http://www.nal.usda.gov)

유기 농업은 지속성 농업과 관련하여 유엔 식량농업기구(FAO)에서 권장하는 농업 방법이다. 유기 농산물과 일반 농산물 그리고 유전자 변형 농산물(GMO)의 생산과 소비와 관련한 갈등이 심각하다. 이 갈등은 경제적, 보건적, 그리고 문화적 성격을 내포한다는 점에서 1800년대 하반기 합성에 의해 천연 물질이나 또는 천연에 없는 물질을 생산하기 시작했을 때 일어난 천연과 합성 내지 인공간의 갈등과 유사하다.

일례로, 1862년 런던 세계 박람회에서 합성 염료의 장래를 내다본 아우구수트 빌헬름 호프만(1818~92)은 "값비싼 대가를 치르고 식물과 동물에서만 얻을 수 있었던 천연 염료와 같은 질을 가진 염료를 콜타르를 원료로 만들 수 있을 것이다"고 예측했다. 이에 맞서 천연 염료를 옹호한 맨스필드는 영국 여왕이 있는 자리에서 "영국인으로서 이 나라가 아직 문화를 가지고 있는지, 아니면 그 국민이 장식하기 위하여 유리 다이아몬드와 훌륭한 상아를 맞바꾸는 야만인과 같이 되었는지 묻고 싶다"고 말했다.

이 다툼은 합성의 승리로 끝났다. 당시 2kg의 인디고 염료를 얻기 위해 100kg의 쪽잎을 처리했는데, 염료의 질적 우수성 여부를 떠나 경제성에서 합성에 당할 수 없었다. 이렇게 유럽 화학 기업은 천연 성분의 추출, 구조 결정, 합성, 그리고 전혀 새로운 물질의 창출로 이어지는 노력을 했으며 대학의 화학자들도 이를 뒷받침했다. 이러한 합성이 아니었다면 인간은 목적물을 얻기 위해 자연을 훼손하는 길밖에 없었을 것이다.

합성 비료와 살충제 등 농업 화학 물질의 경우도 마찬가지다. 이것이 없었다면 경작지를 넓혀 식량 문제를 해결하려고 했을 것이며 이때 생물 서식처의 파괴는 불가피하다. 그런데 이들 물질의 생물 다양성의 파괴 등 생태계 위협과 인간 보건 위험성이 드러났으며 이를 극복하기 위한 방법의 하나로 지속성 농업이 강조되고 있다. 지속성이란 자원을 고갈시키거나 영구히 파괴하지 않도록 활용하는 방법을 의미한다. 유기 농업은 지속성 농업을 위한 접근 중의 하나이다.

유기 농업은 생물 다양성, 생물 순환(천연 원소와 에너지 순환) 그리고 토양 생물학적 활성을 증진시키는 환경적 생산 관리라고 정의한다. 이를 위해 자연적인 것 외에 일체의 합성 물질의 금지를 규칙으로 삼는다. 그래서 유기 농업에서는 식물과 가축의 분뇨로 만든 비료, 윤작, 간작(비료로 쓰기 위해 겨울 밭에 심어두는 클로버 등), 뿌리 덮기(짚, 나뭇잎 등으로 이식한 나무뿌리 보호) 등 방법으로 토양의 생물학적 활성을 유지하고 식물을 튼튼하게 함으로써 병충해도 막을 수 있다고 말한다.

FAO에서도 이 방법을 비료와 살충제 등이 부족한 개발도상국의 식량난 해소를 위해 그리고 전체적으로 화학 물질 사용을 줄이는 환경 친화적 농업으로 추천하고 있다. 1999년의 자료에 의하면 유기 농업은 몇 몇 개발국가에서, 예를 들어 오스트리아 10%, 스위스 7.8% 등 식량 생산 시스템의 중요한 부분을 차지하고 있다. 다른 국가들, 예를 들어 미국, 프랑스, 일본, 싱가포르 등에서도 유기 농업을 권장하여 매년 20% 이상의 성장을 이루고 있다.

그런데 이 좋은 목적에도 천연과 합성의 갈등이 심각하다. 유기 농산물 생산업자는 환경에 대한 노력을 보상받기 원하며 특히 살충제 성분 등이 함유되지 않은 장점을 살려 가치가 큰 농산물로 알려지기를 바란다. 이들은 자연의 방법 외의 GMO에 반대한다. 반면에 살충제의 사용과 GMO를 지지하는 측에서는 유기 식품은 기존의 식품보다 더 건강에 좋다는, 즉 영양가가 크거나 좀 더 안전하다는 증거가 없다고 주장한다.

여기에 더하여 유기 농산물의 대표적인 반대자인 알렉스 에이버리는 병원성 미생물로 오염된 분뇨를 사용함으로써 건강에 위험이 되며 살충제를 사용하지 않음으로써 발생한 병충해, 예를 들어 곰팡이가 만들어 내는 아플라톡신과 같은 발암성 물질의 위험이 있다고 주장한다. 그는 미국 질병통제센터(CDC)의 자료를 인용하여 치명적인 대장균(0157:H7)의 공격을 받을 가능성이 크다고 주장했으나 CDC는 0157:H7 감염과 관련하여 기존 식품과 유기/자연 식품에 대한 구체적인 위험성을 비교하거나 정량화하는 연구를 수행한 적이 없다고 해명했다.

CDC는 농산물 경작자와 가정 모두가 기존의 농산물이건 유기 농산물이건 깨끗이 씻는 등 위생 관리를 강조하였다. FAO는 가축을 곡물 대신에 건초로 사육하면 0157:H7 오염 위험성을 줄일 수 있다고 하였는데, 유기 농산물의 미생물 오염 문제는, 과학적인 근거는 분명치 않지만, 위험성이 있다고 해도 과학적인 연구에 의해 해결되리라고 전망할 수 있다.

또한 아플라톡신의 경우 유기 환경에서 사육한 동물과 기존의 방법으로 사육한 동물을 비교하면 우유 속에서의 양이 유기 환경의 것이 적다는 통계도 있는 등 유기 농산물의 문제로 부각시킬 것은 아닌 것으로 보인다. 전체적으로 유기 농업이 환경 친화적인 농업이라는 점에서 권장돼야 하며, 유기 인증이 진정으로 농산물의 우수성을 말해 주는 표지가 될 수 있도록 과학적인 연구의 뒷받침이 필요하다.

유전자 변형 스타링크 옥수수(StarLink Corn).

유기 농업 논쟁은, 유기 농업과 채식 옹호 그리고 살충제와 GMO 거부의 환경주의자와 이에 반대되는 기업 이해 지지자의 총체적인 구도로 진행된다. 채식 대 잡식의 문제는 동물 권리 운동과 관련하여 설명하겠거니와 과학자 사이에서도 GMO, 크게 농업 생물공학(AG biotech) 논쟁은 치열하다.

GMO의 전망을, 이중 녹색 혁명이라고 부르기도 한다. 현재까지는 곤충과 바이러스의 공격에 저항하는 작물과 제초제에 내성인 작물이 개발되었다. 살충 단백질(Cry9C)을 생산하는 박테리아(*Bacillus thuringiensis*, Bt)의 유전자를 넣은 Bt 옥수수와 Bt 목화 그리고 제초제가 작용하는 효소의 유전자를 변형하여 내성을 갖게 한 옥수수, 콩, 목화가 이들이다. 또한 베타-카로틴의 함량을 증가시킨 황금쌀이나 단백질의 양을 증가시킨 감자와 같이 영양적 가치를 증가시킨 작물도 시험되고 있다. 그리고 화학 비료를 소량 사용하고도 충분히 자랄 수 있는 작물, 건조하거나 염분이 많은 토양에서도 잘 자랄 수 있는 작물을 생산할 수 있다면 진정한 녹색 혁명의 달성이라고 할 것이다.

GMO 논쟁에서 반대론자의 논리에는 GMO의 유용성 자체를 원천적으로 부정하는 것도 있다. 이들은 8억 명에 달하는 지구 인구가 영양 결핍 내지 기아 상태이며 이 문제를 해결하기 위해 GMO가 개발돼야 한다는 주장에 대해, 기아의 원인이 식량 부족이 아니라 분배의 문제라고 지적한다. 이윤을 목적으로 한 거대 기업체에서 GMO를 개발한들 문제 해결에 어떤 역할을 할 것인지 의문을 표한다. 이때 기업체는 자신의 목적이 이윤임을 인정하나, 저개발국과도 협력하여 황금쌀과 같은 영양소를 증강한 식품을 개발할 것임을 말한다.

GMO 반대론자는 Bt 작물의 유용성에 의문을 던진다. Bt 작물은 살충제의 양을 줄일 수 있지만 해충에 대해 무한정 효과를 나타내는 것은 아니다. 내성을 가진 해충이 생길 것이며 Bt 작물의 유전자는 다른 작물로 전이될 것이기 때문에 이들 작물은 모두 해충에 대해 무방비 상태가 될 가능성이 있다. 이 문제에 대해서는 GMO의 곤충 등 야생생물에 미칠 영향 그리고 다른 작물 간, 예를 들어 잡초와 유전자 교환이 없는지 충분한 검토가 필요하다.

작물 간 혼화의 문제는 얼마든지 발생할 수 있다. Cry9C가 들은 스타링크 옥수수는 인간에게 알레르기를 유발하므로 동물 사료로만 허가를 받았다. 그런데 2000년 말 이 옥수수가 실제 300 종류 이상의 옥수수 제품에서 발견되었다. 이들 제품은 모두 회수되었음은 물론이다. 그리고 2002년 10월 돼지에 항체를 생산하는 프로디진 제품(백신 옥수수)이 다른 작물지에서 소량이지만 싹튼 것이 발견되었다. 그래서 엄청난 콩과 옥수수 작물을 파괴하였다고 한다.

또한 GMO가 100% 안전할지의 문제가 있다. 예를 들어 Bt 식품에는 Cry9C 독소가 들어 있다. 이 독소는 극히 드문 상황에서만 보건과 환경 문제를 일으킨다. 그러나 알레르기 유발 물질일 가능성은 충분하다. 특히 독소가 균일하지 않을 가능성도 있으므로 예민한 알레르기성 확인 방법을 개발하여 보건에 영향을 미치지 않는 기준 설정이 필요하다.

과학적인 측면에서 가능한 모든 보건과 환경에 미칠 영향을 충분히 검토한 다음에 GMO를 생산, 제공하도록 해야 한다는 데에 이의를 달 사람은 없다. 환경주의자의 GMO 반대 주장은 건설적인 효과를 가져오고 있다고 보아야겠다. 그리고 또 다른 측면에서 GMO 개발이 국가적 경제적 문제와도 중첩돼 있다는 사실을 눈여겨보아야 하겠다.

미국 등 국가의 GMO 개발은 값싼 농산물로 다른 국가의 식량 문제를 지배할 것이며 이들은 자신의 품종을 특허로 보호함으로써 지배를 굳게 할 것이다. 이 때에도 보건과 환경 문제의 제기로 GMO 공세에 대비할 수밖에 없는 것이 현실이다. 2005년 4월 항생물질 내성 지표 유전자가 함유된 Bt10이 다른 옥수수에 섞였을 가능성이 제시됐고 유럽 연합(EU)은 이러한 문제의 방지가 보장되지 않으면 옥수수의 수입을 금지할 것이라고 천명하였다.

참고 자료

- GM Food Safety Q&A, Does the World Need GM Foods? *Scientific American*, April 2001, p. 48.
- Huleman, Bette, Clashes over AGbiotech, *C&EN*, June 9, 2003, p. 25.
- Organic Agriculture at FAO. http://www.fao.org/organicag/
- What is Sustainable Agriculture? http://www.sarep.ucdavis.edu/concept.htm
- World Health Organization, 20 questions on genetically modified foods. http://www.who.int/foodsafety/publications/biotech/20questions/en/

7 지구 온난화, 핵 에너지 논쟁

핵발전소.
(http://www.naturaledgeproject.net)

과학과 기술에서 에너지야 말로 21세기 인류가 당면한 가장 중요한 이슈이다. 2005년 다음과 같은 미 화학회 뉴스레터 편집인의 말이 적절해 보인다. “석탄은 산업 혁명의 연료였고 화석 연료(석유와 천연가스)와 이보다는 적지만 핵 에너지가 20세기에 일어난 놀라운 기술 변화의 동력이 됐다. 그러나 화석 연료는 두 가지 넘기 어려운 장벽을 오르고 있다. 하나는 석유 생산이 다음 10년 내에 최대에 이를 것 같고 다른 하나는 화석 연료에의 의존이 격변적 지구 온난화로 인도할 것 같다는 것이다.”

화석 연료 자원이 고갈될 것인지, 언제 고갈될 것인지의 논쟁도 있다. 석유 탐사로 새로운 자원이 발견되고 있지만 사용 속도를 감안하면 화석 연료 자원은 40~70년 내에 고갈될 것으로 예측하기도 한다. 그러나 증명된 그리고 증명되고 있는 저장량으로 미루어 고갈이라고 하기보다는 새로운 저장소에서 석유를 얻을 때의 비용과 가격이 점차높아질 것이기 때문에 화석 연료 사용이 한계에 도달할 것으로 생각된다.

또한 지구 온난화에 대한 우려가 크며 논란이 있다. 지구 온난화가 과장됐다고 주장하는 측에서는 방글라데시 등 지역의 여름철 우기의 홍수는 자연 현상인데도 홍수에 잠긴 집을 극적으로 보여주며 온난화를 경고하는 식에 반감을 표시한다. 이들은 그린랜드나 알프스 빙하가 녹는 사진도 지난 몇 십 년 동안의 이산화탄소 농도의 증가 때문이라기보다는 얼음 표면에 쌓인 먼지가 역할을 했을 것으로 본다. 먼지는 태양 에너지를 반사하기 보다는 흡수하기 때문이다.

또한 온난화 현상 반대 가운데는 지구 온도는 불안정하며 6000~7000년 전에는 현재보다도 섭씨 3~5도 높았다는 주장도 있다. 그린랜드의 해안이 900년 전에는 얼음이 없는 풀로 덮여 있었다고 하는 것도 같은 선상의 주장이다. 하지만 지구 온난화 문제를 다루는 '기후변화에 관한 정부간 패널(IPCC)' 의 과학자들도 기후의 불안정성을 모르는 것은 아니다. 이들은 여러 불확실성을 감안하여 이산화탄소의 농도가 현재 상태로 증가하면 2100년에는 현재의 두 배가 되고 그 때의 기온은 현재보다도 섭씨 1.5~4.5도 높아질 것이라는 과학적인 결론과 합의에 도달한 것이다.

2005년 발효된 교토 의정서는 온실 가스 감축을 통해 이 온도 증가를 최소한으로 하기 위한 국제적인 노력이다. 이때 온실 가스라 함은 이산화탄소를 위시하여 이산화질소, 메탄, 불화탄소, 수소화불화탄소, 불화유황 등을 말한다. 그리고 39개 1차 의무 이행 국가는 2008~2012년까지 온실 가스 배출량을 1990년 대비 5.2%까지 감축할 것을 규정하고 있다. 그러나 아직 미국과 중국 등이 불참하고 있다. 우리나라는 1차 의무 이행 국가에 포함돼 있지 않지만 대비가 필요하다.

이와 같은 온실 가스 방출 제한 조처가 마련되자 핵 에너지 옹호론자가 힘을 얻게 됐다. 현재 핵 에너지의 규모는 지구 총 에너지 생산의 6%이며 핵 에너지 자원을 이용하는 국가의 주 에너지 공급의 10% 정도를 차지한다. 또는 전 세계 전기의 16%가 핵 에너지에서 나오고 그중 85%가 공업 국가에 집중돼 있다는 통계도 있다. 핵 에너지 옹호론자는 이 비율을 높일 것을 주장한다. 우선 핵 발전에 대해 살펴본다.

핵 발전은 핵자(중성자, 양성자)가 결합돼 있는 상태와 분열된 상태 사이의 질량 차이, 즉 질량 결손만큼의 에너지가 방출되는 원리에 기초한다. 핵 분열 산물의 핵자 당 평균 결합 에너지는 대략 8.5MeV이다. 우라늄-235의 핵자 당 결합 에너지는 7.6MeV이기 때문에 핵 분열 과정에서 한 개의 핵자가 내 놓는 에너지는 0.9MeV이다. 에너지를 방출하면 안정화되고 그 만큼 결합 에너지는 커진다는 의미이다. 이때 234개의 분리가 필요하므로 211MeV(234x0.9MeV)의 에너지를 방출한다. 이 에너지의 대략 86%가 핵 분열 단편과 중성자의 운동에너지 형태로 즉각적으로 방출되므로 대략 200MeV가 방출된다고 볼 수 있다. 1몰(235g)의 우라늄의 핵 분열에서 방출하는 에너지는 대략 $1.2x10^{26}$MeV [($6x10^{23}$)(200MeV)]이다.

어떤 원자로나 기본적으로 연료봉, 감속제, 제어봉, 냉각제의 4가지 요소로 구성되어 있다. 1942년 12월 페르미의 CP-1(시카고 파일 1호)이 최초의 원자로인데 이 원자로는 흑연 벽돌(감속제) 사이의 산화우라늄(U-235, 연료봉)과 밑의 중성자 발생원으로 구성되었다. 핵 분열은 중성자를 흡수하는 카드뮴 봉(제어봉)으로 조절하였다. 여기에 핵 발전에는 발생하는 열을 흡수하는 냉각제가 필요하다. 1951년 최초로 발전에 성공한 아이다호 국립 원자로 시험소(NRTS)의 실험 증식로 1호기(EBR-1)는 U-235(소량)와 U-238(다량)을 연료로 한 열 증식로이다. 그리고 Na-K의 액체 금속 냉각 방법을 사용하였다.

원자로는 흔히 냉각제로 분류한다. 냉각제로 물을 사용한 경우는 경수, 중수에 따라 경수로, 중수로로 부른다. 물 냉각 반응로는 물이 냉각제와 감속제의 역할을 동시에 수행한다. 가압-수 반응로(PWR)가 가장 일반적이다. 물 외에도 기체를 사용한 기체 냉각 반응로가 있는데, 이 경우 기체는 CO_2나 CO_2-He을 사용한다. 이때 감속제로 일반적으로 흑연을 사용하며 붕소 제어봉으로 반응을 제어한다. 개량형 기체-냉각 반응로(AGR)에는 냉각제로 Na나 Bi-Na을 사용하는 액체 금속 냉각 방법도 있다. 이 경우 흑연이 감속제가 된다.

각각의 냉각제의 조건에서 열 중성자 증식로의 경우 99.3%의 우라늄-238에 0.7%의 우라늄-235를 넣은 것과 우라늄-235의 양을 증가

태양 에너지(왼쪽)와 풍력 에너지 그림.

시킨 것의 두 가지가 있다. 고속 증식로(FBR)에는 느린 중성자를 만들기 위한 감속제를 사용하지 않고 직접 빠른 중성자로 우라늄-238을 분열시킨다. 이때 우라늄-238은 분열에 의해 플루토늄으로 변한다. 이 플루토늄은 다시 추출하여 장전한다.

전 세계 에너지 수요는 2050년까지 현재의 2배 그리고 2100년이 되면 3배로 증가할 것으로 예측된다. 이 에너지 수요에 맞추기 위해 그리고 온실 가스의 문제를 해결하기 위해 새로운 에너지의 개발이 지극히 중요한 과제이다. 그리고 이 에너지는 지속성 자원이어야 하며 태양, 풍력, 조력, 그리고 바이오 에너지 등 재생 에너지 개발이 중요할 것임은 말할 것도 없다. 그러나 아직 재생 에너지는 경제성과 설비 등 개발이 필요한 분야이기 때문에 얼마나 역점을 둘 것인지, 그렇다고 핵 에너지의 비중을 높여야 할지의 논란이 일 수 밖에 없다.

미국에서 핵 에너지 옹호론자는 현실적인 자료를 제시한다. 1990년 미국의 핵 에너지는 전체 전기의 20%를 차지했으며 만일 이만한 전력을 화석 연료가 생산했다면 여분의 1억 4000만 톤의 온실 가스를 만들었을 것이다. 현재 핵 발전은 매해 온실 가스 1억 5500만 톤의 대기 방출을 억제한다. 1992년 리우 협약대로라면 온실 가스 배출을 1억 6000

만 톤 감축해야 하는데 핵 에너지가 아니라면 자동차, 산업, 또는 발전소 방출을 2배 줄여야 하며 이것이 가능하지 않기 때문에 핵 에너지의 사용이 증가해야 할 필요가 있다는 것이다.

그러나 핵 에너지에 대한 환경주의자의 반대는 전통적으로 강하다. 이들이 핵 에너지에 반대하는 가장 큰 이유는 사고와 환경 안전 문제이다. 러시아 체르노빌 사고와 미국 스리마일섬 원자력 발전소 사고와 같이 인간의 과실과 형편없는 디자인, 운영, 유지관리 등의 문제로 인하여 발생할 위험이 크다는 주장이다. 그리고 핵 발전에 수반하는 주변 환경과 핵 폐기물 저장과 관련한 안전성 문제도 있다. 또한 핵 에너지 반대에는 핵무기 확산의 문제도 있다.

안전 문제와 함께 핵 에너지 반대론자는 비용적 계산도 내 놓고 있다. 같은 전력 생산에 핵 발전소 건설 비용이 천연가스 발전소 건설보다 3배나 더 크며 실제로는 풍력, 바이오매스, 지구 열 발전 등의 많은 재생 에너지 방법보다도 비용이 더 많이 소요된다고 주장한다. 따라서 이들의 주장은 단기적으로는 석탄 연료 발전소를 석탄보다 두 배나 더 깨끗한 천연가스 발전소로 바꾸어 같은 전력 생산에 4배나 온실 가스를 감소시킬 수 있고 장기적으로는 재생에너지의 개발로 방향을 잡아야 한다는 것이다.

핵 에너지 옹호론 측의 핵 발전 위험성에 대한 반론도 있다. 그 동안 32개국에서 상업적으로 운영되는 11,000 반응로-년에서 단지 두 번의 사고였으며 스리마일섬 사고는 통제된 가운데 일어났고 체르노빌이 예외인데 이것은 근원적인 문제를 가진 것이다. 그리고 핵 발전도 경제성과 안전성을 향상시킨 설계로 바뀌고 있다는 주장이다. 이것이 현재 개발되고 있는 4세대 원자로인데, 그 중에 '모듈식 페블 베드 원자로(PBMR)' 가 신문에도 보도되고 있다.

PBMR은 한 개의 전력 생산이 기존 원자로(한국형 표준은 100만kW급 정도이다)의 10분의 1 정도이며 이 원자로 10개 까지를 하나의 통제

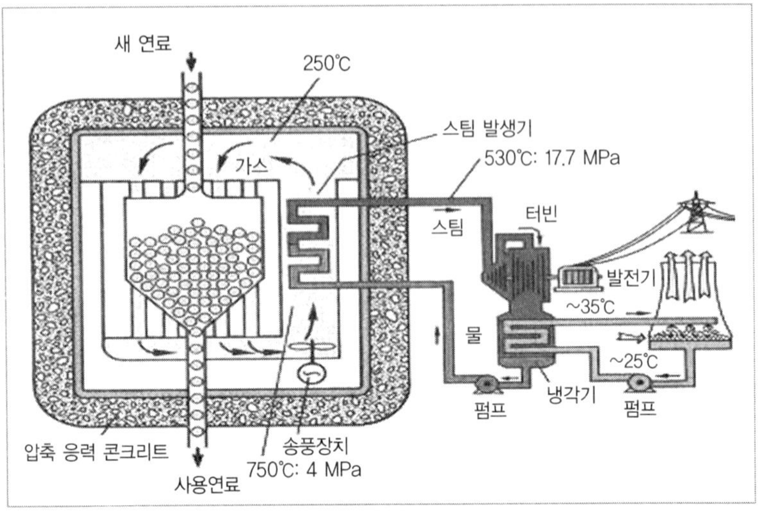

'모듈식 페블 베드 원자로'(Pebble Bed Modular Reactor). (http://www.euronuclear.org)

센터에서 관리할 수 있도록 돼 있다. 기존 원자로의 연료봉 대신에 페블(자갈의 의미)이라고 부르는 연료 구를 사용한다. 한 개의 연료 구는 흑연으로 도포한 테니스 공 크기이다. 개개 페블 내에는 15,000개의 우라늄 입자가 들어가고 이것을 실리콘 탄소막으로 코팅하여 기체나 금속성 방사능 산물이 탈출할 수 없도록 한다. 이때 8% 정도로 농축한 우라늄을 사용한다. 한 개의 원자로는 440,000개의 페블로 채우는데 이 중에 4분의 3은 연료 구이고 4분의 1은 흑연 구이며 흑연은 여분의 핵 감속제의 역할을 한다. 이 원자로는 연료 페블에 He 기체가 통과하도록 하여 He을 가열시켜 터빈을 돌린다. He은 다른 원소와 반응하지 않기 때문에 타거나 방사능을 띠지 않는다. 연료를 재충전하는 방식은 연료 페블을 계속 위로부터 원자로 노심으로 충전하고 사용한 페블을 밑으로 제거하는 방식이다.

PBMR은 위에 언급한 페블과 He이 안전성에서 유리하며 수동적 안전 설계라는 특징을 강조하고 있다. 즉 냉각이 통제되지 않을 경우도 짧은 시간 내에 핵 반응이 정지되어 냉각되고, 노심의 최대 온도도 연료 구를 파괴하기에는 훨씬 낮고, 핵 폐기물과 관련하여 연료 구의 처리가 유리하다는 것이다. 핵 에너지를 중점적으로 적었으나 미래의 에너지는 재생 에너지라는 것은 틀림없다. 미국도 이를 모르는 것이 아니다. 최근 미 에너지부(DOE)의 보고서도 "미래를 위해 깨끗한 에너지의 충분한 공급을 찾는 것은 이 사회의 가장 굴할 수 없는 도전의 하나다"라고 적고 있다. 그래서 태양 에너지 기술의 개발에 박차를 가할 것이라고 하는데, 아직 기술 개발 단계라는 것이 한계로 보인다.

참고 자료

- Best, Steven, Lindsay, Richard, and Brown, Zach, Nuclear History.
  http://www.anlw.anl.gov/anlw_history/general_history/gen_hist.html
- Completing Visions of a Hydrogen Economy, *C&EN*, August 22, 2005, p. 30.
- Freemantle. Michael, Nuclear Power for the Future, *C&EN*, September 13, 2004, p. 31.
- Hileman, Bette, Climate Change, *C&EN*, December 15, 2003, p. 27.
- Johnson, Jeff, Putting a Lid on Carbon Dioxide, *C&EN*, December 20, 2004, p. 36.
- Misleading Math about the Earth, *Scientific American*, January 2002, p. 59.
- The Nuclear Energy Debate-relevant information.
  http://www.naturaledgeproject.net/TNEPArticlesNuclear.aspx

5장

과학기술과 생명 그리고 건강

1 의약품의 안전성, 탈리도마이드의 교훈

사지가 기형으로 태어난 탈리도마이드 아이.
(http://www.chm.bris.ac.uk)

탈리도마이드는 독일에서 개발되어 1957년 10월에 의사의 처방이 없이도 구입할 수 있는 무독성 진정 수면제로 판매가 시작된 약이다. 1961년 11월 독일에서 그리고 1962년 여름에야 일본에서 판매가 금지되기까지 거의 5년간 전 세계에서 사용되었다. 그 때문에 유럽에서만 8,000명, 전 세계 46개국에서 10,000명 이상의 기형아가 태어났다.

이 비극은 예방이 가능했을까? 약물이나 식품에 의해 기형아가 태어날 가능성은 1930년대 이래 동물 모형으로 연구돼 왔지만 당시에는 지식과 제도가 아직 성숙하지 못했기 때문에 기형 형성 가능성 실험을 약 허가 규정에 도입하기는 어려웠을 것이다. 하지만 탈리도마이드의 부작용 보고를 신중하게 다뤘다면 상당 부분 비극을 막을 수 있었을 것이라고 학자들은 분석하고 있다.

1959년 11월 독일의 한 의사가 탈리도마이드 복용 환자에 나타난 심각한 신경 손상 부작용을 개발 기업체에 알린 이래 1961년 봄까지 독일과 영국에서만 수백 건의 같은 부작용 사례가 보고 됐다. 만일 기업체가 이를 묵살하지 않고 정부에서도 관심을 가져 탈리도마이드를 처방 약으로 전환만 했더라도 수천 명의 기형아는 태어나지 않았을 것이다.

문제를 덮기에만 급급했던 기업체의 태도는 탈리도마이드가 기형아 출산의 범인임이 드러난 때에도 계속되었다. 확실한 증거를 수집한 의

미국에서 탈리도마이드의 비극을 막은 FDA의 켈시(Francis Kelsey).

사가 1961년 11월 15일 약 판매를 중지해야 한다고 알렸으나 듣지 않았다. 결국 11월 26일 신문에 보도돼서야 "의문이 해소될 때까지" 판매를 중지하겠다고 결정한 것이 기업체이다. 심지어 일본에 "실제 아무 문제가 없다"고 알려 금지 조처가 늦어졌다는 기록도 있다.

탈리도마이드는 미국에는 상륙하지 못했다. 1960년 9월 신약 신청서가 식품의약품안전청(FDA)에 제출됐으나 1960년 부임하여 첫 번 과제로 심사를 맡은 프랜시스 켈시에 의해 승인이 거절됐다. 그는 독일에서 수행한 동물 실험 등 전(前)임상 실험 자료가 엉성한 것을 발견했으며 신경 손상 부작용을 문제로 보았다. 만일 모체로부터 태아로 약 성분이 이송된다면 문제는 심각할 수밖에 없는데, 신청서에는 판단 자료가 없었다.

당시 미국은 1938년 제정된 연방식품의약품화장품법의 적용을 받고 있었다. 이 법은 약 허가에 안전성 입증을 규정한 것이다. 1961년 초까지 탈리도마이드의 신약 허가 취득을 목표로 했던 미국 기업체에서 허가를 얻기 위해 어떤 노력을 했을지 짐작할 수 있다. 켈시와 기업체간에 많은 서신과 대화가 교환되었고 켈시는 보완 자료를 요구했고 모든 것이 불충분하다고 판단하여 압력에도 불구하고 허가를 내주지 않았다. 결국 1962년 3월 탈리도마이드의 문제가 분명해지자 기업체는 신약 허가 신청을 철회하였다.

이 사건을 계기로 미국 등은 의약품의 안전성과 효능성을 보장하기 위한 철저한 전임상, 임상 자료를 제출하는 규정을 마련하였다. 탈리도마이드 비극은 무엇보다 기업체의 영리 추구가 인간 생명에 어떤 위해를 줄 수 있는지 보여주는 사례이며 안전하고 효과가 있는 약을 공급하기 위해서는 기업체 과학자의 철저한 연구와 보건 행정 기관의 엄격한 관리가 요구됨을 말해주는 것이다.

FDA는 전통적으로 엄격한 의약품 관리로 유명하다. FDA는 제품이 시장에 나온 뒤에는 제조 시설, 제조 방법, 품질 관리 등이 정해진 규정과 절차를 따르는지 검사하여 최종 제제의 안전성, 효능성이 확보되어 있는지를 확인한다. 제약회사도 절차상 변경이 있으면 FDA에 보고하여 최종 제제에 문제가 없음을 확인 받아야 한다. 그런데 1995년 11월 포춘 500대 기업에 속한 워너-램버트가 1,000만 달러 벌금형을 선고받고 품질 관리 담당 중역이 기소된 일이 일어났다.

이 사건은 항경련제 딜란틴 제제의 용해도가 FDA에서 승인한 규격에서 벗어난 문제로부터 시작됐다. 만일 정제가 규정된 속도로 녹지 않으면 약 성분의 흡수에 차이가 생기고 따라서 약효에 문제가 발생하게 된다. 이 회사는 1991년 10월 반복하여 문제가 발생하자 담당자들이 모여 대책을 논의했다. 이들은 이 사실을 FDA에 보고해야 한다고 결정했으나 이 결정은 중역들에 의해 번복되었다. 그리고 FDA가 제조 시설을 검사하는 과정에서 딜란틴의 문제를 인지한 것은 1992년 중순경이다.

의약품의 안전성과 효능성 확보에는 제조관리(GMP) 규정의 준수가 필수적이다.
(http://www.boehringer-ingelheim.com)

FDA는 법원으로 하여금 시험과 보고를 규제 받도록 하는 강제 명령을 내리도록 하여 딜란틴은 계속 생산하되 과정을 확인하는 조치를 취했다. 그 후 다시 허가서가 발급되어 그 이래 생산된 제품의 안전성과 효능성에 문제가 없다고 FDA에서도 공식적으로 밝혔으나 이전의 보고 규정 준수 위반은 법적인 조처를 받아야 한다. 워너-램버트는 딜란틴 제제의 용해도에 문제가 있었지만 그것은 약효에 문제를 초래할 정도는 아니었고 실제 소비자에게 해를 주었다는 보고를 받은 바 없다고 변호하였다. 그러나 인간의 생명과 관련된 의약품의 안전성, 효능성이 엄격한 생산, 시험 절차의 이행에 달려 있다는 것을 안다면 절차야 잘못되었지만 결과적으로 해가 없었다는 변명이 인정될 리가 없다.

유사한 FDA의 엄격한 조처는 유명 제약회사를 망라한다. 예를 들어 2002년 셰링-플라우는 문제가 있는 제조 시설과 관련하여 5억 달러의 벌금을 내야 했고 2005년에는 제조관리 위반 하에 생산된 글락소스미스클라인의 약이 FDA에 의해 압수당한 사건도 발생하였다.

이러한 엄격한 FDA이지만 계속 안전성 관리 문제로 비판을 받고 있다. 최근 커다란 논란은 1992년 채택된 신약 허가의 정책적 문제이다. 1980년대 말부터 FDA는 신약 허가 기간을 단축하라는 압력을 받았다. 죽음에 직면한 에이즈 환자에게는 실험적 약이라도 사용해 보는 것이 절실한 희망이었다. 1992년 FDA는 에이즈 등 치명적인 질병에 듣는 약의 허가를 촉진하는 조처를 마련했다.

이것은 안전한 것으로 판단하는 기준을 약간 앞당겨 일단 신약을 허가한 다음에 판매 후 모니터링에 의해 안전성에 문제가 있다면 보완하겠다는 발상이었다. 또한 신약 심사 인력을 대폭 증원하며 그 경비를 제약기업이 부담하도록 했다. 전체적으로 이제까지 FDA가 기업체를 규제하고 감시하는 위치에서 제약기업을 파트너로 삼아 환자 지향적으로 문제를 해결하라는 정치적 결정이었다.

이 FDA의 정책 변화가 초래한 문제는 〈로스앤젤레스 타임스〉 데이비드 윌먼 기자의 2001년 퓰리처상 추적 보도에 나타나 있다. 환자가 접하는 신약의 수는 증가했으나 안전성이 제대로 검증 되지 않아 판매 후 부작용 보고가 크게 증가하였으며 부작용으로 인한 많은 사망자를 남기고서야 판매가 철회되는 약의 문제가 발생했다는 것이다. 이 문제는 2005년 9월 FDA 청장의 경질과도 관련되었으며 비(非)스테로이드성 진통 소염제 '바이옥스'의 문제도 포함돼 보도되고 있다.

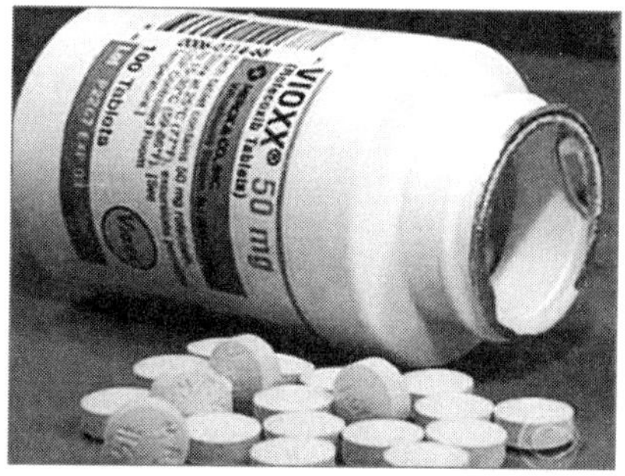

2004년 심장 부작용으로 판매가 철회된 진통소염제 바이옥스(Vioxx)는 제약기업의 부실한 연구와 FDA의 안전성 관리의 문제로 드러나고 있다.

1999년 5월 발매된 바이옥스는 2004년 9월 제조사가 자진 철회하기까지 연간 매출액 25억 달러로 성장한 거대 제품이었다. 그런데 이 약의 심장발작과 뇌졸중 부작용으로 인해 미국에서만 3만 명 이상의 사망자가 발생했다는 추정이 나왔다. 이런 약이 어떻게 허가돼 방치될 수 있었는지 여러 논란 가운데, FDA의 기업체와의 유착 문제, 판매후 안전성 모니터링의 부실 문제 등이 도마 위에 올랐다.

예를 들어 바이옥스의 심장발작 부작용 문제가 2000년에 발표됐는데 2년 뒤에나 위험성을 반영하는 표지가 그것도 작은 '조심'으로 부착된 문제가 지적됐다. 속히 부작용 표지로 경고를 발했다면 수많은 생명을 건질 수 있었을 것이다. 또한 바이옥스는 제조사가 문제를 발견하고 자진 철회하기 전에 FDA에서도 약을 고용량으로 처방해서는 안 된다는 시험 결과를 얻었다. 그러나 이 결과를 보고했을 때 상부로부터 결론과 조처를 완화할 것을 종용받았다는 증언도 나왔다. 이 문제는 FDA에 엄격한 안전성 자료 평가 외에 기업체와의 유착과 같은 판단을 흐리게 하는 분위기가 있다는 것을 의미한다.

이뿐만이 아니다. 2005년 2월 FDA의 관련 자문위원회는 바이옥스에 대해 부작용 경고를 보강해 시장에 복귀시켜도 무방하다는 결정을 내렸다. 32명의 의사와 과학자로 구성된 위원회의 표결 결과는 찬성 17, 반대 15였다. 이 문제를 조사한 상원 위원회는 자문 위원 중에 10

명이 제약기업과 이해관계가 있는 문제를 들어 FDA 약 심사의 투명성과 안전 관리의 취약성을 지적했다. 언론에서도 FDA가 환자와 국민을 위한 목적보다는 기업의 이해를 우선한다고 대대적으로 보도했음은 물론이다.

이 불신의 와중에서 FDA 청장이 경질되었으며 바이옥스는 제조사에게도 엄청난 문제를 불러일으켜 2005년 현재 예측으로는 수천 건의 소송에 총 배상액이 500억 달러에 이를 것이라고 한다. 세계적인 이 기업의 주가는 반으로 줄어들어 있다. 제약 기업의 측면에서 불행한 일이지만 어떻게 엄격한 의약품 관리로 잘 알려진 FDA에서 바이옥스와 같은 일이 일어났는지 어떻게 정리될 것인지 결론적인 이야기가 필요하다.

2002년 12월 미 화학회 〈화학과 공학 뉴스〉에는 FDA가 신약 허가에서 철저성과 효율성 사이에 올바른 균형을 찾으려고 노력한다는 기사가 실렸다. 1992년 신약 허가 정책이 가져온 문제가 있다면 그것을 시정하기 위해 노력하고 있다는 내용인데, 이 문제의 핵심으로 FDA의 제약기업과의 유착에 대한 우려가 있다고 말하고 있다. 그리고 2005년 2월 〈사이언티픽 아메리컨〉은 의회 반경에서 지적하는 FDA의 제약기업과의 유착 문제를 첫 대목에 언급하며 다시 바이옥스와 같은 문제가 일어나지 않도록 하기 위한 안전관리 시스템의 커다란 변화를 시사하였다. FDA에 어떤 형태의 변화가 찾아올지 주목된다.

참고 자료

- CERHR: Thalidomide (5/20/02).
  http://cerhr.hiehs.nih.gov/genpub/topics/thalidomide2-ccae.html
- Ember, Lois, Drugmaker fined $ 10 million for fraud, *C&EN*, December 4, 1995, p. 8.
- Hileman, Bette, FDA commissioner resigns, *C&EN*, October 3,

2005, p. 10.

- Hileman, Bette, FDA moves to improve system, C&EN, November 29, 2004, p. 16.
- Hileman, Bette, FDA walks a fine line, *C&EN*, December 2, 2002, p. 58.
- Mccoy, Michael, Glaxo drugs seized by FDA, *C&EN*, March 14, 2005, p. 11.
- Topol, Eric J, Failing the Public Health-Rofecoxib, Merck, and the FDA. http://content.nejm.org/cgi/content/full/351/17/1707
- Willman, David, How a New Policy Led to Seven Deadly Drugs, Los Angeles Times, December 20, 2000.

2 인권과 특허권의 딜레마

'특허는 보건에 나쁘다'는 데모를 벌이고 있는 브라질의 에이즈 시위대. (http://news.bbc.co.uk)

"특허는 보건에 나쁘다." 에이즈 약의 특허를 무효화하라고 시위하는 브라질 시위대의 구호이다. 우리나라도 백혈병 치료제와 관련하여 유사한 시위가 있었다. 이들을 지지하는 어느 잡지의 글에는 "비싼 약 못 사먹어 죽어야 하는 백혈병 · 에이즈 환자들…살아갈 권리는 특허에 앞선다"고 붙어 있다. 하지만 특허, 지적 재산권은 인간의 양심에 속하며 이 권리가 없다면 발명품이, 약이 이 세상에 나올 수 없기 때문에 특허는 그렇게 간단히 포기될 수 있는 것이 아니다.

원칙적으로 특허권이 폐기되는 것은 전시 상황뿐이다. 독일 제약회사 바이엘은 1차 대전 때에 미국 내의 모든 재산을 몰수당하는 가운데 특허권과 바이엘이라는 상표권도 잃었다. 미국에서 바이엘 아스피린은 바이엘의 것이 아니게 된 것이다. 그 뒤 바이엘은 이름을 되찾기 위해 애썼으나 미국 정부로부터 권리를 산 기업체는 협상을 거절했다. 80년이 지난 1994년에 10억 달러를 지불하여 관련 의약품 사업을 매수하며 이름을 찾아오기까지 바이엘은 미국에서 사업을 하면서도 바이엘이라는 이름을 사용할 수 없었다. 이런 것이 지적 재산권이다.

그런데 1997년 남아프리카 공화국(남아공)은 의료 비상시에 특허에도 불구하고 보건부서의 결정으로 카피 의약품을 수입하고 제조할 수 있게 한 법을 제정하였다. 4000만 명 인구 중 10%가 넘는 420만 명이

에이즈 바이러스 감염자이며 매해 25만 명이 에이즈로 사망하는 상황에서 값싸게 약을 공급하려는 의도이다. 에이즈 환자 한 명이 특허 약에 의존할 시 일 년에 소요되는 비용은 1만 내지 1만 5000달러이다. 반면에 값싼 일반 약을 사용하면, 특허를 무시하고 브라질에서 수입하거나 자체 내에서 생산할 때 한 명의 환자는 200달러면 1년 약값을 충당할 수 있다.

남아공으로서도 명분이 없었던 것은 아니다. 세계무역기구(WTO) 무역관련 지적 재산권 협정(TRIPS)에 의료 비상시 필수 의약품에 대한 특허권 제약의 면제가 규정돼 있다. 구체적으로, 의료 비상시에 로열티를 지불하는 강제 실시권을 허가하여 자체 내에서 필수 의약품을 제조하거나 특허권자가 일정한 지역에 인위적으로 설정한 높은 가격을 피하여 필요 의약품을 값싼 지역에서 구입이 가능하게 돼 있다. 물론 이는 국가 간 합의가 있어야 하며 일방적인 법 제정으로 합법화될 수는 없지만 규정 자체는 명분을 제공할 것이 분명하다.

그러나 이 전례가 없던 일에 대해 미국 등 40개 제약회사는 컨소시엄을 구성하여 집단으로 소송을 제기했다. 이때 남아공은 강제 실시권에 로열티를 지불하겠다는 등 변호하였다. 에이즈 인권 단체에서는 남아공을 지지하여 제약회사가 폭리를 취하기 위해 인권을 도외시한다고 공격하였다. 이때 정치인들은 예를 들어 당시 앨 고어 부통령은 제약회사의 편을 들었다가 공격을 받고 국제 협정에 일치되는 방식으로 이행되는 한 실시권과 비교 수입을 지지한다고 밝혔다.

흥미로운 것은 이 와중에서 1999년 에드워드 후퍼의 〈강: HIV와 에이즈의 원천으로의 여행〉이 나와 관심을 끌었다는 사실이다. 후퍼의 주장에 따르면 HIV-1에 가장 가까운 침팬지 원숭이 면역 결핍 바이러스가 소아마비 바이러스를 치료하기 위한 경구 백신을 시험하는 과정에서 1957년에서 1960년 사이 콩고에서 인간에게 전이됐다는 것이다. 후퍼는 백신의 제조에 침팬지 신장 배양물을 사용했다고 믿었다.

이렇게 되면 세계의 또는 고통 받는 아프리카의 에이즈 재앙은 선진 제약회사가 일으킨 셈이다. 그러나 2001년 4월 〈네이처〉에 발표된 논문에 의하면 후퍼의 주장은 부정되었다. 3개 그룹에서 당시의 백신을 검사한 결과 그 안에서 인간이나 원숭이 면역 결핍 바이러스라고 의심되는 것을 발견하지 못한 것이다. 만일 후퍼의 주장이 사실이었다면 제약회사의 책임성은 크게 부각되었을 것이다.

남아공의 특허 폐기 선언이 소득이 없었던 것은 아니다. 제약회사는 2000년 4월 판결 전에 소송을 철회하였으며 일면 저마다 에이즈 치료제 약가 인하와 일부 무료 공급 그리고 에이즈 퇴치에 기금 제공을 약정하고 나섰다. 인간을 위한 기업이라는 제약회사의 속성상 그렇게 했을 수도 있고 기업의 이미지 손상을 만회하겠다는 의도도 있다. 또한 이들의 소 취하가 인권의 승리라는 보도와는 달리 제약기업의 전략적 후퇴로 보이는 측면도 있다.

미국 학계도 그렇고 제약회사의 '위험한 비탈길' 논증에 동조하는 분위기도 만만치 않다. 이번 일을 인정한다면 모든 개발도상국이 같은 조처를 취하려고 할 것이며 남아공의 방향이 그렇지만 에이즈 치료제에 국한된 것이 아니다. 말라리아와 결핵 치료제 등 모든 약으로 특허 무시의 도미노 현상이 일어나 결국 막대한 자금이 소요되는 신약 개발에 상당한 영향을 끼치리라는 것이다. 이런 상황에서 제약회사의 소 취하에 특허권 정지를 현실화시킬 수 없으리라는 계산이 깔려 있다고 볼 수도 있다.

사실상 에이즈 문제는 일부 제약회사의 희생 또는 자선이 아니라 2001년 5월 아난 유엔사무총장이 제시했듯이 매해 100억 달러까지의 기금 조성 등 국제적 노력이 없이는 해결될 수 없다. 치료약은 작은 부분이다. 에이즈 분제의 해결에는 전반적 보건 시스템의 개선과 농업과 교육의 향상이 뒷받침 돼야 한다. 그런데 당시 미국의 부시 대통령은 새로운 기금에 보태도록 2억 달러를 약정하면서도 지적재산권의 존중을 전제조건으로 달았다. 단순히 특허를 무효화하라는 에이즈 운동가와는 다른 접근이 필요함을 알 수 있다.

아프리카 짐와브웨 정부의 '새로운 출발' 기념 우표. 이들은 HIV 검사와 상담을 통해 사회에 새 희망을 불어넣겠다고 다짐한다. (http://www.usaid.gov)

제약회사의 소 취하 직전 세계보건기구(WHO)와 함께 차등 약가 제도를 권고하였던 WTO는 2001년 6월 TRIPS 이사회를 소집하여 이 문제를 논의하기 시작했다. 특히 협정에 비상시 조처로 설정된 실시권에 의한 카피 약 생산, 수출, 수입이 상당히 논의됐다. 이는 2001년 11월 코타의 도하에서 열린 WTO 관계 장관회의로 이어졌는데 이들은 에이즈, 말라리아, 결핵 등 유행 시, 보건 위기에 대처하기 위해 TRIPS 협정에 융통성을 부여하기로 결정했다. 그래서 위기 상황에서 1995년 TRIP 도입 이전의 약에 대해서는 카피 약을 생산할 수 있고 그 이후의 것은 강제 실시권에 의해 생산하기로 결정했다. 그리고 저개발국가들이 의무적으로 이행하도록 돼 있는 지적재산권 협정 준수를 2016년 1월 1일로 연장하였다. 강제 실시권은 국내 시장에 약을 공급하는 것이었으나 저개발 국가의 경우는 약을 수입할 수밖에 없고 따라서 생산처의 수출에도 강제 실시권이 보장될 필요가 있다. 이 문제는 2003년 8월 잠정 유보 조처로 WTO에서 승인하였다. 저개발 국가에 에이즈 약을 공급하려는 국가는 강제 실시권을 획득하여 카피 약을 생산하여 값싸게 저개발국으로 수출 형식으로 제공할 수 있게 된 것이다.

이러한 진전은 경제적 여유가 있는 국가에서 아프리카 등 저개발국에 에이즈 약 등을 공급하는 합리적 방법으로 보인다. 예를 들어 캐나다는 2004년 공중 보건 문제에 직면한 개발도상국에 저가인 카피약을 공급할 수 있는 '아프리카에 대한 약속 법안' 이라 불리는 특허법과 의약품법의 개정안을 의회에서 통과시켰다. 이 법안은 아직 세부적인 면에서 손질이 필요하여 2006년에야 실시될 전망이지만 국제적 법의 테두리 내에서 인도적 목적을 달성하기 위한 적극적인 접근임에 틀림없다.

강제 실시권이란 무조건 특허를 무효화한다는 것이 아니다. TRIPS 규정에 의해 정부 간에 인정된 절차이다. 그래서 카피 약을 생산하려는 기업은 우선적으로 특허권자와 취지에 맞는 로열티 협상을 벌이며 만일 협상이 여의치 못하면 정부에 강제 실시권을 신청한다. 그리고 특허권자에게는 정부에서 합리적으로 설정한 로열티를 지불하게 된다. 물론 이 때 특허권자는 필요시 소송에 의해 문제를 해결할 수 있다. TRIPS의 강제 실시권은 예외적인 상황에 적용되는 규정이며 아프리카의 에이즈 약과 같은 저개발국의 의약품 문제를 해결할 가장 합리적인 방법이라고 생각된다.

참고 자료

- Avert.Org, TRIPS, AIDS & Generic drugs. http://www.avert.org/generic.htm
- Watkins, Karen J., AIDS: Managing a global menace, *C&EN*, June 4, 2001, p. 25.

3 수돗물 불소화 논쟁

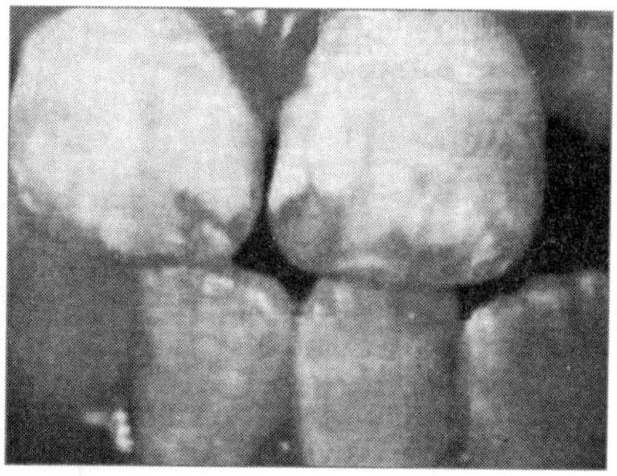

수돗물 불소화의 충치 예방 혜택은 그림에 나타난 것 같은 불소 침착증(fluorosis) 등의 위험성을 수반한다. (http://www.fluoridation.com)

'수돗물 불소화'는 충치 예방을 목적으로 불화나트륨(NaF) 등의 불화물(fluoride)을 수돗물에 의도적으로 넣는다는 의미이다. 불화물은 화학적으로 반응성이 강한 불소(F2)와는 전혀 다르다. 불화물은 흔히 불화칼슘의 형태로 천연 중에, 예를 들어 바닷물에 1.3 ppm 정도 들어 있다. 수돗물 불소화(fluorination)라는 용어보다는 불화물 첨가 또는 불화물화(fluoridation)라고 불러야 할 것 같다. 이 글에는 일반화된 수돗물 불소화라는 용어를 그대로 사용한다.

수돗물 불소화 이야기는 대학을 갓 나와 1901년 콜로라도 주 스프링스로 이주하여 치과를 개업한 프레데릭 매케이로부터 시작된다. 그는 갈색으로 물들어 있는 주민들의 치아를 보고 놀랐다. 곧 반점이 생긴 치아에 충치가 없는 것을 알았다. 1930년대에야 그 이유가 마을의 음용수에 천연적으로 불화물이 많이 들어 있기 때문이라는 것을 알게 됐다. 1945년 미시간 주의 한 도시의 수돗물에 불화물을 넣은 것이 최초의 수돗물 불소화이다. 그 후 15년간의 실험에 의해 충치 예방에 효과가 있음이 입증되어 현재 미국에서는 전체 인구의 64%가 불화물이 첨가된 수돗물을 마시고 있다.

불화물은 충치 예방에 두 가지로 기여한다. 반점 부위의 치아를 약하게 하는 박테리아의 산 생성을 감소시킨다. 또한 이미 공격이 시작된 치아 부위가 다시 광물질화되는 것을 돕는다. 이런 역할을 하는 것은 불화물의 불소 이온(F^-)이며 어떤 형태의 불화물이나 효과가 있다. 수돗물에는 히드로플루오규산(HFS), HFS의 나트륨 염인 불화규소 나트륨(SSF)을 넣는데 HFS는 인산염 비료의 제조 과정에서 생산이 가능하다. 작은 규모로는 NaF를 사용한다. 치약에는 불화주석(SnF2), NaF, 모노플루오로인산나트륨(MFP)을 넣는다.

우리뿐만 아니라 미국 및 유럽에서 수돗물 불소화 논쟁이 뜨겁다. 불소화를 반대하는 측은 불화물의 안전성 문제를 부각시키는 경향이 있다. 이들은 불소화를 암, 골절, 다운 증후군, 또는 심장 질환 등의 위험성과 연관시키며 전체적으로 아직 안전성 검증이 완전하지 못하며 밝혀지지 않은 보건 문제가 발생할 가능성이 있다고 주장한다. 이들은 나름대로 논문 등 학술 자료를 주장의 근거로 제시한다.

위험성 주장이건 위험성이 없다는 주장이건 이때 어느 논문이 그 자체 확정적 증거가 되는 것은 아니라는 사실을 이해할 필요가 있다. 과학 잡지에는 일정 수준의 형식을 갖춘 논문이 실린다. 그러나 잡지에 따라 질적 심사의 엄격성이 다르며 어떤 잡지이든 그 논문이 100% 완벽하고 확정적인 것은 아니다. 논문이 발표되면 전 세계의 과학자들이 배심원이 되어 심사를 하게 된다. 그래서 시간이 지나며 근거가 약한 것은 자연히 사라지고 의미가 있는 논문만이 추려진다.

따라서 일정 시점에서 보면 불소화로 인해 안전성에 문제가 있다는 논문도 있고 그렇지 않다는 논문도 있게 마련이다. 이때 안전성 판정은 유명 과학자 집단에 의해 많은 논문을 검토한 가운데 내려진다. 이 점에서 미국에서는 불소 이온으로 1~2 ppm의 불화물 첨가가 안전성에 문제가 없으며 충치 예방에 효과적이라고 말한다. 국립연구위원회(NRC)에서도 “천연 불화물 농도가 0.7mg/L (0.7 ppm) 이하로 상당히 낮을 경우 불소화를 추천한다”고 공식적으로 말하고 있다.

유럽의 경우, 영국의 ‘욕 보고서(York Review)’가 인정받는 대표적인 불소화 평가 보고서이다. 영국 보건 당국의 위탁으로 2000년 10월

욕 대학의 '평가와 전파 센터(CRD)'에서 작성한 보고서이다. 이외에 마찬가지로 정부의 위탁으로 작성된 2002년 9월 의학연구위원회(MRC) 보고서도 있다. MRC 보고서는 수돗물 불소화의 혜택과 위험을 분명히 가리기 위한 연구에 참조할 사항을 설정한 것이며 현재까지는 '욕 보고서'가 수돗물 불소화의 판단 지침이다. 이 보고서의 요점은 다음과 같다.

"세계의 불소화 문헌에서 신뢰할 수 있는 양질의 증거를 발견할 수 없다. 혜택 여부의 범위가 상당한 혜택에서 약간의 비혜택에 이르며 혜택 효과는 불소 침착증의 증가라는 손해에 의한 것이다. 이 경우도 증거의 질이 빈약하다. 불소화에 의한 암, 골절, 다운 증후군과 같은 다른 부작용 효과는 발견되지 않았으나 이 증거의 질이 빈약하기 때문에 충분히 알지 못 한다."

현재 수돗물 불소화는 구강 보건에 문제가 되는 빈곤층을 대상으로 하는 개념으로 바뀌고 있다. 생활 환경이 나은 반경에서는 불소화를 하지 않고도 충치의 문제가 크지 않기 때문이다. '욕 보고서'는 이점에 대해서도 검토하여 "치아 보건에서의 불평등의 감소에 관한 증거는 질이 낮으며 서로 상반되며 신뢰하기 어렵다"고 하였다. 사회 불평등을 시정할 수 있는지가 관심인데, 판단 근거가 없다는 의미이다.

특히 '욕 보고서'가 자신의 보고서가 "윤리적, 환경적, 생태학적, 비용적, 법적 문제를 포함하지 않았다"고 한 말이 중요하다. 실제 불소화 여부의 결정에는 환경적, 생태학적 문제도 상당히 중요하다. 이 부분에 대해 다루지 않았다는 것은 자료가 없다는 의미로도 해석된다. 또한 윤리적, 법적 문제에서 수돗물 불소화가 효능성이나 안전성에서 문제가 되는 물질을 제거하는 것이 아니라 충치 예방에 좋다는 물질을 첨가하는 과정이라는 것을 이해할 필요가 있다.

1950년대 이미 불화물이 첨가된 치약이 개발됐으며 그림의 제품은 1960년대 처음 개발된 MFP(monofluorophosphate)가 포함된 제품이다.

제거의 경우도, 살충제 · 환경호르몬 등 환경오염 물질이 한 가지 예이지만 사회 전체에 영향을 주는 결정은 자료, 위험과 혜택의 확률, 그리고 지식만으로 내릴 수 있는 것이 아니다. 정보에 대한 합의와 지식에 더한 가치 판단이 요구된다. 또한 통계학만이 아닌 상상이 개입되며, 이 모든 것에 기초한 민주적 합의가 강조된다. 그런데 수돗물 불소화는 무엇이 좋다고 해서 그것을 정부가 사회에 강요하는 형태이다. 이때 주민이 갖는 의문은 정말로 불화물이 해가 없는 것일까, 과학자들이 밝혀 내지 못한 해가 있을 수도 있지 않을까와 같은 단순한 지식에 그치지 않는다.

만일 잘못하여 과량의 불화물을 넣을 경우는 어떻게 될 것인가. 미국에서는 과거 10년 동안 두 차례 염소를 과량 투입한 사고가 일어났다. 만일 1 ppm 불화물이 아니라 200 ppm을 넣는다면 어떤 일이 일어날 것인가. 또한 인공적인 것을 싫어하는 사람에게 정부에서 강요하는 것이 옳을까 하는 문제도 있다. 사실상 정부가 아무리 좋다고 해도 강제하는 데는 한계가 있으며 불소화를 원하는 사람은 불화물이 들은 치약을 사용하면 될 것이라는 논리도 정당성을 갖는다. 수돗물 불소화는 정치적 문제가 될 수밖에 없는 성격의 것이다.

북미 지역과 달리 서구 유럽은 수돗물 불소화 반대 분위기가 강하다. 이들은 적어도 대규모 불소화는 반대한다. 이 점에서 지난 2년간 영국에서 진행된 불소화 논란을 살펴볼 필요가 있다. 2003년 11월 영국 의회에서 수돗물 불소화 법안이 통과 됐다. 영국은 1985년 이래 일부 지역에서 전체 인구의 10% 가량이 불소화된 수돗물을 공급받고 있지만 법적 소송 등 때문에 수돗물을 공급하는 회사들이 기피하는 문제가 있었다. 이번 법안 통과로 정부가 그 회사로 하여금 불소화를 하도록 명령할 수 있게 되었다.

그러면서 영국 정부는 이번 법안의 취지로 치아 위생에 소홀한 사회계층 내지 지역의 문제를 해결하겠다고 했으며 어떤 경우도 그 지역주민과 상의하여 불소화를 시행할 것이라고 분명히 하고 있다. 2005년 최근에도 영국 정부는 불소화를 밀고 나갈 것임을 분명히 하고 있으나 잉글랜드, 웨일스, 스코틀랜드 각 지역의 반대도 치열하다. 2004년 11월 보도에 의하면 스코틀랜드에서는 수돗물 불소화보다는 아이들의 구강 보건을 향상시킬 다른 조처를 강구할 것이라고 한다.

우리의 경우는 1980년대 시범사업을 토대로 1995년 국민건강증진법에 이어 2000년 구강보건법이 제정됨으로써 수돗물 불소화의 법적인 토대가 마련되었다. 어떤 경우도 분명히 지역 주민의 동의를 묻는 공정한 절차가 요구됨은 물론인데, 동의절차가 찬성 또는 반대를 어렵게 하거나 쉽게 하는 식이어서는 안 될 것이다. 또한 수돗물 불소화의 찬성, 반대보다도 주민의 의사 결정을 돕는 객관적인 시각의 수돗물 불소화 자료를 제공하는 과학자의 노력이 중요하다.

참고 자료

- Center for Reviews and Dissemination, Fluoridation of Drinking Water: a Systemic Review of its Efficacy and Safety. http://www.york.ac.uk/inst/crd/fluorid.htm
- Medical Research Council, Water fluoridation and health. http://www.mrc.ac.uk/pdf-publications-water_ fluoridation_report.pdf
- Mullen, Joe, History of Water Fluoridation. http://www.nature.com/bdj/journal/v199/n7s/full/4812863a.html

4 수은, 치과 아말감, 백신 방부제

미나마타 기념물(Minamata Monument). 1950년대 일본 미나마타 만에서 메틸수은으로 오염된 어류를 식용하여 1000명 이상이 사망하였다.
(http://gton.biology.colostate.edu)

1800년대는 원소 수은으로 만든 '블루 매스' 라는 약이 우울증에 사용됐다. 수은이 간에서 흑담즙의 축적을 억제하여 우울증을 낫게 한다는 의학이 과학이 되기 전의 고대의 원리에 따른 약이다. 링컨 대통령의 감정적 이상을 이 약을 복용한 때문으로 해석하기도 한다. 당시는 수은의 신경 독 작용을 잘 알지 못하던 때였으며 그 후도 수은의 독성에 대한 경각심은 그리 없었던 것 같다. 미국의 나이 많은 화학자의 경험에 의하면 1940년대 만해도 실험실에서 수은이 들은 실린더에 물질을 넣어 그 물질의 부피와 밀도를 측정하였고 수은이 실험실 바닥에 쏟아지면 닦아내는 것이 예사였다고 한다.

원소 수은보다도 수은에 메틸기가 붙은 유기 수은이 독성이 강하다. 1950년대 일본 미나마타 연안의 어부에서 나타난 수은 중독은 부근 공장에서 나온 메틸수은이 어류에서 농축되어, 즉 생물 농축되어 고농도의 메틸수은을 함유한 어류를 식용한 결과이다. 1000명 이상이 사망하였다. 1990년대 미국에서는 디메틸수은을 다루던 교수가 부주의로 라텍스 장갑을 낀 손에 이 물질을 몇 방울 떨어뜨려 사망한 사건이 일어났다. 그는 처음에 손가락의 감각이 없어지고 몸의 균형과 언어, 시각, 청각에 이상이 오고 결국 혼수상태에 빠져 사망했다.

이러한 수은의 신경 독성은 어떤 종류의 수은 화합물인지 그리고 그 물질의 양과 관련되었으나 수은이 지금도 의약품에 사용되고 있는 잘 알려진 예가 치과 아말감이다. 치과 충전제로 사용하는 은 아말감(은과 수은의 합금)은 1826년 파리의 타보가 처음 사용했다. 은 동전을 잘게 깎아 수은을 혼합하여 죽상으로 만든 다음에 압착하여 수은을 제거, 치아 공간에 넣어 굳히는 방법이었다.

이 방법은 전 세계로 퍼져 나갔으나 고정된 다음에 팽창하는 성질 때문에 치아가 깨지거나 아말감이 튀어나오는 등의 문제가 있었다. 때문에 대부분의 치과 의사는 금박을 선호하였다. 그런데 1833년 크로커라는 이름의 두 형제가 뉴욕 시에 나타나 치과를 개업했다. 이들은 아무 경험이 없었으나 아말감을 광고한 덕분에 영업이 잘 됐다. 아말감은 금보다는 값이 비교할 수 없을 정도로 저렴하였고 다루기가 간편하였다. 그리고 오래 갔다. 그래서 시술받는 사람들이 늘어가자 정통 치과의사들은 사기꾼의 짓이며 또한 수은 독성 등 문제가 있다고 반대하고 나섰다.

미국 치과의사회는 1845년 아말감을 독성 물질로 비난하는 결의문을 채택하며 모든 회원이 아말감을 사용하지 않을 것을 서약하도록 요구하였다. 그러나 금을 사용할 수 없는 가난한 사람에게 아말감은 적절했다. 때문에 아말감 시술을 옹호하는 일부 치과 의사들은 사용 금지 서명과 회원 자격 박탈에 분노했다. 이로 인하여 발생한 거의 25년에 걸친 치과 의사들 간의 갈등을 1차 아말감 전쟁이라고 부른다. 이 전쟁에 의해 미국 치과의사회는 해체되는 상황에까지 이르렀다.

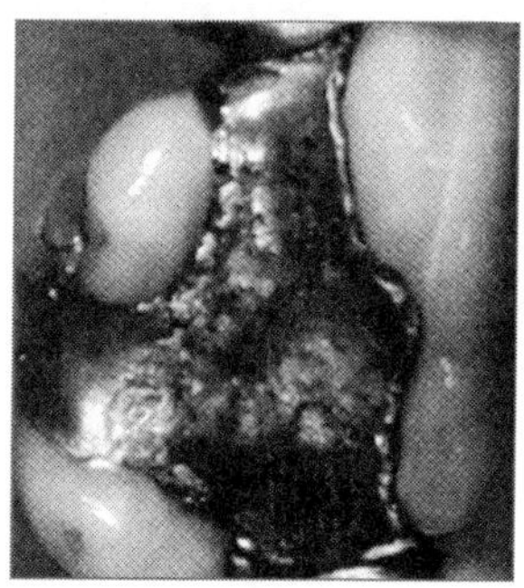
아말감 충전 치아.

이 와중에 아말감의 문제를 개선하는 노력도 이뤄졌다. 필라델피아의 타운센드 등에 의해 팽창의 문제를 해결한 새로운 처방도 나오고 1870년대 말이래 아말감을 지지하는 조직적인 운동도 벌어졌다. 결정적으로 1890년대 현대 치과학의 아버지라고 불리는 그린 블랙의 노력에 의해 아말감 제조법의 표준화가 이뤄지는 등 하여 아말감은 치과 의사들에 의해 받아들여졌다.

1920년대 2차 아말감 전쟁이 일어났다. 이 전쟁을 유발시킨 사람은 독일의 화학자 알프레트 슈토크(1876-1946)이다. 그는 밀폐된 실험실에서 수은 통을 사용하여 기체를 포획하는 등 여러 곳에서 수은에 노출됐다. 이유를 모른 채 두통, 현기증, 기억 감퇴, 설사로 고통 받기 시작해서 그의 병은 만성 호흡기 질병과 청각 장애로 발전됐다. 온갖 치료법을 찾았으나 허사였다. 1923년 거의 기억 상실이 왔을 때에야 의사로부터 자신의 병이 수은 중독이라는 것을 알게 됐다.

슈토크는 그 후 20년간 "내 생애의 대부분을 병들게 한 수은의 위험성을 알리기 위해" 많은 시간을 수은 연구에 몰두했다. 그는 예민한 분석법을 고안하여 토양, 물, 굴뚝 연기 등 환경 물질 속의 수은의 함량을 측정하였고 스스로 실험 동물이 되어 수은 화합물의 독 증상도 기록했다. 그리고 그는 수은의 위험성을 알리기 위한 노력을 했는데, 이 과정에서 그의 이름은 아말감 전쟁과 함께 남아 있다.

1926년 슈토크는 아말감 충전자의 오줌 속 수은의 농도를 제시하며 수은 독성 문제를 들고 나왔다. 슈토크의 주장에 과학성이 부족했다는 평가가 나왔으나 그가 치과 의사를 향해 "대부분 마요네즈 만드는 솜씨가 서투르다"고 하며 격렬한 반응을 보인 배경에는 당시 아말감의 제조 및 시술에 문제가 없지 않아 보인다. 슈토크가 제기한 문제는 언론에서 널리 보도하였다. 그러나 앞서 미국 치과의사회가 해체되고 설립된 미국 치과협회는 아말감의 사용을 고수했고 1932년 최초로 은 아말감의 표준 규격이 제정되는 등 2차 아말감 전쟁의 성과가 없었던 것은 아니다.

그 후 독성학의 발전과 안전 기준의 향상에도 불구하고 치과 아말감 문제는 다시 거론되지 않았다. 그저 안전한 것으로 인정되어 사용되었다. 치과 아말감으로 인한 소량 수은 노출의 문제는 과학 잡지에도 눈에 띄지 않았다. 그러던 것이 1990년 수은이 뇌 등 장기로 이전됐다는 아말감으로 충전한 양 치아에 관한 논문이 발표되자 학자들 사이에 논쟁이 일어났다. 이에 맞추어 미국 CBS 방송은 〈당신 입 속의 독〉이라는 프로그램에서 수은 독성을 문제 삼는 측과 환자를 내세워 아말감 문제를 집중적으로 다뤘다.

이로부터 벌어진 소동을 3차 아말감 전쟁이라고 부른다. 이를 계기로 미국을 위시한 여러 국가에서 아말감의 문제를 검토했고 아말감의 안전성 연구에도 눈을 돌리게 됐다는 점에서 성과가 없지는 않았다. 그 결과 최근까지 아말감의 안전성에 문제가 없다고 확인해 주고 있지만 아말감 충전이나 제거 그리고 치아 손상 시, 수은이 흡수될 가능성이 있으며 특히 수은 독성에 예민한 어린이나 임산부의 경우 주의가 필요하다.

또한 그 동안 연구된 자료로 보아 잠재적 위험성으로 간주하기에 충분한 자료도 없지는 않아 보인다. 전체적으로 안전한 아말감 대체 충전물이 개발돼 있는데 어째서 아말감을 사용하는지 그것이 치과의사의 습관과 무관심의 문제는 아닐지 생각해 볼 필요가 있다. 이제 아말감 전쟁을 영원히 종식시키는 것이 바람직하다고 생각된다.

아말감의 수은 독성의 문제는 수은이 아말감에서 유리되어 흡수되는지에 관한 것인데, 백신에 사용하는 유기 수은 방부제 티메로살 문제는 그대로 수은을 주사로 투입하는 문제이다. 백신 방부제로 티메로살이 사용되기 시작한 것은 1930년대 이다. 티메로살은 대사되거나 분해되어 에틸수은이 되는데 에틸수은의 독성은 그리 연구가 돼 있지 못하고 메틸수은과 유사할 것이라는 가정으로 추리하고 있다.

티메로살에는 무게로 50%에 해당하는 수은이 들어 있다. 대체로 백신 중의 티메로살 양은 0.01%인데 1mL 도스(1회 투여량)에 들은 티메

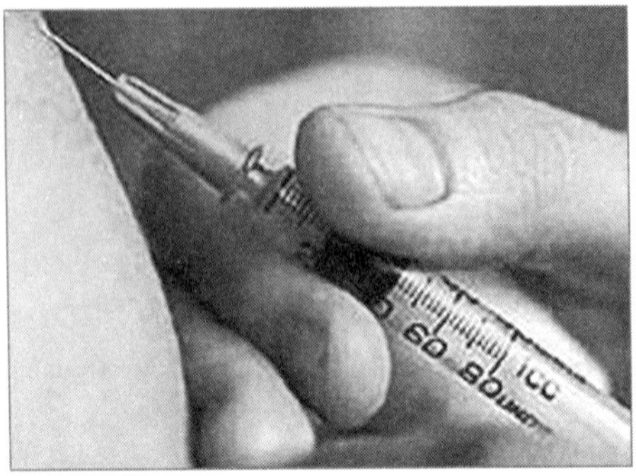
소아 백신 등 백신에는 수은 방부제 티메로살(thimerosal)이 들어 있다.

로살이 0.10mg이라는 의미이다. 이 경우 일반 0.5mL 도스인 경우 25㎍의 수은이 들어 있으며 유아의 경우 0.25mL 도스이기 때문에 수은의 양도 반이다. 유아에 백신 접종을 할 경우에는 12.5㎍의 수은도 함께 주사된다.

2004년 5월 미 의학학술원(IOM)은 "티메로살 함유 백신과 소아 자폐증 사이에 인과론적 관련성이 없다"고 분명히 했다. 그리고 그 동안 생물학적 메커니즘 상 자폐증을 초래할 수 있다는 여러 가설은 나왔지만 단지 이론적이라고 했다. 이 경우 이론적이라는 말은 메커니즘 상 자폐증을 초래할 가능성이 있으니 실제 상황에서 조심하여 자폐증과 관련이 있는지 연구의 필요성이 있음을 의미하고 또한 실제 자폐증을 유발할 경우 그 메커니즘으로 고려할 이론이 있다는 것이다.

IOM의 검토 결과는 실제 사용되는 백신 중 티메로살의 안전성에 문제가 없다는 것을 시사하지만 잠재적 위험성은 배제하지 않는다. 이미 1999년 미국에서는 수은 방부제에 대한 신중한 조처로 FDA 등 공중보 건국(PHS) 소속 기관과 소아과 학회가 백신 제조사로 하여금 가능한 속히 백신에서 티메로살의 양을 줄이거나 없애도록 촉구하는 성명서를 발표했다. 그 결과 백신 제조사들도 노력하여 현재 그동안 사용되던 0.01% 티메로살 함유 제제도 있지만 티메로살의 양을 줄이거나 들어있지 않은 백신이 개발, 사용되고 있다.

이것은 FDA가 강제하지 않고 취한 조처이다. 실제 잠재적 위험성만으로는 강제할 수는 없으며 기업체의 능력도 고려해야 할 필요가 있다. 그리고 FDA는 계속 이 방향으로 노력하겠다고 말한다. 그러나 이

미 미국의 일부 주, 예를 들어 캘리포니아 주에서는 티메로살을 일체 금지하는 법이 제정되어 2006년 7월부터 시행 예정이라고 한다. 그러나 독감 백신의 공급이 심각히 부족한 경우 등은 예외로 두었다. 주 정부 차원의 입법화에 맞추어 2005년 연방 정부에도, 상 하 양원에 백신 중 티메로살 사용을 금지하는 법이 발의돼 있다.

우리 식약청은 IOM의 결론과 같이 백신 중 티메로살이 해가 없다는 입장이나 이제는 잠재적 위험성을 고려할 때가 되었다고 생각한다. 그래서 늦었지만 미국과 같이 기업체와 함께 일정을 세워 티메로살을 줄이거나 제거하도록 하고 또 소비자에게도 알려 소비자로 하여금 기업체에 압력을 행사하도록 하는 것이 적절하다. 가급적 속히 티메로살이 들어있지 않은 백신을 접종토록 해야 할 것이다.

참고 자료

- FDA, Thimerosal in Vaccines.
  http://www.fda.gov/cber/vaccine/thimerosal.htm
- Hileman, Bette, Vaccines and Autism, *C&EN*, February 23, 2004, p. 18.
- Martin, Michael D., DeRouen, Timothy A., and Leroux, Brian G., Is Mercury Amalgam Safe for Dental Fillings?
  http://healthlinks.washington.edu/nwcphp/wph97/mercury.html
- Mellon, E.K., Alfred E. Stock and the Insidious "Quecksilbervergiftung", *J. Chem. Educ.*, 54, 211(1977).

5 태어나지 않을 권리, 죽을 권리

미국의 정신지체이며 걷지도 보지도 못하는 휠즈는 출생 전에 초음파 검사를 통해 문제를 알았음에도 낙태를 시키지 않은 산과의사를 상대로 1999년 '잘못된 출생(wrongful birth)' 소송을 내어 170만 달러의 합의금을 받았다.
(http://www.cbsnews.com)

1983년 프랑스의 한 임산부가 홍역과 유사한 풍진에 걸렸다. 태아에 심각한 손상을 줄 가능성이 있으므로 낙태를 시켜야 할 경우에 해당했다. 그런데 의사의 부주의로 위험성을 경고 받지 못한 채, 다시 말해서 낙태의 기회를 놓친 채 몇 달 뒤에 심한 정신장애를 가진 듣지 못하고 거의 보지 못하는 아이가 태어났다. 그 여성은 아이를 대신하여 의사를 상대로 배상 소송을 제기하여 아이가 17세가 됐을 때인 2000년 11월 대법원의 최종 배상 판결이 나왔다.

의사가 아이에게 배상해야 한다는 이 판결은, 이론상 장애아의 태어나지 않았어야 할 법적 권리를 인정한 것이라고 한다. 이는 산모가 심한 장애를 가진 아직 태어나지 않은 아이의 이해를 위해 낙태를 할 권리에 해당하는 것인데, 아이를 대신하여 소송을 제기했기 때문이 아닌가 생각한다. 프랑스는 2001년에도 유사한 세 건의 소송에서 장애아의 손을 들어주었다고 한다.

이 판결에 대해 낙태를 반대하는 종교계, 특히 가톨릭이 반대했음은 물론이다. 배상 소송이 줄을 이을 것이 분명한 산과 관련 의사들도 반대했다. 그리고 일부 장애자 권리 단체에서도 반대했다고 한다. 이번 판결은 원천적인 출생의 문제이기 때문에 관심이 흐트러질 것을 염려해서이다. 이들 반대 압력에 의해 2002년 1월 프랑스 의회는 '잘못된 출생' 소송을 억제할 법을 통과시켰다. 그 법의 첫 부분은 "아무도 출생이라는 단순한 사실에 의해 권리를 침해받았다고 주장하지 못한다"고 돼 있다.

프랑스 의회의 소송 금지법에 대해 합리주의자 단체에서는 '지극히 잔인한 법'이라고 부른다. 현대 과학적인 의료 장비로 심각한 장애를 예견하여 낙태의 방법으로 막을 수 있는데, 그렇지 못한 기술적으로 어려운 부분인 경우에도 장애를 안고 태어난 이들이 사회를 향해 태어나지 않아야 했을 권리를 주장하지 못하게 하는 법이야말로 지극히 잔인한 법일 것이다. 미국에서는 미 대법원이 1973년 여성의 낙태의 권리를 인정한지 2~3년 뒤에 장애아가 잘못된 출생 소송에서 승소하는 등 잘못된 출생 소송은 오래 전부터 있었다. 현재 28개 주에서 소송을 인정하고 9개 주에서는 소송을 금지하고 있다고 한다.

잘못된 출생 소송은 생명의 존엄성 문제, 즉 피임 · 낙태 등의 문제에서 종교계 등과 맞서 평형 지점 설정에 역할을 하고 있다. 현실적으로 소송을 하는 측에서는 장애아를 키울 경제적 여건을 마련하려는 목적도 크다. 그러나 이러한 소송이 장애아들이 자신의 출생을 비극적 과오로 인식하는 부정적인 측면이 없는 것도 아니다. 이들도 분명 하나의 생명이며 이 또한 윤리 문제로 귀착되는 셈이다.

인간 생명의 윤리 논쟁은 피임약 탄생의 역사에서 발견한다. 피임약 이해의 핵심은 황체 호르몬이라고 불리는 프로게스테론에 있다. 임신이 되면 이 호르몬의 농도가 높아져 임신을 유지시키며 배란을 억제한다. 그렇다면 정상인에게 이 호르몬을 투여하여 임신되지 않고도 임신된 것처럼, 즉 배란을 억제할 수 있을 것이 아닌가. 이때 피임약은 경구로 투여할 수 있는 프로게스테론 효과 물질이 될 것이다.

피임약은 약을 질병을 예방하고 치료해 주는 것이라고 정의한다면

우스터 생의학연구재단의 핀커스(Gregory Goodwin Pincus)는 1960년 최초로 경구 피임약을 개발했다.

약에 속하지 않는다. 피임약은 신이 부여한 정상적인 인간의 생식기능을 차단한다. 때문에 피임약은 생명을, 인간의 모습으로 태어나는 순간, 또는 수정이 되는 순간부터 신이 창조한 영혼을 가진 절대적으로 존엄한 것으로 생각하는 종교계, 특히 가톨릭의 반대와 위협에 부딪쳤다. 그래서 피임약으로 사용할 물질을 갖고 있던 제약 회사도 인공 피임을 반대하는 종교 단체에 의해 자신의 전 의약품이 보이콧 당할 것을 염려하여 개발을 망설였다.

1950년부터 프로게스테론의 피임제로의 가능성을 연구하기 시작한 우스터 재단의 공동 소장 그레고리 핀커스(1903~67)는 1952년 합성된 프로게스테론 효과 물질에 착안하여 1956년 푸에르토리코에서 피임약 임상 시험을 시작했다. 이 임상 시험의 배경에는 마가렛 생어라는 여성이 있었다. 그는 여성이 자신의 신체를 통제할 수 있는 자유는 여성이 사회적, 경제적, 정치적 질을 높이기 위한 투쟁에 기본적이라고 주장한 여성 운동가이다. 그는 마찬가지로 피임약의 필요성을 알고 있는 부유한 친구 매코믹을 소개시켜 매코믹은 핀커스의 연구에 200만 달러를 제공했고 다시 유언으로 100만 달러 이상을 남겼다.

이렇게 1960년 최초의 경구 피임제가 세상에 나왔으나 가톨릭은 지금도 피임을 반대하는 입장을 바꾸지 않았다. 1966년 교황 바오로 6세가 임명한 위원회는 교회가 피임약에 대한 거부 입장을 바꿀 것을 제안하였으나 1968년 교황은 피임 금지에 대한 입장을 명확히 재천명하였다. 개신교에서는 1961년 기독교 교회 협의회(NCC)가 동기가 옳다면 피임이 도덕적으로 정당하다고 선언한 이래 지금은 많은 교회가 당시 예외적인 경우를 제외하고 인간의 생명을 파괴하는 것으로 거부한 낙태까지도 인정하고 있다.

성교 후 72시간 내에 복용하는 성교 후 피임약, 즉 모닝애프터는 일반 피임약과 성분상 차이가 없다. 하지만 윤리 논쟁에서 둘 사이에는 큰 차이가 있다. 배란을 억제하는 피임약과 달리 모닝애프터는 이미 생명이 숨 쉬는 수정란이 자궁에 착상하지 못하게 하기 때문이다. 때문에 종교적 성향이 강한 미국에서는 1998년에야 모닝애프터가 정식 약으로 승인을 받았고 우리나라는 2001년 모닝애프터의 사용이 허가되었다.

낙태약 RU486을 풍자한 매키(Rick McKee)의 만화. 병 안의 약이 해골로 그려져 있다.

그 이전인 1997년 미 식품의약품안전청(FDA)이 모닝애프터로 처방할 피임약에 관한 정보를 공표하여 의사들의 처방을 권장하였다. 그러자 이 약을 피임약이 아니라 낙태약이라고 불러야 한다는 등 논쟁이 시작됐다. 그런데 FDA는 2000년 9월 임신 49일 이내에 복용하여 태아를 지우는 낙태약 RU486의 사용을 허가하여 낙태 문제에서 진보적인 자세를 취했다. 프랑스에서는 1988년 이 약의 사용을 승인했다고 하니 그 동안 미국에서 허가를 둘러싸고 얼마나 치열한 논란이 일었을지 짐작할 수 있다.

낙태약 RU486은 1980년대 초 프랑스 제약회사 루셀-우클라프에서 부신피질 호르몬의 과량 분비에 기인한 질병을 치료할 약을 찾는 과정에서 발견됐다. 그들은 부신피질 호르몬의 작용 부위, 즉 수용체를 차단하는 일련의 물질을 합성하여 시험했다. 이렇게 찾아낸 RU486은 또한 프로게스테론 수용체도 차단한다는 사실이 밝혀졌다. 임신과 함께 자궁 내층을 유지시키던 프로게스테론이 효과를 나타내지 못한다면 태아는 지탱하지 못하고 떨어질 것이 분명하다.

현재 미국에서 RU486은 루셀-우클라프가 아닌 다른 기업체에서 생산하고 있다. 모기업의 제품이 낙태 반대론자에 의해 위협받은 때문에 약의 권리를 다른 기업체에 넘기도록 했기 때문이다. 2004년 말까지 이 낙태약은 1백만 명 이상이 복용했으며 미국과 프랑스 외에도 영국, 노르웨이, 독일, 덴마크, 스웨덴, 중국 등에서 판매되고 있다. 우리의 경우 이 낙태약은 아직 도입되지 않았으나 현실적으로 매년 100만 건 이상의 낙태 수술이 이뤄지는 상황에서 수술보다 해가 적다면 낙태약의 도입은 필연적이 아닐까 생각된다.

태어나지 않을 권리와 함께 인간에게 죽을 권리가 있는지, 즉 안락사와 관련된 윤리 논쟁이 치열하다. 안락사에 대해 가장 전향적인 국가가 네덜란드이다. 2001년 네덜란드에서 법적으로 인정된 안락사는 생명의 주체가 안락사를 요구하는 '자의적' 안락사에 속한다. 이때 환자의 요구는 자발적이며 오래 심사숙고된 결정이어야 한다. 또한 환자의 고통은 지속적이며 더 이상 참을 수 없어야 하며, 이 결정이 있기까지 의사는 환자에게 상황과 전망에 대해 잘 알려주어야 하며, 환자도 다른 합리적 대안이 없다는 결론에 도달해야 한다. 그리고 환자는 단일 의사가 아니라 복수의 의사와 상의해야 하며 안락사의 절차는 의학적으로 적절한 방식이어야 한다.

자의적 안락사 외에도 안락사에는 생명의 주체가 반대함에도 불구하고 시행자가 실시하는 '타의적' 안락사, 생명주체가 의사를 표시할 수 없거나 시행자에게 정확히 전달되지 않을 경우의 '임의적' 안락사도 있으나 자의적 안락사만이 윤리적으로 인정받을 소지가 있다. 예를 들어 미국의 오리건 주에서도 네덜란드와 유사한 자의적 안락사가 법적으로 허용되고 있으며 안락사 문제는 미국 전체의 관심사가 되어 있다.

안락사를 찬성하는 논리는 여러 가지다. 자의적 안락사의 점에서 환자만이 어느 때 죽음보다 고통이 더 나쁜 생을 영위하는지를 결정할 수 있고 이 환자의 선택을 수용해야 하리라는 것이다. 또한 사망에 이르게 된 환자가 의지에 반하여 살도록 하는 것보다는 고통을 종결시키는 것이 환자를 더욱 존중하는 것이라는 논리도 있다. 여기에 첨부하여 공리주의적 논증은 개인의 생존 능력을 초월하여 유지시키기 위한 전체에 미치는 해에 관한 것이다. 그리고 안락사를 사랑의 표현으로 보는 상황 윤리 모델도 있다.

2001년 네덜란드 의회에서 안락사를 합법화하는 법안이 토의될 때 한 종교 그룹이 항의 기도를 하고 있다. (AP Photo)

안락사를 반대하는 논리 중에 자연 법칙 논증은 안락사가 자연의 법칙에 속한 인간 부분에 대한 비자연적 간섭이라는 것이다. 그러나 이 논증은 의학이 약이나 수술과 같은 비자연적 방법으로 수명을 연장시킨다는 점에서 비판을 받는다. 또한 안락사에 대한 종교적 반대는, 종교적으로 어떤 형태의 살인이라도 받아들일 수 없기 때문이라고도 하고 신에 속한 사망 결정 권한을 인간이 불법적으로 행사하는 것으로 간주하기도 한다. 인간이 신의 역할을 한다는 것이다.

위와는 달리 안락사를 옹호하는 것이 신중하지 못하다는 논증도 있다. 고통을 받는 상황에서 실제는 안락사를 당하지 않았으면 하고 생각할지도 모른다. 안락사는 고통을 경감시키는 보호보다는 단순하며 의사로서는 쉬운 절차이다. 만일 안락사를 허용한다면 의사가 의료비 절감을 목적으로 또는 가족이 죽기를 원한다는 이유로 안락사의 방향으로 압력을 행사할지도 모른다.

참고 자료

- Disability Rights News Service, "Wrongful Birth" Lawsuits. http://www.inclusiondaily.com/news/advocacy/wrongfulbirths.htm
- Marker, Rita L. and Hamlon, Kathi, Euthanasia and Assisted Suicide: Frequently Asked Questions. http://www.internationaltaskforce.org/faq.htm
- Reproductive Choices: The Struggle for Change. http://www.feministcampus.org/know/sam/unit2.pdf
- Young, Robert, Voluntary Euthanasia. http://plato.stanford.edu/entries/euthanasia-voluntary

6 줄기세포 연구와 윤리, 인간 복제 금지

존스홉킨스 대학의 기어하트(John Gearhart).1998년 최초로 줄기세포를 분리하여 자라게 하는데 성공했다. 같은 때 위스콘신대학의 톰슨(James Thomson)도 같은 일을 이루었다.
(http://www.achievement.org))

줄기세포는 뼈, 근, 혈액, 뇌 등 모든 인간 조직의 출발 세포이다. 이론 상 줄기세포는 심장 세포로 자라도록 할 수도 있고, 심혈관 질병으로 손상된 심근을 보수하는데도 사용할 수 있다. 알츠하이머병으로 파괴된 뇌 세포를 대체하여 신경 세포로 자라게 하고 당뇨병 환자에게 새로운 췌장 세포를 제공할 수도 있다. 정상 세포의 손상과 관련된 어떤 질병이든지 이를 이용하여 치료가 가능할 것이라고 전망할 수 있다.

이러한 줄기세포의 전망은 오래 전부터 알고 있었으나 줄기세포를 초기 상태에서 분리하여 시험관 내에서 자랄 수 있게 한 것은 얼마 되지 않는다. 1998년 11월 위스콘신 대학의 제임스 톰슨과 존스홉킨스의 존 기어하트가 최초이다. 톰슨은 수정 1주일 내의 140개의 세포로 이뤄진 포배로부터 기어하트는 임신 5~7주 유산된 배아(태아)로부터 줄기세포를 얻었다. 인간 배아 연구에 연방 연구비 사용을 금지하는 규정에 의해 이들은 생물공학 기업체로부터 연구비 지원을 받았다.

배아가 아닌 성체 줄기세포의 가능성은 1960년대부터 알려졌는데 출발 세포는 인체의 많은 조직에 존재하지만 확인하여 분리하기가 어렵고 배아 줄기세포와 같이 인체의 모든 세포로 분화할 수 있는지는 가능성이 낮아 보인다. 그러나 연구가 진행됨에 따라 골수 세포, 제대혈, 지방 세포 등이 신경이나 근육과 같은 세포로도 분화될 수 있다는 사실이 알려지고 있다. 때문에 배아 줄기세포의 윤리 문제를 해결할 방법이 성체 줄기세포의 연구와 응용이라는 기대를 갖고 있다.

배아 줄기세포 윤리논쟁에서, 낙태에 의해 버려진 배아나 시험관 수정에 의한 배아라 할지라도 배아가 이미 생명이라고 주장하는 측과 줄기세포를 만든 배아는 분화를 시작하지 않은 신경을 갖지 않아 통증을 느끼거나 환경을 감지할 수 없는 수백 개의 세포일 뿐이라고 주장하는 측의 논쟁이 불가피하다.

미국의 부시 대통령은 생명의 입장에 좀 더 비중을 두어 연방 연구비 지원을 2001년 8월 이전에 만들어진 22개의 줄기세포주에 한정시켰다. 남은 세포주를 사용할 연구 계획을 내면 연방 연구비를 받아 연구를 할 수 있다. 그러나 과학계의 불만은, 그 세포주가 배양하기에 시원치 않다는 것도 있으나 이러한 조처 자체가 연구의 제한을 의미하며 다른 연구에 비해 줄기세포 연구에 연구비 할당이 적은 것과 관련된 문제로 보고 있다.

배아 줄기세포 연구 제한의 철폐는 대통령의 거부권 행사 표명에도 불구하고 의회에서 구체화되었다. 관련 법안은 2005년 5월 하원을 통과했고 2006년 초에 상원도 통과될 전망이다. 미국에서 정부 연구비와는 별도로 줄기세포주의 확립은 가능하다. 예를 들어 하버드 대학의 멜톤 교수는 개인 연구비로 새로 17개의 세포주를 만들었다고 한다. 문제는 연방 연구비인데, 주 정부에서 문제를 해결하려는 시도도 있다. 캘리포니아 주에서는 2004년 10년간 30억 달러 연구비를 제공하기 위한 주민 투표를 실시하여 가결된 바 있다.

시험관내 수정의 배아로부터 만든 줄기세포주를 임상에 적용할 경우 면역 거부 등 문제를 예상할 수 있다. 이 문제를 피하기 위한 하나의 방법은 환자의 유전 물질을 가진 줄기세포를 얻는 것인데, 원리상으로는 복제양 돌리를 만든 것과 마찬가지이다. 난세포의 핵을 추출해 내고 대신 체세포의 유전자를 넣은 다음에 이 난세포가 수정된 것처럼 분열되도록 하고 그 배아로부터 줄기세포를 추출하는 방법이다. 이 체세포핵전달(SCNT) 방법에 의한 줄기세포 확립은 이 글을 쓸 2005년까지 아무도 성공하지 못했다.

영국의 윌머트(Ian Wilmut)와 복제양 돌리.
(http://www.bbc.co.uk)

줄기세포 연구는, 아직 줄기세포주 다음의 연구는 시작 단계라고 보는 것이 정확할 것이다. 면역 반응에 대한 문제는 인간 배아 복제 과정을 통한 방법으로 해결이 가능할지 모르나 임상적 적용을 위해서는 아직 근원적으로 해결해야 할 문제들이 많다. 예를 들어 줄기세포는 한 그릇 가득히 뉴런을 만들어 낼 수 있으나 이것을 살아 있는 뇌에 넣어 주었을 경우 그곳의 뉴런과 연결되고 정상적으로 대화해야 하는데, 모든 뉴런이 원하는 방향으로 기능을 나타내지 않을 수도 있다. 때문에 인슐린 생산 세포든 어떤 목적의 세포든 목적에 적합한 기능을 수행하는 세포를 확인하는 방법의 개발이 필요하다.

또한 가장 큰 문제는, 이 줄기세포가 기형이나 이상 조직을 형성할 가능성을 배제할 수 있는 방법은 아직 분명히 모른다는 것이다. 또한 유전자 돌연변이 가능성도 항상 존재한다. 또한 근원적으로 복제 동물의 경우 사망률이나 기형 출산율이 높은 이유가 어디에 있는지, 마찬가지 인간 배아 복제 과정을 거친 세포주의 안전성과 관련하여 심각히 고려할 문제일 것이다. 이러한 제반 안전성 지식과 보장 하에서 줄기세포를 임상적으로 적용하는 시도가 이뤄져야 할 것이다.

줄기세포를 얻기 위한 인간 배아 복제가 윤리 논쟁의 중심에 서 있는 이유를 이해하는 것이 중요하다. 이것은 1997년 3월 스코틀랜드 에든버러 근처 로슬린의 로슬린 연구소의 이안 윌머트에 의한 복제양 돌리의 탄생에서 시작한다. 원리는 앞서 언급한 SCNT 방법, 즉 새끼를 밴 양으로부터 얻은 젖샘 세포를 다른 양의 핵을 제거한 난자 세포와 융합시켜 배양하여 재조합 배아를 만든 다음에 양의 자궁에 넣어 젖샘 세포를 제공한 양과 동일한 양을 탄생시키는 방법이다.

복제양 돌리에 대해 생물공학자들은 당연하다는 반응을 보였다. 이론상 가능성을 현실화시켰을 뿐이기 때문이다. 또한 이 방법은 특정 유전자를 가진 동물 생산을 가능하도록 하기 때문에 식량 공급에, 약 생산에, 이식 장기 생산에 응용되리라는 전망이 나왔다. 우리나라도 이 분야에 노력하고 있으나 미국 GTC의 형질전환 염소의 젖에서 생산하는 인간 항응고 단백질이 2006년에 신약허가를 받아 최초의 형질전환 동물로부터의 약이 될 전망이다.

이보다 복제양 돌리가 신문을 장식한 이유는 이 방법에 의한 인간 복

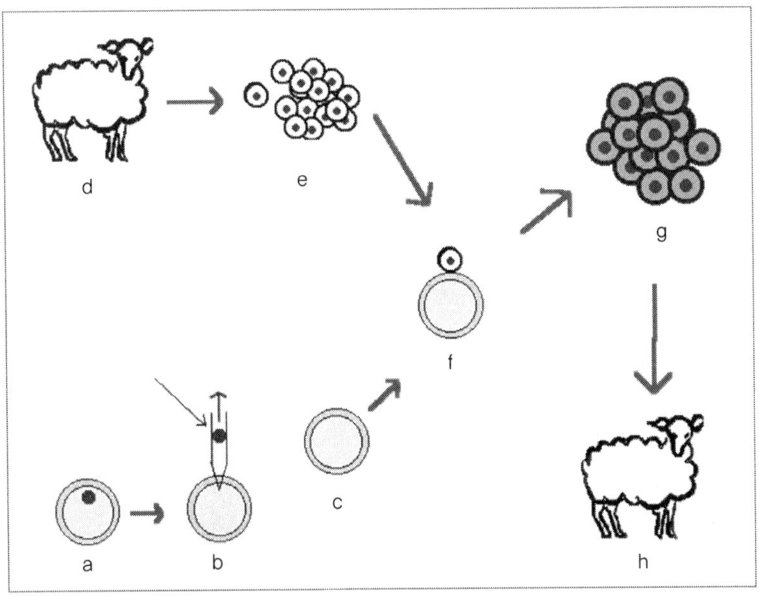

복제양 돌리(Dolly) 탄생 과정. 양의 미 수정란에서 핵을 제거한 다음에(a, b, c) 이를 복제할 양 세포와 융합시킨다(d, e, f).재조합 배아를 양의 자궁에 넣어 복제 양을 탄생시킨다(g, h).인간 복제도 같은 방법으로 시도된다. 복제할 인간의 세포를 미수정란의 핵을 제거한 세포에 넣은 다음에 이를 자궁에 착상시키면 복제 인간이 탄생할 것으로 예상된다.

제 가능성 때문이다. 인간 복제의 문제는 바로 인간이, 인간에 관해 자연이 행하는 일, 즉 부모의 유전자가 섞여 새로운 생명을 만드는 일에 거역하는 일을 행할 수 있는지에 관한 것이다. 이것이야말로 인간의 신의 역할 하기이다. 종교적 문제를 떠나 그렇다면 인간의 정체성은 어떻게 되는 것인지, 이를 허용하면 우생학적으로 이용되는 것은 아닌지, 인간 진화의 경로는 어떻게 될 것인지, 의문은 계속된다.

무엇보다 가장 큰 문제는 실제 복제 인간이 어떤 인간이 될 것인지에 관한 것이다. 신체적, 정신적으로 동일한 복제가 이뤄진다는 보장은 없고 예기치 못한 비정상적인 복제 인간의 탄생 위험이 있다. 이러한 위험의 징조는 복제 동물에서 보였다. 이제까지 동물에서 이뤄진 복제는 배아와 태아의 발생 동안 대부분 사망하고 단지 1-2%만이 살아남아 새끼를 낳는다. 그것도 출생 즉시 사망하거나, 일찍 사망한다. 1999년 5월 언론이 '안녕, 돌리'라는 제목으로 복제 동물이 원 동물과 비교하여 빨리 늙을 수 있다는 등 복제의 문제를 보도한 것이 이것이다.

무엇이 문제인지, 그 이유로는 건강한 정상적인 새끼를 출산하기 위하여 어떤 유전자 재프로그램이 필요하리라고 추정이 가능하다. 단지 한 개의 유전자가 중요한 시기에 중요한 단백질을 생산하지 못하면 치명적이다. 그리고 재프로그램은 무작위적인 어떤 과정에서 수천 개의 유전자를 조절하는 것이다. 물론 기술적 향상에 의해 사망 수는 줄일 수 있지만 유전자 재프로그램의 모든 것이 자세히 밝히지 않은 상태의 인간 복제는 상상할 수 없는 위험성을 안고 있다.

이것은 일반 윤리적 차원의 논의이며 인간 복제에 대한 종교적 차원의 반대는 심각하다. 특히 로마 가톨릭은 인간 복제의 모든 가능한 행위는 내재적으로 악이며 어떤 이유로도 정당화할 수 없는 것으로 간주한다. 성경에 의하면 인간은 자연이 창조한 것을 유지하고 보존할 책임을 가진다. 또한 인간은 신의 형상을 따라 창조됐으므로 위엄을 가지는데, 복제 인간은 여러 가지로 이 위엄에 위배된다. 복제 인간은 신의 창조 행위가 아니라 존재하는 인간의 형상을 따라서 제조되었다. 또한 복제란 어린아이를 인간이 다루는 하나의 목적물로 간주한 것이다. 그리고 게놈이 복제되는 개인뿐만 아니라 복제 인간의 고유의 개인적 정체성을 위험에 처하게 한다.

다시 말해서 가톨릭에서는 복제 인간이 개개 인간과 마찬가지로 다루어지지 않을 가능성을 염려하는 것이다. 이것은 복제 기술이 인간이 생명의 신성함을 위반할 충동을 유발할 가능성에 유의해야할 이유도 된다. 만일 복제 인간이 정상 인간보다 낮게 보이면 사람들은 창조물을 위해 이들을 희생하여 장기 이식 등에 사용할 가능성도 있다. 설혹 복제 인간이 아이가 없는 인간의 고통이나 치명적인 질병을 가진 인간의 고통을 경감시킬 가능성이 있다고 해도 이러한 내재적으로 부도덕한 기술의 사용을 정당화하지 못한다는 입장이다.

인간 배아나 복제 배아를 사용한 연구는 각 국가의 윤리 인식에 따라 반응이 다르다. 여기에 치료용 인간 배아 복제는 그대로 생식용 배아 복제로 연결되기 때문에 미묘한 문제에 속한다. 종교 윤리의 성향이 강한 미국의 경우 시험관 수정으로 만들어진 배아 중 보존 기간이 지난 잔여 배아에서 추출한 인간 배아 줄기 세포(hESCs) 연구는 제한이 철폐될 전망이나 치료용 인간 배아 복제는 학자 반경에서는 예를 들어 유전공학을 출발시킨 폴 버그가 찬성을 말하는 등 찬성하는 쪽으로 기울어져 있는 듯이 보이나 정치적으로는 인간 복제 금지의 일부로 간주하고 있다.

인간 복제를 금지하는 유엔 조약안은 2001년 프랑스와 독일이 제안했다. 그런데 여기에 치료용(연구용) 인간 배아 복제 금지도 포함시켜야 할지의 논란이 계속되었다. 그리고 마침내 2005년 3월 인간 복제 금지 선언이 유엔 총회에서 가결됐다. 법적 구속력을 가진 조약에서 후퇴한 선언이지만 원칙적으로 치료용 인간 배아 복제를 포함한 일체의 복제금지 선언이다.

이러한 일체의 인간 복제 행위를 금지하는 선언은 이미 채택되리라고 예측됐던 것이다. hESCs의 경우도 이탈리아, 아일랜드, 노르웨이 등은 연구를 금지하며 프랑스와 독일도 미국과 유사한 제한을 설정하고 있다. 치료용 인간 배아 복제에 대해 벨기에, 인도, 이스라엘, 영국 등이 한국과 유사한 입장이지만 대부분의 국가는 반대나 유보의 태도를 취하고 있다. 때문에 미국, 코스타리카, 바티칸 등에서는 이번 인간 복제 금지 선언을 자신들의 승리로 간주한다. 한국이나 영국 등은 치료 배아 복제 연구를 계속할 생각이라고 하는데, 이 문제가 어떻게 정리될지는 시간이 필요하다.

참고 자료

- Human Cloning, the religious & ethical debate. http://www.cs.virginia.edu/~jones/tmp352/projects98/group1/ethic.html
- Lanza, Robert and Rosenthal, Nadia, The Stem Cell Challenge, *Scientific American*, June 2004, p. 61.
- Morrissey, Susan R., Human Embryonic Stem Cell Debate, *C&EN*, November 1, 2004, p. 22.
- Morrissey, Sysan R., Stem cell research, *C&EN*, July 19, 2004, p. 16
- Stix, Gary, The Land of Milk & Money, *Scientific American*, November 2005, p. 72.
- National Institute of Health, Stem Cell Information. http://stemcells.nih.gov/info/basics/basics4.asp

7 인간 게놈 해독, 우생학

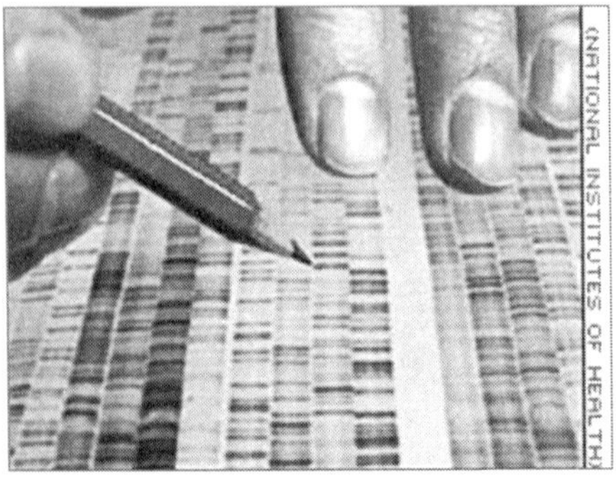

2001년 인간 게놈 프로젝트(Human Genome Project)의 콜린스(Francis Collins)와 셀레라 게노믹스(Celera Genomics)의 벤터(Craig Venter)에 의해 각각 인간 유전자 지도가 발표됐다.

인간 게놈 해독에 기여한 인간게놈프로젝트(HGP)의 프랜시스 콜린스나 셀레라 게노믹스의 크레이그 벤터나 모두 인간 게놈 해독의 가장 중요한 공헌으로 인간 유전자 지도가 인간의 질병 퇴치에 기여할 것임을 말하였다. 이제 인간 생명의 청사진을 가짐으로써 진정으로 인간 생명이 어떻게 운영되고 어떻게 암 등 질병이 생기는지 파악할 수 있는 진정으로 중요한 계기가 됐다. 그래서 유방암에 관여한 유전자를 찾아내면 그러한 유전자 보유자를 확인하여 위험성 관리를 할 수 있다. 그 유전자의 발현인 단백질의 용어로 암의 원인을 추적하여 치료법을 찾아낼 수 있다. 예를 들어 특정 단백질의 결핍이라면 이를 보충하고 과다라면 이 단백질의 작용을 차단하는 방법을 찾을 수 있다.

또한 인간 게놈 해독은 진화 연구의 중요한 계기가 될 것이다. 게놈 해독에 의해 들어난 바 인간 유전자 중 약 1,000개는 박테리아의 유전자와 유사하다. 이들은 생명체 공통의 필수적인 역할을 하며 따라서 진화 과정에서 공통 조상으로부터 물려받은 것이라고 추정한다. 이 중 일부는 수평 전이에 의해, 즉 난세포의 박테리아 감염 등에 의해 얻어진 것일 가능성도 있으나, 생쥐와 침팬지 등의 게놈이 해독됨으로써 오늘날의 인간으로 진화하기까지의 과정이 파악될 것이다.

당장 연구가 가능한, 인종 간 유전적 차이에 대해서도 과학자들은 홍미를 갖는다. 모든 인간의 DNA는 99.9% 동일하다. 한 인종 내 두 개체의 유전적 차이는 서로 다른 인종 개체의 차이보다 클 수 있다. 다시 말해서 어느 인간의 유전자를 보고 어떤 인종인지 정확성을 갖고 구별해 내지는 못한다. 다만 게놈에서 발견하는 공통적인 변이 형태, 즉 한 개 뉴클레오티드 다형성(SNP)에 의해 근 조성이나 대사의 효율성 등 형질의 차이가 나타나기 때문에 역사상 인간의 지역적 이동을 SNP의 패턴에서 찾을 수 있을지도 모르다.

과학에 국한된 게놈 지도의 진화론적 의미를 말하는 벤터와는 달리 기독교 신자, 특히 유신론적 진화론자인 콜린스는 유전 암호가 단지 화학적 구성 단위보다 큰 신의 언어와 같다고 주장한다. 그는 진화론을 믿는 사람이 많지만 마찬가지로 신이 인간을 창조하고 진화의 메커니즘을 통해 다른 생물 형태를 창조했다는 것도 어리석은 말이 아니라고 한다.

벤터는 게놈 지도의 섣부른 환상을 경계한다. 특정 유전 암호로 의식, 자유 의지, 지능과 같은 것을 설명할 수 없다고 "자유 의지는 유전 암호에서 나오는 것이 아니라 세포의 고유의 성질을 갖도록 하는 단백질의 조합에서 나오는 지능과 같은 것들 중의 하나이다"라고 표현한다. 세포가 함께 모여 중추신경계를 형성하고 이 전체적인 성질이 사실상 의식을 만들어 낸다. 그는 이를 인간 게놈 해독을 발표한 논문에 다른 식으로 "한 인간의 모든 특성이 게놈에 의해 영구 회로로 설정됐다는 결정론과 유전자의 기능과 상호작용이 파악되면 인간의 변이성을 인과론적으로 기술할 수 있다는 환원론은 오류다"라는 말로 나타내었다.

이것은 새삼스러운 말은 아니다. 일란성 쌍둥이의 예를 보아도 인간의 육체적 정신적 특성이 유전적으로 결정됐다고 믿을 사람은 없다. 또한 결정론과 환원론을 부정하는 것으로 보이는 말을 했지만 용어에 특별한 의미를 둔 것 같지는 않다. 유전적 결정론의 결정론에서 운명론 외의 뜻을 찾기는 어렵다. 결정론은 도덕적 선택을 포함한 사건이 이전의 원인에 의해 결정된다는 사상이다. 이때 엄격한 의미에서 자유 의지를 배제하지만 모순이 없이 행동을 결정짓는 정신 상태 이전의 원인이 존재한다고 볼 수도 있으므로 결정론 자체를 오류라고 단정하지는 못한다. 환원론이란 전체를 기본적인 요소의 합으로 보는 견해이다. 인간의 특성을 유전만이 아니라 환경적 요소의 원리를 포함시켜 해석할 수 있는 이상 환원론도 오류라고 할 수는 없다.

사실상 벤터는 인간의 행동이 (선)천성의 결과인지 아니면 후천적 학습에 의해 결정되는지에 관한 뿌리 깊은 논쟁에서 지난 100년간 과학과 문화의 주류를 이루던 후천성이 위협받을 수 있다고 보아 이런 말을 했을지도 모른다. 20세기 초 조작적 조건화에 의한 행동 변화를 연구하는 행동심리학이 탄생하여 인기를 얻은 것은 인간이 평등하게 태어나 모두가 성공할 수 있다는 믿음과 일치했기 때문이다. 이로부터 인간을 학습하는 동물로 보아 학교 수업과 문화의 영향이 천성을 압도하는 것으로 믿게 되었다.

이 가운데 동물행동학의 창시자 콘라트 로렌츠(1903~89)는 갓 부화된 거위나 갈가마귀 새끼가 최초로 본 움직이는 물체를 자기 종으로 인식하는 각인 등 발견을 토대로 하여 1930년대 종에 따라 유전적으로 결정된 대로 생존에 필요한 정보를 학습한다고 발표했다. 그는 1960년대 인간의 공격성이 진화의 산물이라고 기술하여 논란을 일으켰다. 그 후 1970년대 사회생물학을 창시한 에드워드 윌슨은 로렌츠를 지지했으며 또한 이타주의나 동성애 등도 유전자를 전달하기 위한 생물학적 노력으로 해석하였다.

이들은 동물을 대상으로 한 연구 결과를 인간에게 확대 적용한다는 등 비판을 받아 왔으나 주류 환경 결정론 속에서 균형을 잡는 역할을 했다고 볼 수 있다. 이러한 학술적 논쟁은 앞으로 이뤄질 유전자 연구에 의해 가려질 것이지만, 문제는 게놈 해독과 함께 나타난 섣부른 주장이다. 심지어 인간 행동에 영향을 주는 뇌의 신경 전달 물질을 유전자와 연관시켜 유전자 조작에 의해 폭력성 등 행동을 교정할 수 있다고 말하는 학자도 있다. 아마도 벤터가 이러한 인간의 정신적 행동 특성을 개인적 잣대로 재는 생물학적 결정론자에 대해 경고를 발한 것인지도 모른다.

1999년 치엔(Joe Tsien)은 유전적 조작에 의해 생쥐 두기(Doogie)가 일반 생쥐보다 낯익은 물체를 식별하는 능력 등 학습과 기억 능력이 향상된 것으로 보인다고 발표하였다.

현실적으로 인간 게놈 해독과 함께 정신의 유전적 조작 가능성은 과학 반경에서 연구되고 있다. 프린스턴 대학 조 치엔 팀은 생쥐의 수정란을 분리하여 난자로부터의 핵과 정자로부터의 핵, 어느 것 하나에 기억력 향상에 기여하는 것으로 생각되는 유전자를 넣어 주었다. 다음에 이 수정란에서 형성된 배아를 암컷 생쥐 내로 도입하여 새로운 유전자를 가진 두기라는 생쥐를 얻었다. 이들은 두기가 한번 보았던 물체를 식별하는 능력과 어두운 물탱크 안에서 발판을 찾는 방법을 회상하는 능력이 다른 생쥐에 비하여 우수하다고 발표하였다.

인간 기억 형성의 복잡성에 기인한 기술적 문제, 안전성과 윤리성의 점에서 장애가 있지만 치엔은 이 방법으로 인간의 기억력을 향상시킬 가능성을 부인하지 않았다. 그러나 치엔 유형의 기대에 대해 스티븐 제이 굴드는 규정 오류와 결합 오류로 반박하였다. 규정 오류란 복잡한 생명체가 유전자의 합이라는 식으로 규정할 때의 오류를 말한다. 결합 오류는 부분들이 일정한 성질을 갖고 있다고 해서 전체도 같은 성질을 가질 것이라고 주장하는 오류를 말한다.

규정 오류로 지적한대로 복잡한 생명체는 개개 유전자의 합이 아니다. 즉 어떤 유전자 단독이 특이한 해부학적 구성이나 행동을 형성하는 것이 아니라 대부분 유전자는 몇 가지 해부와 행동의 양상에 영향을 준다. 이는 어느 한 유전자의 다른 유전자와 그 산물과 복합적인 상호작용 그리고 생물체 내외의 환경적 인자와의 상호작용을 보아 알 수 있다. 우리가 특이한 행동을 결정하는 유전자가 있다고 말하는 것은 규정의 오류를 범하는 것이다.

또한 지능은 광범위한 독립적인 그리고 사회적으로 정의된 정신적 속성이지 한 개의 유전자에 의한 한 가지 어떤 것의 측정, 한 가지 수로 측정하여 인간을 상대적인 정신력 가치로 나열할 수 있는 것이 아니다. 예를 들어 1996년 과학자들은 일반적으로 좋은 일이라고 간주된 새로운 것을 추구하는 행동 유전자를 발견했다고 발표하였다. 그러나 1997년 다른 연구에 의하면 같은 유전자가 헤로인 중독성과 관여됐다는 것을 알게 되었다. 이때 생화학은 동일하지만 그 맥락과 배경이 문제가 된다.

그리고 골격을 머리 유전자, 목 유전자, 갈비뼈 유전자의 합이라는 식으로 말하는 것은 결합 오류이다. 인간의 정신력 또는 해부학은 한 개 인자의 결핍에 의해 쉽게 교란되지만 그 반대로 같은 인자의 보강에 의하여 그 시스템이 조화롭게 된다고는 말할 수 없다. 우리가 유전자 치료에 의해 무엇을 교정한다는 것은 현실적 희망이지만 그렇다고 어떤 유전자 조작에 의해 초운동선수나 초정신자를 만들 수는 없다.

섣부른 유전자 조작은 인간에게 치명적인 육체적 효과를 가져 올지 모른다. 한 가지 형질을 변형시키기 위해서는 그 형질과 관련된 많은 유전자를 바꿀 필요가 있다. 그러나 한 개의 유전자를 바꿀 경우에도 복합적인 유전적 반응, 즉 완전히 다른 유전적 사태를 출발시켜 유기체를 변형시키거나 사망 등 치명적인 효과를 가져 올 것이다.

유전자 치료를 받은 환자가 명확한 사망의 원인이 없이 예기치 못하게 사망하는 것이 이것과 관련이 있다. 순전한 추측이지만 많은 전문가들은 바로 이것이라고 보고 있다. 그리고 이것은 유전자 치료의 경우 세포의 한 개의 유전자를 변화시킴으로써 예측하지 못했던 부작용이 나타나는 것과도 관련된 것이다.

또한 유전자 조작이 육체적 과정에서 성공적이라고 해도 이 변화에 의해 심리적 효과에서 또 다른 치명적인 문제를 초래할 수 있다. 초

1999년 유전자 치료를 받은 뒤에 사망한 18세의 젤싱어(Jesse Gelsinger). (http://www.cnn.com)

운동선수를 만들기 위해 유전자를 변화시켜 커다란 단단한 근섬유를 만들 수 있도록 한다고 하자. 이 때 여분의 근을 지배하기 위해서는 뇌는 운동 조절 기능의 증진이 필요한데, 이 뇌는 또한 개개인의 정신적 기능도 조절하기 때문에 여기에 영향이 나타나 낮은 지능, 빈약한 판단력, 기억력 결핍, 감정 조절의 실패 등이 나타날 수도 있다는 것이다.

복제양 돌리는 단순히 양 복제의 성공이 아니라 SCNT에 의한 형질변환 동물의 생산으로 인간을 이롭게 하려는 것과 관련된 것이다. 마찬가지로 SCNT에 의한 인간 배아 복제는 줄기세포의 생산을 목적으로 한 것이지만 이 과정에 의해 유전적으로 조작된 인간을 만들 가능성이 높아졌다. 그리고 이 인간이 진정으로 어떤 것인지는 예측할 수 없지만 신우생학의 방향으로 진행될 수 있음을 부인하기도 어렵다.

우생학은 '인종의 유전적 조성을 줄이기 위한 방법을 탐구하는 과학'이라고 정의한다. 1900년대 상반기 각국에서 우생학이 시행된 것은 잘 알려져 있다. 예를 들면 1907년에서 1937년 사이 미국의 32개 주에서는 정신 질환, 정신 지체, 약물 중독 등 바람직하지 않은 형질을 가진 인간의 거세를 실시하였다. 독일은 나치 정권만을 말하더라도 1933년 '선천적 질병 자손의 예방 법'에 의해 35만 명의 정신분열증 등 정신 질환자를 강제로 거세하였다.

앞서 언급한 유전자 조작에 의해 폭력성 등 행동을 교정하여 감옥이 없는 세상을 만들 수 있다는 주장은 과거 정신적 질환, 범죄 등이 유전적 거세의 명분이 되었던 것과 동일하다. 그리고 이것은 일부 언론과 학자의 생명 공학 유토피아 광고와도 맞물려 있다. 이들은 이러한 일들이 유전자 조작이나 인간 복제에 의해 가능한 것으로 그리고 있다.

예를 들어 1997년 프린스턴 대학의 유전학자 리 실버는 〈에덴의 복구〉에서 디자이너 아이의 출현을 그려내었다. 그는 원하는 자식의 신체적, 인지적, 그리고 행동적 특성을 나타내는 유전자를 선별하여 배아에 넣어 이 배아를 어머니의 자궁에 이식시키면 된다고 하였다. 그는 이러한 관습이 계속되어 2-3세기 지나 2350년경에는 인류는 유전적으로 우월한 인간과 그렇지 못한 인간, 즉 실험실에서 만들어진 합성 유전자를 가진 '합성 유전자 인종'과 '자연 유전자 인종'의 서로 다른 인종으로 나뉜다고 상상하였다. 그렇다면 10% '합성 유전자 인종'에 대해 90%의 '자연 유전자 인종'은 어떻게 살 것인가? 실버는 단순히 자연 인종은 낮은 임금을 받는 서비스 업종이나 노동자로 일할 것이라고 답을 제시했다고 하나 이러한 세상을 막기 위해서도 생명공학 연구에서 윤리의 중요성을 모두가 깨달을 필요가 있다.

참고 자료

- Darnovsky, Marcy, Gene Engineers Promote Eugenics & Designer Babies, The New Eugenics: The Case Against Genetically Modified Humans.
  http://www.purefood.org/patent/genebabies.cfm
- Eugenics Online.
  http://www.eugenicsonline.netfirms.com/issues.htm
- Tsien, Joe Z., Building a Brainier Mouse, *Scientific American*, April 2000, p. 43.

9 동물 권리와 실험용 사용

영국 PETA(People for the Ethical Treatment of Animals)의 동물 권리 캠페인. 경비병 모자의 곰 털가죽 사용의 중지를 요청하고 있다. (http://www.peta.org.uk)

사회가 동물을 보는 시각은 많은 변천을 겪었다. 주로 철학적 과학적 인식의 변화에서 비롯된 것이지 종교적 영향은 거의 없었다. 동물을 신의 형상에 따라 만든 인간의 처분에 둔 성경은 동물 보호의 변천과는 관련이 없다. 동물과 인간의 관계에서 명백한 구분보다는 계층적 관계를 설정한 힌두교와 불교는 교리 상 채식주의를 채택하는 등 동물 보호에 영향을 줄 요소가 없지 않지만 시대적으로 특별한 영향을 주지는 못했다.

동물 권리는 세속적 철학에 뿌리를 두고 있다. 1780년 공리주의 철학자 제러미 벤담(1748~1832)은 인간의 도덕을 동물로 연장하지 못할 극복하기 어려운 선이 어디 있는지 물으며, 문제는 동물의 추리 능력이나 언어 능력이 아니라 동물도 고통을 받을 수 있다는 점을 강조하였다. 1859년 다윈의 진화론은 동물과 인간 사이의 감정적 연속성을 인정하기 때문에 동물이 받는 고통을 인정해야 한다는 입장을 보강해 주었다. 일면 진화론은 동물과 인간사이의 연결을 말하기 때문에 인간을 연구하기 위한 방법으로 동물의 사용을 정당화한다.

실험용 동물 사용의 정당성과 동물에 고통을 주어서는 안 된다는 두 견해 사이에서 1876년 영국의 동물 실험을 규제하는 동물 학대 금지법

1975년 〈동물 해방(Animal Liberation)〉을 통해 동물권리 운동을 출발시킨 오스트레일리아의 싱어(Peter Singer). 그는 프린스턴과 멜본 대학 생명윤리학 교수직을 함께 맡고 있다.

이 나왔다. 그러나 차츰 의학적 발견과 더불어 1900년대로 들어와서는 동물의 감정은, 동물 보호 운동은 배경으로 사라지고 인간의 목적을 위한 동물 사용의 유용성만이 부각됐다. 그러던 것이 1970년대 이를 역전시킨 것이 오스트레일리아 태생 철학자 피터 싱어의 〈동물 해방〉에서 시작된 동물 권리 운동이다.

싱어의 1975년 〈동물 해방〉은 벤담의 윤리적 문제에 대한 공리주의적 접근을 채택한 것이다. 벤담은 한 가지 행동에 의해 영향 받는 모든 것의 이해가 고려돼야 하고 어떤 다른 것의 같은 이해만큼 비중이 주어져야 한다고 했는데, 이때 균등한 고려의 대상이 되는 필수적 성질로서 고통과 행복을 두었다. 다시 말해서 모든 것은 고통과 행복의 측면에서 평등한 권리가 있다는 것이다. 싱어는 이를 채택하여 인종차별, 성차별과 마찬가지로 종차별에 반대하며 생쥐 등 어떤 고통을 느끼는 동물도 인간과 마찬가지로 평등한 배려를 받을 권리가 있다는 철학을 전개하였다.

그의 〈동물 해방〉이 50만 부나 팔린 것을 보아도 그 영향력을 가늠할 수 있다. 그는 자신의 생명윤리 철학을 바탕으로 사회의 변화를 모색한다. 1996년 녹색당 후보로 상원 의원에 입후보한 사실로도 그의 성향을 알 수 있다. 그는 1979년 〈실천 윤리학〉에서 불구로 태어나 일생 고통을 받을 유아를 생후 28일 이내에 생명을 끊어주는 것이 도덕적으로 정당하다고 주장하여 논란을 일으켰다. 이 때문에 1999년 프린스턴 대학으로 옮길 때 거센 반발에 부닥치기도 했다. 그는 2005년부터는 프린스턴 대학과 멜본 대학의 생명윤리학 교수직을 함께 맡고 있다.

싱어가 현대적 동물 권리 운동을 시작시켰지만 동물 권리 운동은 동물 권리(AR)라는 용어와 아이디어를 1983년 톰 리건의 〈동물 권리를 위한 사례〉에서 취했다. 리건은 모든 인간과 대부분의 동물이 내재적 권리를 갖고 있다는 뜻으로 권리라는 표현을 사용하였다. 그는 인간과 동물을 동일시하지는 않았으나 동물은 단지 목적을 위한 수단이 될 수 없기 때문에 실험 도구로 이용되어서는 안 된다고 주장하였다.

많은 과학자가 실험용 동물 사용을 반대하는 측을 향해 목소리를 내었으나 거의 도움이 되지 못했다. 〈동물 실험을 위한 사례〉의 저자 마이클 폭스는 후에 비판자에 의해 설득당하여 동물의 지지자가 되었다고 선언하였다. 레이몬드 프레이는 동물이 욕망을 가질 수 없기 때문에, 믿음을 가질 수 없기 때문에, 언어를 갖지 않았기 때문에 이해를 가질 수 없다고 썼으나 리건은 동물도 어휘는 구성하지 못할지라도 "저 뼈다귀가 맛있을 것이다"라고 생각할지 모른다고 반박하였다. 그는 또한 인간 유아는 언어 이전 개념을 가져 언어를 할당해서야 말할 수 있다고 지적했다.

미시건 대학의 칼 코언은 권리가 선천적인 것이 아니라는 논리를 폈다. 그는 권리는 사회 구성원 사이의 암묵적 계약에 의한 것이며 의무를 수반하는데 동물은 의무를 갖지 않으므로 결국 권리를 가질 수 없다고 하였다. 이 경우 유아나 정신 지체자의 경우 마찬가지로 의무를 다할 수 없지만 권리를 갖는데, 어째서 동물만을 예외로 할 것인지 반론이 가능하다.

어떤 연구자는 진화론의 적자생존을 들어 인간의 동물 실험을 합리화하려고 했다. 그러나 자연의 현상을, 즉 '무엇인가'를 '무엇이어야 하는가'와 관계된 도덕 철학으로 삼고자 할 때 자연주의 오류에 빠지게 된다. 자연주의 오류라는 말은 사회 진화론자 허버트 스펜서(1820~1903)의 〈윤리 자료〉에 나타난 이론을 겨냥하여 철학자 조지 무어(1873~1958)가 제시한 것이다. 그는 '좀 더 진화한'이라고 하는 자연적 용어와 '좀 더 높은, 좀 더 나은' 이라는 윤리적 용어를 둘이 균등한 것처럼 잘못 사용할 경우에 자연주의 오류를 범했다고 했다.

동물 권리 운동이 시작되기 전부터 과학계에서도 일찍이 1959년 영국의 동물학자 윌리엄 러셀과 미생물학자 렉스 버치는 〈인도적 실험 방법 원칙〉에서 통계적 방법 등으로 가능한 동물의 수를 줄이며(reduction), 고통을 최소화할 수 있도록 실험방법을 가다듬고(refinement), 동물 이외의 대안적 방법의 개발에 노력한다는(replacement) 3R 원칙을 제시했다.

1960년대 이래 대안적 실험 방법의 개발 등에 노력하였고 동물 권리 운동가의 노력에 힘입어 동물 권리에 대한 입법화 등에 의하여 실험에 사용하는 동물의 수는 감소되었다. 예를 들어 영국, 네덜란드, 독일 등 유럽 국가에서 1970년대 이래 동물 사용수는 반으로 감소되었다. 캐나다의 경우 포유동물 실험은 대부분 어류 실험으로 대체되었고 미국의 경우 분명치 않지만, 영장류의 수는 변하지 않은 반면, 개와 고양이의 사용은 1970년대 이래 반으로 줄어들었다.

유럽과 미국에서 실험 동물 사용의 완전 철폐를 주장하는 동물 권리 운동가와 생의학적 목적으로 동물을 사용해야 하는 실험자 사이의 갈등은 심각하다. 동물 권리 반경에 의한 법적인 제약은 2000년 노벨상 수상자를 포함한 영국의 저명한 과학자 110명이 정부에 공개서한을 보내 동물 실험 허가와 관련된 관료적 형식주의의 폐지를 요구한 대목에도 나타나 있다. 이들은 생명과학 분야의 실험에서 동물의 인도적 사용과 관련된 3R 원칙에는 동의하지만 정말로 이런 원칙을 따르는지 자료를 만들어 허가를 얻기까지 최소한 6개월이 걸리기 때문에 영국 과학자가 국제적 경쟁에서 뒤질 수밖에 없다고 항의하였다.

이에 대해 '영국 생체 해부 철폐 연맹(BUAV)' 은 "아직도 불충분한 동물보호의 안전장치를 낮추라고 요구하는 것은 증가하고 있는 국민의 관심에 반항하는 것이다"고 논평하였다. BUAV는 2002년에는 케

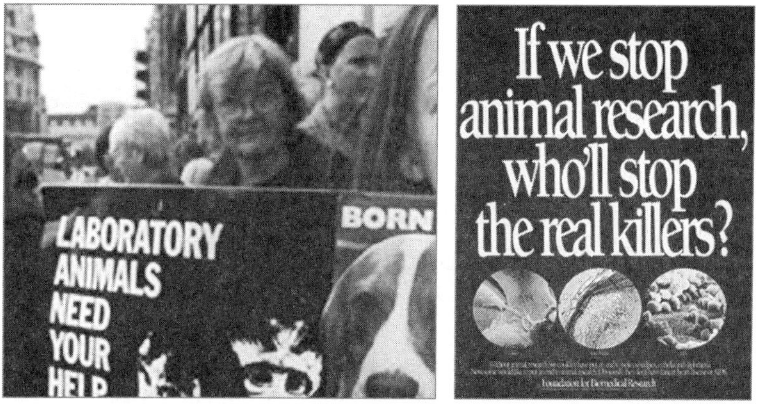

동물 실험을 반대하는 동물 권리 운동(왼쪽)에 대항하는 조직도 결성되었다. 오른쪽은 동물 실험의 필요성을 알리는 '생의학연구재단'(Foundation for Biomedical Research)의 포스터이다.

임브리지 대학의 원숭이 학대를 공개하여 대학을 궁지에 몰아넣었는데 이는 근본적으로 케임브리지에서의 영장류 연구를 봉쇄하기 위한 운동의 연장이었다.

유사한 '헌팅돈의 동물 학대 행위 중지(SHAC)'는 영국의 세계적 동물 실험 위탁 기관인 헌팅돈생명과학(HLS)을 폐쇄시키려는 운동을 펴서 HLS의 대형 주주와 은행에 압력을 가해 거의 파산지경에 빠지게 했다. 2002년 초 HLS는 주식 시장을 미국으로 옮겼으나 SHAC의 활동은 미국으로 연장되어 대형 주주에게 압력을 행사하고 있다.

동물 권리 운동가이기도 한 싱어는 SHAC의 압력 행사가 정당성을 갖는다고 천명하고 있다. 그러나 이들의 행동은 점차 과격화되어 2002년 미국의 SHAC 그룹이 폭탄 테러를 자행했으며 2004년에도 SHAC의 지도자급 회원이 미국에서 폭력 행위로 체포되었고 이들이 또한 '동물의 윤리적 대우를 위한 사람들(PETA)'과 연계되었다는 보도가 나왔다.

이러한 동물 권리 운동에 대해 예를 들어 스티븐 호킹은 "대다수의 인구가 동물을 즐거이 식용하는데 인간의 생명을 구하기 위한 연구에 동물을 사용하는 것이 이보다 나쁘다고 하는 것이 가소롭다"고 말했다. 하지만 AR 철학은 대중의 관심을 끌고 있으며 미국도 영국식 엄격한 동물 보호 장치를 지지하는 여론이 조성되고 있다. 이 때문에 PETA 등에 대항한 '의학발전을 위한 미국인(AMP)'과 같은 단체가 결성되어 동물 실험의 필요성을 알리고 있다. 어떤 문제건 결정의 열쇠는 일반 대중이 쥐고 있으며 각 측의 대중 설득 역량에 따라 어느 선에서 평형이 이뤄질지 결정될 것이다.

참고 자료

- Hileman, Bette, The Animal Rights Movement Impact, *C&EN*, January 22, 2001, p. 45.
- Mukerjee, Madhusree, Trends in Animal Research, *Scientific American*, February 1997, p. 70.
- SHAC, History. http://www.shac.net/SHAC/history.html
- Singer, Peter, All Animals are Equal. http://www.webster.edu/~corbetre/philosophy/animals/singer-text.html
- Singer, Peter, Animal Rights: The Right to Protest. http://www.utilitarian.net/singer/by/20010121.thm

9 동물 권리, 환경주의, 육식과 채식 논쟁

프랑스 브리지트 바르도 재단(Brigitte Bardot Foundation)의 동물 보호 운동.
(http://www.fondationbrigittebardot.fr)

동물 권리 운동의 피터 싱어는 2005년에는 식생활을 윤리적 문제로 연장하여 "식품 생산은 지구상의 모든 인간과 마찬가지로 동물에 영향을 주며 환경과 동물과 그리고 미래 세대를 위해 식품 선택을 진지한 윤리적 문제로 제기하고 우리가 무엇을 먹는지의 의미를 배워야 한다"고 주장하였다.

우리나라에 동물 보호 내지 권리 운동의 영향이 미친 사례가 개고기 식용과 관련한 브리지트 바르도 재단과의 갈등이다. 이 재단의 철학을 보면 극단적 동물 권리 운동 단체가 아니라 온화한 동물 보호 내지 동물 권리 단체로 보인다. 이렇게 쓰여 있다.

"동물은 위협을 받건 아니건 종의 일원으로 뿐만 아니라 지각력을 가진 존재이기 때문에 중요하다. 동물은 권리를 갖고 있고 인간은 동물과 관련될 때 의무를 가진다. 불쌍한 상태의 일에서 동물은 동정뿐만 아니라 존중받을 자격이 있다. 이 개념은 생쥐, 개, 타조 또는 돌고래 어떤 것이건 고려중의 종과는 관계가 없이 근본적으로 유효하다."

브리지트 바르도 재단은 동물의 권리를 보호하기 위해 동물 권리 인식을 높이고, 정보를 제공하고, 동물의 고통을 줄이고, 동물을 구조한다는 목적을 가진 단체이다. 전 세계 어떤 곳의 문제 건 개입한다는 점에서 이 재단은 1990년대에, 2000년대로 들어와서도 여러 차례 한국의 보신탕 문화를 비난하였다. 이에 대해 많은 한국인은 개고기 식용은 한국의 문화인만큼 간섭하지 말라고 문화 상대주의를 내세워 응대하였다.

이 양상은 1998년 8월 김홍신 의원이 브리지트 바르도에게 보낸 편지에 나타나 있다. 그는 "당신은 몇 해 전에도 '개고기를 먹는 한국인은 야만인' 이라고 공개적으로 우리를 비난한 적이 있습니다. ...나는 이런 당신에 대해 '문화적 상대주의도 모르는 무식쟁이', 또는 '자 문화 이기주의에 빠진 독선주의자' 라고 단정합니다"라고 하였다. 동물 권리 주장이 전 세계적인 경향인 반면 문화적 상대주의란 한국인만의 주장이기 때문에 서로 틀이 달라 보인다.

이보다 환경, 인권 등 면에서 진보적인 글을 실리는 소위 진보 언론이 민족주의적 문화 상대주의를 지지하는 것은 기이하다. 동물 권리 운동은 동물의 권리에만 한정된 것이 아니라 생태 중심적 진보적 환경 운동과 연결돼 있다. 동물의 내재적 권리란 지구상 환경적 내재적 가치와 닿아 있기 때문이다. 이 점은 싱어의 "닭과 돼지 그리고 특히 미국에서 소의 집중적인 사육이 제기하는 문제는 동물에 대한 잔혹 행위라는 점에서 그리고 환경과 에너지 사용의 점에서 커다란 이슈를 제기한다"는 말에도 나타나 있다.

싱어를 포함한 대다수 동물 권리 운동가들은 채식주의자이다. 이들은 "당신은 아직 건강에도 나쁘고 환경에 나쁜 육식을 하고 있는가"라고 묻는 진보적 환경 운동과 호흡을 함께 하고 있다. 그리고 이런 유형의 진보적 환경 운동의 대표적 작가가 미국의 '경제 경향 재단' 의 제레미 리프킨이다. 그는 또한 다음 쪽 사진에 나타나 있는 것과 같이 생명공학의 부정적 측면으로 생명의 유전자 조작에 반대하는 운동을 전개하고 있다.

미국의 경제학자이며 운동가인 리프킨(Jeremy Rifkin). 그는 동물 사육과 생물의 유전자 조작에 반대하는 운동을 펴고 있다. (http://www.unesco.org)

리프킨은 1992년 〈육식의 종말〉에서 지구 인구의 식량원으로 육류의 생산이 담수와 농토의 활용에서 비효율적이며, 가축의 분뇨 등 유기 폐기물과 메탄가스 방출이 환경오염과 지구 온난화에 기여한다고 강조하였다. 또한 가축 사육을 위한 우림의 파괴와 야생 생물의 멸종 그리고 가축 사료로 곡물의 낭비가 세계 기아의 요인이라고도 하였다. 그는 이에 덧붙여 육류의 건강 문제를 말하며 일정 부분 채식으로의 전환을 주장했다.

이러한 주장의 논리성과 과학성은 산업체의 이해를 대변하는 환경주의와 맞선 단체의 반박과 함께 살피는 것이 흥미롭다. 이러한 단체로는 식품, 영양, 화학 물질, 의약품, 생활 스타일, 환경과 보건에 관계된 소비자 교육 기관이라는 미국 과학건강위원회(ACSH)라는 단체가 있고 유사한 스티븐 밀로이의 정크사이언스 사이트도 있다. ACSH는 1993년 〈육식에 관한 육식의 종말〉이라는 글로 리프킨을 비판했는데, 이는 리프킨과 유사한 환경주의자의 주장, 예컨대 1999년 11월 8일자 〈타임지〉에 실린 에드 아이레스의 〈우리는 아직 고기를 먹는가?〉에 대한 밀로이의 비판과도 유사하다.

이들은 육류의 생산이 담수와 토지의 활용에서 비효율적이라는 데 대해 담수 사용량이 많지 않고 어차피 자연적으로 재활용되며 가축의 천연 식량은 목초와 잡초이며 이는 인간이 먹는 것도 아니며 소화시킬 수 있는 것도 아닌 인간의 식량을 위한 토지와 경쟁하지 않는다고 말한다. 가축 사육이 환경오염을 초래한다는 것과 관련하여 그 영향이 적거나 적절한 관리에 의해 문제를 해결할 수 있다고 말한다. 우림의 파괴는 가축 사육을 위한 것이 아니라거나 토지의 경제적인 활용을 위해 불가피하다고 말한다. 세계 기아, 그런 것은 정치적인 문제이며 미국에서 육류 생산이 줄었음에도 환경적 영향과 세계 기아가 해결되지 않은 이유를 아는지 묻는다. 이어 이들은 육류가 없이는 영양상 문제를 초래한다는 채식주의 잡식주의 건강 논쟁을 반복한다.

이러한 두 가지 상반된 주장 사이에서 거시적으로 가축 사육을 줄이는 것이 환경 파괴를 막을 수 있는 방법인지는 분석이 간단하지 않다. 설혹 그렇다고 하더라도 환경 문제만을 고려하여 사육을 줄일 수 있을지는 더욱 간단하지 않다. 리프킨은 학술 자료를 들어 자신의 주장을 합리화하는 논리를 전개했을 것이지만, 그의 〈엔트로피〉도 그렇고 그 분석을 학문적으로 온전하게 인정받기는 어려울 것이다. 그는 자신의 주장을 환경 문제 해결의 사회적인 접근법으로 설득력이 있게 제시하는 것으로 만족해야 할 것 같다. 이를 비판하는 ACSH의 논리 또한 학문적인 분석과는 거리가 멀며 리프킨을 100% 믿지 말라는 메시지를 전달하는 것으로 충분해 보인다.

이런 식 환경주의자와 기업의 이해를 대변하는 측의 프로파간다 논쟁은 채식주의 논쟁에서도 발견한다. ACSH의 윌리엄 자비스가 쓴 〈나는 어째서 채식주의자가 아닌가〉에는 채식 건강법을 채택하는 안식교(SDA)에 대한 강한 비판이 들어 있다. 과학적인 논쟁이라면 안식교의 채식주의에서 과학성에서 문제가 있

ACSH(American Council on Science and Health)는 어류 중 수은의 위험성 경고에 대해 수은의 양이 위험 수준에 크게 미치지 못한다고 변호한다. 경고자와 반경고자 사이의 치열한 논쟁 가운데 객관적인 정보를 제공하는 과학자의 역할이 중요하다. (http://www.acsh.org)

다면 그것을 비판했으면 됐지 교리와 교주까지 비판할 이유가 없다. 사실상 ACSH는 축산 기업을 대변하여 축산 산업에 방해가 되는 모든 것을 비판하고 나섰다고 볼 수밖에 없다.

소고기, 돼지고기 등 육류를 먹지 않는 반채식주의자도 일단은 채식주의자로 분류한다. 여기에 더하여 닭고기 등 가금 고기를 먹지 않는 사람을 락토-오보-채식주의자라고 부른다. 이들은 우유 등 유제품과 계란은 먹는다. 여기에 우유는 먹되, 계란을 먹지 않는 사람은 락토채식주의자이다. 그리고 동물에서 유래한 어느 것도 먹지 않는 사람을 베건이라고 부르는데 이들은 극단적 채식주의자라고 할 수 있다.

채식이건 비채식이건 정상 생활에 필요한 만큼의 칼로리를 섭취하고 비타민, 미네랄의 부족이 없도록 한다는 원칙은 부동이다. 다만 대체로 채식주의는 비만, 고혈압, 동맥경화, 대장암 등의 예방에 혜택인 요소를 갖고 있으나 식물에 들어 있지 않은 비타민 B12와 채식에서 부족하기 쉬운 기타 미네랄, 비타민, 아미노산 등이 결핍될 위험성을 안고 있다. 이를 이해한 가운데 채식을 채택하더라도 위험 요소는 식단 구성에 반영하고 필요하면 식품 보충제로 섭취하면 될 것이다.

SDA의 채식주의는 대체로 락토-오보-채식주의이며 이들은 담배, 술, 커피와 같은 자극성 음식을 삼가고 위생, 휴식, 운동, 햇볕, 물을 중요시한다. 이들은 채식주의를 채택할 시의 비타민 B12 보충 등 교육도 한다. 이들이 전부 채식주의자이고 그것도 베건인 것은 아니다. 이들이 2001년 정통 학술 잡지에 발표한 논문을 보면 신자 그룹 34,192명 가운데 29%만이 채식주의자이며 채식주의자 가운데 7~10%가 베건으로 나타나 있다.

채식주의자와 비채식주의자, 환경주의자와 육류 기업 옹호론자의 대결은 과학, 이념, 이상, 현실이 뒤범벅된 것이기 때문에 일반 대중은 어느 것이 옳은지 가리기가 힘들다. 환경주의자는, 특히 진보적 환경주의자는 과학의 상보성 원리보다는 일부 근거가 없는 혜택과 위험을 강조하는 경향이 있다. 그럼에도 환경의 중요성에 비추어 완벽한 증거와 이론이 아니라도 가능성만으로도 추구해야 할 목표로 삼아야 할 여지가 없지 않다.

기업을 지원하는 단체는 환경론자의 이상론을 공격하는 현실론적 자세를 취한다. 이들도 소수의 과학자가 지지하는 증거를 자신의 입장을 합리화하는 도구로 이용한다. ACSH가 지구 온난화 조처에 반대하여 온난화가 곡물 생산과 건강에 오히려 도움이 된다고 주장하는 것이 이를 말하고 있다. 정크사이언스의 밀로이는 DDT나 환경 호르몬이 생태계에 위해를 준다는 증거가 없다고 계속 말하고 있다. 이들은 모두 유기 농업이 가치가 없을 뿐만 아니라 유전자 변형 식품보다 가치가 없다고 주장한다. 일반 대중에게 중립적인 객관적인 자료를 제공할 세력이 필요하다.

참고 자료

- Ayres, Ed, Will We Still Eat Meat?
  http://www.junkscience.com/nov99/ayres.htm
- Jarvis, William T., Why I Am Not a Vegetarian.
  http://www.acsh.org/healthissues/newsID.760/healthissue_detail.asp
- Meister, Kathleen, Beyond the Beef About Beef.
  http://www.acsh.org/healthissues/newsID.820/healthissue_detail.asp
- Otchet, Amy(Interview), Jeremy Rifkin: fears of a brave new world.
  http://www.unesco.org/courier/1998_09/uk/dires/txt1.htm

찾아보기

찾아보기-인명

⟨ㄱ, ㄴ, ㄷ⟩

⟨ㄹ⟩

⟨ㅁ, ㅂ⟩

〈ㅅ, ㅇ〉

〈ㅈ, ㅊ, ㅋ〉

〈ㅌ, ㅍ, ㅎ〉

찾아보기-주제

(ㄱ)

(ㄴ, ㄷ)

(ㄹ, ㅁ, ㅂ)

(ㅅ)

(ㅈ, ㅊ)

(ㅋ, ㅌ, ㅍ)

(ㅎ)

찾아보기-책, 자료

흥미있고 진지한 과학이야기

저 자 강건일
발 행 자 강건일
발 행 처 참 · 과학

1판 1쇄 발행 : 2006년 3월 15일
1판 2쇄 발행 : 2009년 7월 10일

등 록 제13-681호 (2001년 1월 29일)
주 소 서울특별시 서대문구 북아현동 187-11
전 화 (02)393-2734
팩 스 (02)313-2704
전자우편 publication@kopsa.or.kr

ISBN : 89-952151-8-6(03400)

가격 12,000원